管理數學

附範例光碟

(八版)

王妙伶　陳獻清
黎煥中　廖珊彗
編著

全華圖書股份有限公司

序言

在科技昌明的現代，凡事均講求數字為依據，數量方法在管理上日益重要。本書寫作精神在於以最淺顯易懂的方式介紹這些數理方法之數學基礎，再循序導入管理模式中，以實例之解說來取代複雜的數學推導，能充分滿足學生的需求，並可提高學習的興趣。

本書適合大專以上之管理數學、計量管理及作業研究等相關課程作為教科書使用，另外可提供作為非管理科學背景學生之入門導讀。所附之電腦軟體程式，可在一般電腦之 Windows 系統中使用，學習者除可研讀數學方法外，更可以最簡單的方式用電腦來輔助求解與驗證，在學習過程中可收事半功倍之效，此亦為本書之最大特色。

本書共分十章，第一章為本書之前言，對管理數學之沿革及發展狀況作一概述，第二章為線性方程組之求解介紹，以及在決策分析上之應用。第三章介紹矩陣及行列式之基本運算及應用，本章之原理即為第四章線性規劃之基礎，第五章則針對特殊之線性規劃模式作一簡介。而面對不確定的未來，人們必須面對許多的決策問題，第六章則針對機率論作一研討，以作為後續章節之基礎。第七章至第九章則就不同類型之決策問題分別深入探討，依序為決策理論、競賽理論及計劃評核術等應用。第十章則利用 Microsoft EXCEL 軟體來計算，可作為上述章節之教學輔助及學習。本版本新增部分線性方程組之數學知識與其他型式之線性規劃求解，以補不足。

本書感謝陳順興教授協助訂正，特此致謝。

編者　謹識

目錄

CHAPTER 01 概論

CHAPTER 02 線性方程組

CHAPTER 03 矩陣與行列式

CHAPTER 04 線性規劃

CHAPTER 07 決策理論

CHAPTER 08 競賽理論

CHAPTER 09 計劃評核術

CHAPTER 10 線性規劃問題 MS-EXCEL 電腦軟體求解

附錄

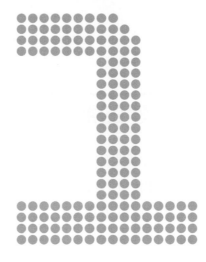

概論

● 1.1　管理數學的意義

在這個資訊流通及充滿競爭的企業經營環境中，人們所面臨的管理決策越來越複雜。幾千年來人們便使用計量方法來解決這些複雜的管理決策，例如多個變數的方案選擇，或將描述決策環境的資料予以量化，及建立數學模式等。因此「管理數學」可作如下之定義：運用有秩序且合邏輯的方法，建立各種可行的數學模式，來幫助管理者解決複雜的決策問題，有時我們也將它稱為「計量方法」或「作業研究」。例如當你手上有一筆資金時，你可以考慮將資金存放在銀行或投資股票市場，亦或投資於房地產等不同的方案，而如何選擇呢？我們便可使用計量方法來分析，決定何種投資方案在未來獲利較佳。甚至對於選舉的預測、天氣、新科技的研究皆可運用計量方法來協助其解答。

■ 1.1-1　管理數學的由來及發展

管理數學最早是由軍隊中所衍生出來的，西元 1914 年至 1915 年第一次世界大戰期間，F.W.Lanchester在英國嘗試以計量方式來管理軍隊，他導出一個有關計算敵對雙方戰力的方程式。在此一期間，美國的 Thomas Alva Edison 也正著手研究反潛水戰的方式，他收集統計數據來分析戰爭時，海面的艦隊可以退避並擊退潛水艇的方法，接下來一連串的發展，在軍事上的應用非常成功，因此在第二次世界大戰後，許多公司便將這些方法應用到管理決策及公司的規劃案裡，現今許多組織也成立管理部門來應用這些管理數學的方法，提供主管最佳方案的選擇及建議。在此將一些重要的發明理論列成如表 1.1 說明如下：

西元 1939 年，早期的英國作業研究團體成立，最為大家所接受的是P.M.S. Blackett教授所領導的組織，之後美國的軍事單位也成立類似組織。於二次世界大戰之後，美國軍事領導人深感作業研究的重要性，因此在麻省理工學院成立研究部門，演變至今有幾個重要的研究單位如下：

1. 美國作業研究協會(Operations Research Society of America，ORSA；1950)。
2. 管理科學會(The Institute of Management Science，TIMS；1950)。
3. 決策科學會(Decision Sciences Institute，DSI；1971)。

目前管理數學的各項發展活動還不斷的持續著，並藉由許多重要的論文集及期刊來發表，而以上的這些機構對於發展及技術推廣，也是功不可沒。

表 1.1　管理數學發展過程表

時　間	發　明　人	重 要 發 明 理 論	應　　　用
西元 1917 年	A.K. Erlang	等候理論	電話網路、交通問題
西元 1915 年	Ford W. Harris	存貨理論	企業管理、工業管理
西元 1924～1930 年	Walter Shewhart	品管圈	品質管制、工業管理
	H.F Dodge H.G Roming	允收抽樣	品質管制、工業管理
	W. Leontieff	線性規劃模式	經濟學、軍事及工業管理、企業管理
	Horance C. Levinson	作業研究	工業管理、企業管理
西元 1947 年	George B. Dantzig	單形法 (Simplex Method)	線性規劃
西元 1955 年	Charnes & Cooper	踏石法 (Stepping Stone Method)	運輸問題

1.1-2　管理數學的應用

管理數學的應用範圍非常廣泛且有效，現將其主要應用領域，列成表 1.2 說明如下：

表 1.2　管理數學之用途表

應 用 範 圍	應　用　實　例
會　計	・預測現金流量 ・應收帳款之管理 ・改善成本會計之效益
財　務	・建立現金管理模式 ・資金分配 ・預測長期資金需求 ・決定更換設備之最佳時間
行　銷	・有效包裝之選擇 ・找出引進新產品的最佳時間 ・找出倉儲最佳區位以減少配銷成本 ・預測顧客未來忠誠度 ・找出從工廠運送至顧客最低成本的運送方式 ・決定倉儲的最佳規模 ・業務員、送貨員之指派

表 1.2　管理數學之用途表(續)

應 用 範 圍	應　　　　用　　　　實　　　　例
生產管理	・平衡工廠產能及市場需求 ・生產排程或決定車輛之排班 ・產品的製程時間極小化 ・決定新工廠的最佳地點 ・選擇新廠房的最佳規模 ・使品管更有效率
組織發展或 人 事 管 理	・績效衡量 ・人力調配 ・安排訓練課程 ・設計組織之最佳架構

　　由表 1.2 可知，管理數學在各方面的應用極廣，是為管理者作為分析之最基本工具。

● 1.2　計量技術的重要性

　　從 1.1 節中可知管理數學之應用極廣，因此計量技術實為管理數學中的基本工具及分析的利器。一般而言，當一位管理者在面對下列的幾個情況時，就必須採用計量方法來作決策。

1. 當問題變得很複雜，而無法從中加以判斷決定的時候。
2. 當問題包含許多變數，而必須對每一變數加以分析。
3. 當決策環境可以用量化的方式來表示。
4. 當有可行的數學模式來建立時。
5. 當問題重覆發生時，可利用數學模式來處理，以節省時間，甚至可交由電腦程式來運作。
6. 當有多個選擇方案時，就必須藉由計量模式來作分析比較。

綜合以上各節所述，可將管理數學計量方法之優點歸納如下：

1. 可使管理者對於決策目標，假設及限制條件都很清楚。
2. 可以很快找出問題點所在。
3. 在不須耗費太多成本及時間之下，可以一再地改變假設或決策。

4. 可使決策者瞭解問題中各變數的交互作用，並知道何種變數較易影響決策。

5. 可以建立數學模式，交由電腦處理、節省人力及時間。

　　雖然計量方法可以幫助我們解決許多問題，但卻不是唯一的途徑，它只是提供我們作爲參考的工具。因此除了前述的優點外，尚有一些缺點，現列示如下：

1. 無法將不可量化的變數加入探討。

2. 分析者常會忽略實務面上經營之限制。

3. 分析者常爲了將問題加以模式化而將之加以簡化或作一些假設，將使模式缺乏一般性及眞實性。

4. 一個不能符合模式的解答，對眞實世界的決策將受到侷限。

5. 有時分析者或專家會被所建立的模式所迷惑，而忘記了眞實世界必須作的決定。

1.3　計量數學的方法

　　計量數學的方法包含定義問題、建立模式、收集輸入資料、求出答案、測試(回饋)及分析結果並執行結果，現以圖1.1來說明其流程之順序。

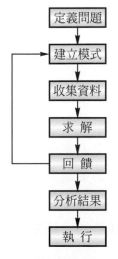

圖 1.1　計量數學的方法流程圖

　　上圖中每一個步驟須執行完，才能開始執行下一步驟。現就每一步驟說明如下：

1. 定義問題：建立一個明確簡單的陳述來描述所面臨的問題。這是最重要也是最難的一部分。

2. 建立模式：用數學模式來代表所定義的問題。不同的領域有不同的模式，如建築師會建立物理模式來協助建造房子。汽車、電器用品之運作可能須用圖解模式來表示。而本書所介紹的模式為計量數學模式。數學模式依其資料取得之確定程度可分為確定模式及隨機模式。前者是指一個試驗的條件為已確知的，例如測量一個半徑為r的面積，可利用公式$A = \pi r^2$，此即為一確定模式。確定模式多用於自然界的現象。例如，在某一十字路口、在某一固定時段中發生車禍的次數，此現象為不可預知的，隨機模式則可作為此種預測的參考。數學模式又依資料是否隨時間變化可分成靜態模式及動態模式，前者關係式不隨時間變動，而後者關係式隨時間而變動，例如，飲料銷售量將隨季節變動而改變。另依不同特性尚有線性模式、非線性模式、單變數模式、多變數模式等。

3. 收集輸入資料：一旦模式建立以後，就著手收集資料，例如可以和相關的人員作訪談、抽樣調查及實地調查紀錄等方法來獲得資料。

4. 求解：將所收集之資料輸入模式，以求取最佳解，可使用試誤法(trial and error)、列舉法(complete enumeration)、規則系統法(algorithm)等來求解。

5. 測試答案(回饋)：在答案被執行前，一定要經過測試，所輸入之資料及所建立之模式都必須經過測試。測試的方法可以使用不同方法收集的資料來作比較，如果有明顯的差異則必須重新考慮模式或收集更正確的輸入資料，直到確定為合乎定義的問題及代表正確的答案時。

6. 分析結果：因為模式只是真實現象的近似值。我們可以用敏感度分析(sensitivity analysis)來決定當輸入值一有改變時對其所求值的改變影響有多大，以確定所得答案的穩定性。

7. 執行結果：此一步驟乃將可行之方案付諸行動，一旦管理者不接受此一方案，則將前功盡棄，因此前面的步驟必須是非常謹慎的，因為錯誤的方案可能導致嚴重的損失。

在下列的各章節中，我們將更詳細的介紹數學模式建立方式及使用計量方法必備之基礎工具。

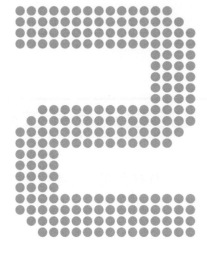

線性方程組

● 2.1 線性方程式及其求解

在商業上或工程上有許多問題可應用線性方程式來處理。現考慮一家工廠機器每小時耗電 5 千瓦，熱機需耗用 10 千瓦，則使用 x 小時後耗電量總和 y 千瓦，可以下列方程式表示：

$$y = 5x + 10 \qquad (x \geq 0)$$

當 x 每變動一個單位，y 也就跟隨著依一固定比例變動，因此我們可稱 x 為自變數，y 為應變數，現將 $(x，y)$ 所有點所構成的集合如 $(0，10)$，$(1，15)$，$(2，20)$，$(3，25)$……等各點標示在座標圖上(如圖 2.1 所示)，再將各點連接起來便是一條直線，故稱此方程式為線性方程式。因使用時間 x 必須大於或等於零，故只考慮第一象限的部分。

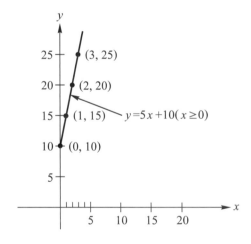

圖 2.1 時間與耗電量關係圖

直線的特性是只有一個斜率，利用此一特性，我們可以根據一些已知條件求得直線方程式，其方法有下列三種：

一、兩點式

假設直線上任兩點 $P_1(x_1，y_1)$，$P_2(x_2，y_2)$，如圖 2.2 所示。

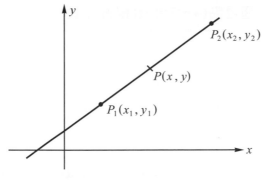

圖 2.2　以兩點式表示直線

　　根據斜率公式，並假設直線上任意一點$P(x，y)$，則可以利用此已知兩點$P_1，P_2$，求得方程式如下，展開即可得

$$\frac{y-y_1}{x-x_1}=\frac{y_2-y_1}{x_2-x_1}$$

或

$$\frac{y_2-y}{x_2-x}=\frac{y_2-y_1}{x_2-x_1}$$

例 2.1　　求通過$(2，3)$及$(5，8)$兩點的直線方程式。

解　$\dfrac{3-y}{2-x}=\dfrac{8-3}{5-2}\Rightarrow\dfrac{3-y}{2-x}=\dfrac{5}{3}$

$3(3-y)=5(2-x)$

展開即為所求直線方程式 $5x-3y=1$

二、點斜式

　　若已知直線的斜率為k，且通過某已知點$P_1(x_1，y_1)$，假設直線上任意點$P(x，y)$，則直線方程式為

$$\frac{y-y_1}{x-x_1}=k$$

或

$$y-y_1=k(x-x_1)$$

例 2.2　求斜率為 2，通過點(4，7)的直線方程式。

解　$y - 7 = 2(x - 4)$

$y - 7 = 2x - 8$

則直線方程式為 $2x - y = 1$

三、斜截式

假設一條直線通過點(0，b)，b 即為直線在 y 軸之截距，並知直線之斜率為 k，則根據點斜式可求得

$$y = kx + b$$

此法稱之為斜截式。

假設 $k > 0$，$b > 0$，則上式如圖 2-3 所示。

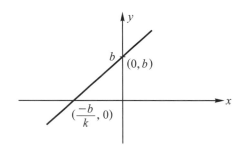

圖 2.3　以斜截式表示直線

例 2.3　求斜率 5，y 截距為 2 的直線方程式。

解　$y = kx + b$

$y = 5x + 2$

● 2.2　線性方程組及求解

2.1 節中為線性方程式的三個解法。接下來我們要討論的是線性方程組。線性方程組即由兩個以上之線性方程式所組合而成。可由以下之定義得知。

定義 2.1

一組 n 個變數 x_1，x_2，$\cdots$，x_n 的 m 個線性方程式，稱為 $m \times n$ 維線性方程組，其一般通式如下：

$$\begin{cases} a_{11}x_1 + a_{12}x_2 + \cdots + a_{1n}x_n = b_1 \\ a_{21}x_1 + a_{22}x_2 + \cdots + a_{2n}x_n = b_2 \\ \quad\vdots \qquad\quad \vdots \qquad\quad \vdots \qquad\quad \vdots \\ a_{m1}x_1 + a_{m2}x_2 + \cdots + a_{mn}x_n = b_m \end{cases}$$

其中係數 a_{11}，a_{12}，a_{13}，$\cdots$，a_{mn} 及常數項 b_1，b_2，$\cdots$，b_m 皆為實數。其中若 $b_1 = b_2 = \cdots = b_m = 0$，則稱此線性方程組為一齊次 (homogeneous) 方程組 $AX = 0$。例如 $\begin{cases} 2x - y + z = 0 \\ x + 3y + 4z = 0 \end{cases}$ 即是一齊次方程組。讀者可觀察齊次方程組必有解，其中解必為 $X = 0$，稱為顯明解 (trivial solution)。

找出同時能滿足方程式組內的變數值，便是方程式組的解，可能是無解、有限個解或無限個解三種情況。以下介紹當 $m = n$ 時解方程式組的四種方法。

一、圖解法

在 2×2 維的方程組中，由於任一方程式之圖形為一直線，故所求即為此二直線之交點，因此可用圖解法來解題，現以例 2.4 來作說明。

例 2.4　　試解 $\begin{cases} x + 2y = 4 \quad\cdots\cdots(1) \\ 3x + 4y = 10 \quad\cdots\cdots(2) \end{cases}$

解　直線 $x + 2y = 4$ 與 x 軸之交點為 $(4，0)$，與 y 軸之交點為 $(0，2)$，直線 $3x + 4y = 10$ 與 x 軸之交點為 $\left(\dfrac{10}{3}，0\right)$，與 y 軸之交點為 $\left(0，\dfrac{10}{4}\right)$，分別在 $x\text{-}y$ 軸的平面上將此兩條直線畫出，得到此兩直線的交點 $(2，1)$，點 $(2，1)$ 就是此二方程組的解，亦即 $x = 2$，$y = 1$。

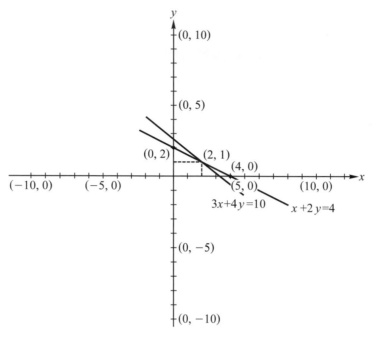

圖 2.4　例 2.4 之圖示

　　圖解法應用於解爲整數時較爲便利，但當解的數值太大或不爲整數時，不易在圖上畫出，因此較少被採用。

| 例 2.5 | 試解 $\begin{cases} x + 2y = 5 & \cdots\cdots(1) \\ 5x + 10y = 10 & \cdots\cdots(2) \end{cases}$ |

解　直線 $x + 2y = 5$ 與 x 軸之交點爲 $(5，0)$，與 y 軸之交點爲 $(0，2.5)$，

同理，直線 $5x + 10y = 10$ 與兩軸之交點分別爲 $(2，0)$ 及 $(0，1)$，可得圖 2.5。

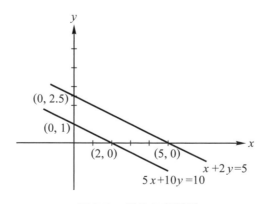

圖 2.5　例 2.5 之圖示

由圖 2.5 可知二線互相平行，因此無共同交點，即本例無解。

二、代數消去法

在 2×2 維及 3×3 維之方程組中，也可先將一個變數消去，使剩下一個變數，便可求得解答。現以例 2.6 說明之。

例 2.6　解下列之線性聯立方程組

$$\begin{cases} x + 3y = 11 & \cdots\cdots(1) \\ 6x - 5y = -3 & \cdots\cdots(2) \end{cases}$$

解　方法一：由(1)式可得 $x = 11 - 3y$ 代入(2)式中

$6(11 - 3y) - 5y = -3$

$66 - 18y - 5y = -3$

$23y = 69$

$y = 3 \cdots\cdots$再代入(1)式中得

$x = 11 - 3 \times 3 = 2$

由以上得知解為 $x = 2$，$y = 3$

方法二：為了消去其中一個變數，可使變數係數相等，再將兩式相減即可。現在可將 $(1) \times 6 - (2)$ 式，即可消去 x 變數。

$(1) \times 6$ 得 $6x + 18y = 66 \cdots\cdots(3)$

$(3) - (2)$ 得 $23y = 69$

故知 $y = 3$，代入(1)或(2)可得 $x = 2$。

因此可求得解為 $x = 2$，$y = 3$。

例 2.7　解下列聯立方程組

$$\begin{cases} 3x + 2y + z = 6 & \cdots\cdots(1) \\ 2x - 3y + 2z = 14 & \cdots\cdots(2) \\ -x + y + 3z = -2 & \cdots\cdots(3) \end{cases}$$

解　方法一：由第三式得 $x = y + 3z + 2$ 代入(1)及(2)式中，得下列聯立方程組

$$\begin{cases} 5y + 10z = 0 & \cdots\cdots(4) \\ -y + 8z = 10 & \cdots\cdots(5) \end{cases}$$

$5 \times (5) + (4)：50z = 50$

得 $z = 1$ 代入(4)中得 $y = -2$

代入(1)中得 $x = 3$

方法二：由(1)(2)消去 x：$2 \times (1) - 3 \times (2)$

得 $13y - 4z = -30 \cdots\cdots(4)$

由(2)(3)消去 x：$(2) + 2 \times (3)$

得 $-y + 8z = 10 \cdots\cdots\cdots(5)$

聯立(4)及(5)式

$$\begin{cases} 13y - 4z = -30 & \cdots\cdots(4) \\ -y + 8z = 10 & \cdots\cdots(5) \end{cases}$$

$2 \times (4) + (5)：25y = -50$　得 $y = -2$

代入(5)得 $z = 1$

代入(1)得 $x = 3$

例 2.8　解下列聯立方程組

$$\begin{cases} x_1 - x_2 + 2x_3 = 1 & \cdots\cdots(1) \\ 2x_1 + x_2 \quad\quad = 1 & \cdots\cdots(2) \\ -x_1 - 2x_2 + 2x_3 = 1 & \cdots\cdots(3) \end{cases}$$

解　由第二式得 $x_2 = 1 - 2x_1$ 代入(1)及(3)中，得下列聯立方程組

$$\begin{cases} 3x_1 + 2x_3 = 2 & \cdots\cdots(4) \\ 3x_1 + 2x_3 = 3 & \cdots\cdots(5) \end{cases}$$

由上二式知本題為無解

例 2.9　解下列聯立方程組

$$\begin{cases} x_1 - x_2 + 2x_3 = 1 & \cdots\cdots(1) \\ 2x_1 + x_2 \quad\quad = 1 & \cdots\cdots(2) \\ -x_1 - 2x_2 + 2x_3 = 0 & \cdots\cdots(3) \end{cases}$$

解 承上例以代數消去法，消去 x_2 後得方程組

$$\begin{cases} 3x_1 + 2x_3 = 2 & \cdots\cdots(4) \\ 3x_1 + 2x_3 = 2 & \cdots\cdots(5) \end{cases}$$

(4)及(5)式相同，故本題有無限多解，其解集合為

$$\{(x_1，x_2，x_3) | x_2 = 1 - 2x_1，x_3 = 1 - \frac{3}{2}x_1，x_1 為任意實數\}$$

► 定理 2.1

已知一齊次方程組 $AX = 0$，即 $\begin{cases} a_{11}x_1 + \cdots + a_{1n}x_n = 0 \\ \vdots \\ a_{m1}x_1 + \cdots + a_{mn}x_n = 0 \end{cases}$，若 $n > m$ 則必有非顯明解。

僅以 $m = 1$ 說明本定理，已知 $a_{11}x_1 + \cdots + a_{1n}x_n = 0$，若所有係數

$a_{11} = a_{12} = \cdots = a_{1n} = 0$ 則 $X = (x_1，\cdots，x_n)$ 可為任意數，故得證，假定 $a_{11} \neq 0$ 則可得

$$a_{11}x_1 = (-a_{12}x_2) + \cdots + (-a_{1n}x_n)$$

故 $x_1 = \dfrac{-1}{a_{11}}(a_{12}x_2 + \cdots + a_{1n}x_n)$，以 $x_2 = \cdots = x_n = 1$ 代入則必有另一非顯明解

$\left(-\dfrac{a_{12} + \cdots + a_{1n}}{a_{11}}，1，\cdots，1\right)$。當 $m > 1$ 可利用數學歸納法得證，在此不贅述。

例 2.10 解下列聯立方程組

$$\begin{cases} 2x - y + z = 0 & \cdots\cdots(1) \\ x + 3y + 4z = 0 & \cdots\cdots(2) \end{cases}$$

解 由第一式以 $y = 2x + z$ 代入第二式

可得 $x + 3(2x + z) + 4z = 0\cdots\cdots(3)$

即 $7x + 7z = 0$ 或 $x = -z$ 代入可得 $y = -z$。

故本題有無限多組解，$(x，y，z) = (-z，-z，z)$，z 為任意實數。

其中，當 $z = 0$ 為顯明解 $(x，y，z) = (0，0，0)$

三、高斯消去法(Method of Gaussian Elimination)

高斯消去法也是利用消去法的原理，並運用下列三種「基本運算法」來求解。

1. 互調兩方程式。

2. 以一個非零的數乘以一個方程式。

3. 以一個非零的數乘以一個方程式,再與另一方程式相加。

而不論任何消去法,其求解過程不外乎爲用一些常數值c_1,$\cdots$,c_m,將c_i乘上第i個方程式後加至另一列,以形成另一個方程式,即$c_1(a_{11}x_1 + \cdots + a_{1n}x_n) + c_2(a_{21}x_1 + \cdots + a_{2n}x_n) + \cdots + c_m(a_{m1}x_1 + \cdots + a_{mn}x_n) = c_1b_1 + c_2b_2 + \cdots + c_mb_m$,經整理可得$(c_1a_{11} + c_2a_{21} + \cdots + c_ma_{m1})x_1 + (c_1a_{12} + \cdots + c_ma_{m2})x_2 + \cdots + (c_1a_{1n} + \cdots + c_ma_{mn})x_n = c_1b_1 + \cdots + c_mb_m$,稱此一過程爲線性組合(linear combination),即上二式爲原方程組之線性組合。

若已知$(x_1,\cdots,x_n)$爲原方程組之一解,則必爲其線性組合之一解,因此消去法即將原方程組以線性組合的方式,將各方程式改寫爲另一組方程式的組合,

$$\begin{cases} a_{11}'x_1 + \cdots + a_{1n}'x_n = b_1' \\ \quad\vdots \\ a_{m1}'x_1 + \cdots + a_{mn}'x_n = b_m' \end{cases} \quad 稱此二方程組爲同義的(equivalent)。$$

▶ 定理 2.2

任何線性方程組的同義方程組均有相同解。

高斯消去法的求解過程中,乃是藉由基本運算來簡化方程式組,最終可得到一最簡化的線性方程式組,而求得原方程式組的解。經由以上三種運算後,最後一方程式可得到$x_n = b_n'$,再往上一列代回去,即可得x_{n-1}之值,以此類推,我們稱爲「後向代入」,就可得到其他的解,此謂高斯消去法。即

$$原方程式組 \begin{cases} a_{11}\,x_1 + a_{12}\,x_2 + \cdots + a_{1n}\,x_n = b_1 \\ a_{21}\,x_1 + a_{22}\,x_2 + \cdots + a_{2n}\,x_n = b_2 \\ \quad\vdots \qquad\quad \vdots \qquad \vdots \qquad\quad \vdots \\ a_{m1}\,x_1 + a_{m2}\,x_2 + \cdots + a_{mn}\,x_n = b_m \end{cases}$$

經高斯消去法轉換成新的方程組如下:

$$\begin{cases} 1 \cdot x_1 + a_{12}'\,x_2 + \cdots + a_{1n}'x_n = b_1' \\ 0 \cdot x_1 + 1 \cdot x_2 + \cdots + a_{2n}'x_n = b_2' \\ \quad\vdots \qquad\quad \vdots \qquad \vdots \qquad\quad \vdots \\ 0 \cdot x_1 + 0 \cdot x_2 + \cdots + 1 \cdot x_n = b_m' \end{cases}$$

現以例 2.11 說明高斯消去法。

| 例 2.11 | 試以高斯消去法求解方程組 |

$$\begin{cases} x_1 + x_2 + 2x_3 = 8 & \cdots\cdots(1) \\ -x_1 - 2x_2 + 3x_3 = 1 & \cdots\cdots(2) \\ 3x_1 - 7x_2 + 4x_3 = 10 & \cdots\cdots(3) \end{cases}$$

解 我們可以選擇消去x_1，x_2或x_3，而本題消去x_1，其算法如下：

首先將第一式加至第二式得$-x_2 + 5x_3 = 9$，記為第四式，同時將第一式乘以(-3)加至第三式得第五式為$-10x_2 - 2x_3 = -14$，接著將第四式乘以(-1)為第六式再將第六式乘以10加至第五式成第七式，再將第七式左右各乘上$\left(-\dfrac{1}{52}\right)$得$x_3 = 2$，

將上述過程整理如下：

$(1)+(2)：-x_2 + 5x_3 = 9$ $\cdots\cdots\cdots\cdots\cdots\cdots\cdots\cdots\cdots\cdots$ (4)

$(1)\times -3+(3)：-10x_2 - 2x_3 = -14$ $\cdots\cdots\cdots\cdots\cdots$ (5)

$(4)\times -1：x_2 - 5x_3 = -9$ $\cdots\cdots\cdots\cdots\cdots\cdots\cdots\cdots$ (6)

$(6)\times 10+(5)：-52x_3 = -104$ $\cdots\cdots\cdots\cdots\cdots\cdots$ (7)

$(7)\times -\dfrac{1}{52}：x_3 = 2$ $\cdots\cdots\cdots\cdots\cdots\cdots\cdots\cdots\cdots\cdots$ (8)

依「後向代入」方式代回第六式，得$x_2 = 1$，將x_2，x_3代入第一式中得$x_1 = 3$，即得解。

| 例 2.12 | 試以高斯消去法求解方程組 |

$$\begin{cases} x + y + z = 11 & \cdots\cdots(1) \\ 2x - 6y - z = 0 & \cdots\cdots(2) \\ 3x + 4y + 2z = 0 & \cdots\cdots(3) \end{cases}$$

解 依高斯消去法之精神依次消去第二式及第三式之x後得

$$\begin{matrix} (1)\times -2+(2) \\ (1)\times -3+(3) \end{matrix} \begin{cases} x + y + z = 11 & \cdots\cdots(1) \\ -8y - 3z = -22 & \cdots\cdots(4) \\ y - z = -33 & \cdots\cdots(5) \end{cases}$$

將(4)及(5)對調後消去(4)式之y得

$$(5) \times 8 + (4) \begin{cases} x + y + z = 11 & \cdots\cdots(1) \\ y - z = -33 & \cdots\cdots(5) \\ -11z = -286 & \cdots\cdots(6) \end{cases}$$

將(6)式左右各乘上$(-\frac{1}{11})$得

$$\begin{cases} x + y + z = 11 & \cdots\cdots(1) \\ y - z = -33 & \cdots\cdots(5) \\ z = 26 & \cdots\cdots(7) \end{cases}$$

將(7)代入(5)得 $\quad\quad\quad y = -7 \cdots\cdots(8)$

將(7)及(8)代入(1)得 $\quad x = -8$即得解

四、高斯-焦丹消去法(Gauss-Jordan Elimination Method)

高斯-焦丹法是高斯消去法的演進,將每一個變數在第一次出現之列係數均轉換為
1,而其餘列則轉換為0,省略了後向代入求解的程序,則可得解。以$m = n$為例,即原

方程式組 $\begin{cases} a_{11}x_1 + a_{12}x_2 + \cdots + a_{1n}x_n = b_1 \\ a_{21}x_1 + a_{22}x_2 + \cdots + a_{2n}x_n = b_2 \\ \vdots \quad\quad \vdots \quad\quad \vdots \quad\quad \vdots \\ a_{n1}x_1 + a_{n2}x_2 + \cdots + a_{nn}x_n = b_n \end{cases}$

經高斯-焦丹消去法轉換成:

$$\begin{cases} 1 \cdot x_1 + 0 \cdot x_2 + \cdots + 0 \cdot x_n = b_1' \\ 0 \cdot x_1 + 1 \cdot x_2 + \cdots + 0 \cdot x_n = b_2' \\ \vdots \quad\quad \vdots \quad\quad \vdots \quad\quad \vdots \\ 0 \cdot x_1 + 0 \cdot x_2 + \cdots + 1 \cdot x_n = b_n' \end{cases}$$

因此可求得解

$$x_1 = b_1' \, , \, x_2 = b_2' \, , \, \cdots \, , \, x_n = b_n'$$

例2.13 試以高斯-焦丹消去法解例2.11。

解 如同於例2.11中所示,首先消去(2)及(3)之x_1得

$(1)+(2)$
$(1)\times-3+(3)$
$\begin{cases} x_1 + x_2 + 2x_3 = 8 & \cdots\cdots(1) \\ -x_2 + 5x_3 = 9 & \cdots\cdots(4) \\ -10x_2 - 2x_3 = -14 & \cdots\cdots(5) \end{cases}$

將(4)乘上-1後消去(1)及(5)之x_2

$(6)\times-1+(1)$
$(6)\times10+(5)$
$\begin{cases} x_1 + 7x_3 = 17 & \cdots\cdots(7) \\ x_2 - 5x_3 = -9 & \cdots\cdots(6) \\ -52x_3 = -104 & \cdots\cdots(8) \end{cases}$

將(8)式乘上$\left(-\dfrac{1}{52}\right)$後消去(7)及(6)之$x_3$

$(9)\times-7+(7)$
$(9)\times5+(6)$
$\begin{cases} x_1 = 3 & \cdots\cdots(10) \\ x_2 = 1 & \cdots\cdots(11) \quad 即得解 \\ x_3 = 2 & \cdots\cdots(9) \end{cases}$

現將以上之運算過程列式如下：

首先將係數依序列於左方，右方則為常數項，

係數項			常數項	運算過程	
1	1	2	8		
-1	-2	3	1	R_1+R_2	：第一列加到第二列
3	-7	4	10	$-3R_1+R_3$	：第一列乘以-3加到第三列
1	1	2	8		
0	-1	5	9	$-R_2$	：第二列乘以-1
0	-10	-2	-14		
1	1	2	8	$-R_2+R_1$	：第二列乘以-1加到第一列
0	1	-5	-9		
0	-10	-2	-14	$10R_2+R_3$	：第二列乘以10加到第三列
1	0	7	17		
0	1	-5	-9		
0	0	-52	-104	$-\dfrac{1}{52}R_3$	：第三列乘以$-\dfrac{1}{52}$
1	0	7	17	$-7R_3+R_1$	：第三列乘以-7加到第一列
0	1	-5	-9	$5R_3+R_2$	：第三列乘以5加到第二列
0	0	1	2		
1	0	0	3		
0	1	0	1		
0	0	1	2		

由運算結果知：$\begin{cases} x_1 + 0x_2 + 0x_3 = 3 \\ 0x_1 + x_2 + 0x_3 = 1 \\ 0x_1 + 0x_2 + x_3 = 2 \end{cases}$

故得 $x_1 = 3$，$x_2 = 1$，$x_3 = 2$

例 2.14　試以高斯-焦丹消去法求解例 2.8。

解　首先消去(2)及(3)式之 x_1 得

$$\begin{array}{l} (1) \times -2 + (2) \\ (1) + (3) \end{array} \begin{cases} x_1 - x_2 + 2x_3 = 1 & \cdots\cdots(1) \\ \qquad 3x_2 - 4x_3 = -1 & \cdots\cdots(4) \\ \qquad -3x_2 + 4x_3 = 2 & \cdots\cdots(5) \end{cases}$$

第四式乘以 $\frac{1}{3}$ 後進行基本運算得

$$\begin{array}{l} (6) + (1) \\ (4) \times \frac{1}{3} \\ (6) \times 3 + (5) \end{array} \begin{cases} x_1 \qquad + \frac{2}{3}x_3 = \frac{2}{3} & \cdots\cdots(7) \\ \qquad x_2 - \frac{4}{3}x_3 = \frac{-1}{3} & \cdots\cdots(6) \\ \qquad\qquad 0x_3 = 1 & \cdots\cdots(8) \end{cases}$$

由式(8)可知不存在任何 x_3 可使其成立，故為無解。

例 2.15　試以高斯-焦丹消去法求解例 2.9。

解　承上例可得

$$\begin{array}{l} (1) \times -2 + (2) \\ (1) + (3) \end{array} \begin{cases} x_1 - x_2 + 2x_3 = 1 & \cdots\cdots(1) \\ \qquad 3x_2 - 4x_3 = -1 & \cdots\cdots(4) \\ \qquad -3x_2 + 4x_3 = 1 & \cdots\cdots(5) \end{cases}$$

其次

$$\begin{array}{l} (6) + (1) \\ (4) \times \frac{1}{3} \\ (6) \times 3 + (5) \end{array} \begin{cases} x_1 \qquad + \frac{2}{3}x_3 = \frac{2}{3} & \cdots\cdots(7) \\ \qquad x_2 - \frac{4}{3}x_3 = \frac{-1}{3} & \cdots\cdots(6) \\ \qquad\qquad 0x_3 = 0 & \cdots\cdots(8) \end{cases}$$

由(8)式可知 x_3 為任意實數，故為無限多解，且任意一組解均滿足 $x_1 + \frac{2}{3}x_3 = \frac{2}{3}$，$x_2 - \frac{4}{3}x_3 = -\frac{1}{3}$，$x_3$ 為任意數。

2.3　線性方程組之應用

2.3-1　損益平衡分析(Break-Even Analysis)

　　企業經營的成敗及損益，與其成本、產量、售價、銷售量等因素有關，而有效管理，必須依據合理的經營策略，因此本節將利用線性方程組來計算企業需要多少營業額，才能維持損益之平衡，即總收益等於總成本，沒有利潤，也沒有虧損。經由此一平衡點，即可知道在何種銷售量下有盈餘或虧損。利用這些分析可幫助管理者來作決策。現以圖 2.6 來說明如下：

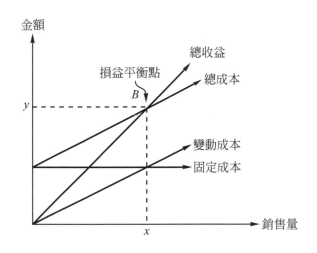

圖 2.6　損益平衡圖

　　由圖 2.6 可知當總收益等於總成本時之交點即為損益平衡點(B點)，銷售量在該B點右側時，可以獲利，當銷售量離該B點右側愈遠則利潤愈多，同理，銷售量在該B點左側時，即會虧損，且離開該點左側愈遠，則虧損也愈多。

　　現以數學模式來作分析，先將各項相關因素之符號定義如下，假設

　　　X_B：銷售量

　　　R：總收益

　　　F：固定成本

　　　V：單位變動成本

　　　P：單位售價

　　　I：利潤

C：總成本

總收益＝單位售價×銷售量

$R = P \times X_B$

總成本＝固定成本＋變動成本

$C = F + V \times X_B$

當損益平衡時$R = C$，其銷售量(X_B)可由下式求得

$PX_B = F + V \times X_B$

$\Rightarrow X_B = \dfrac{F}{P - V}$

將固定成本、單位售價、變動成本，代入上式，即可求得損益平衡點之銷售量。

預估利潤下之銷售量(X_I)也可由下式求得

利潤＝總收益－總成本

$I = PX_I - (F + VX_I)$

$\Rightarrow X_I = \dfrac{F + I}{P - V}$

X_I即為預期利潤下之銷售量。

例 2.16 　華固工業公司生產某種產品，其固定成本為 3,000 元，變動成本每單位(件)0.25 元，單位售價 1 元，試求損益平衡點？若該公司欲求 3,000 元之預期利潤，其銷售量必須達到多少件？

解 (1)由公式知

$X_B = \dfrac{F}{P - V} = \dfrac{3,000}{1 - 0.25} = 4,000(件)$

其中 $\begin{cases} F = 3,000 \text{ 元} \quad \text{代入公式} \\ V = 0.25 \text{ 元} \\ P = 1 \text{ 元} \end{cases}$

當銷售量為 4,000 件時，即為損益平衡點。

$$(2)\,X_I = \frac{F+I}{P-V} = \frac{3{,}000 + 3{,}000}{1 - 0.25} = 8{,}000(件)$$

由上可知，當預期利潤為 3,000 元時，其銷售量必達到 8,000 件，現以圖 2.7 表示例 2.16。

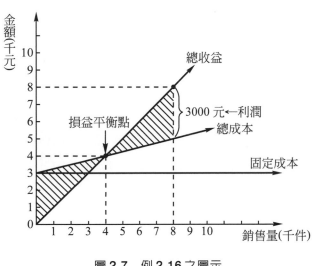

圖 2.7　例 2.16 之圖示

2.3-2　方案選擇

當企業欲作投資時，會擬定幾個不同的方案，而選擇最利於公司的方案來執行，現以下列例題說明如何選擇可行方案。

例 2.17　強志公司製造三種產品，每種產品皆需經過三部不同的機器，下表為每單位產品在每一部機器所需之時數，試求三部機器產能全部使用完的一種產品數量組合。

表 2.1　例 2.17 之生產資訊

機器	產品 1	2	3	每週可用工時(小時)
A	2	3	3	1,060
B	3	2	4	1,280
C	4	3	2	1,340

解 設 x_i 表各產品每週生產單位數，$i = 1$，2，3

$$\begin{cases} 2x_1 + 3x_2 + 3x_3 = 1060 \\ 3x_1 + 2x_2 + 4x_3 = 1280 \\ 4x_1 + 3x_2 + 2x_3 = 1340 \end{cases} \quad \text{解線性方程組求解得}$$

$x_1 = 200$，$x_2 = 100$，$x_3 = 120$

由線性方程組可求出產品產量之最佳組合，即第一種產品生產 200 單位，第二種產品生產 100 單位，第三種產品生產 120 單位。

例 2.18　某進口商想將三種不同的穀類混合製成粉末出售。此三種穀類價格每磅分別爲\$1 元，\$2 元，\$3 元。該廠商欲混合 20,000 磅穀類，其購入金額爲\$40,000 元，且其成分中第一種穀類數量爲第二種穀類的 2 倍，試求滿足上述條件三種穀類之組合爲何？

解 設 x_i 表各種穀類之磅數，$i = 1$，2，3

由題意得下列之線性方程組

$$\begin{cases} x_1 + x_2 + x_3 = 20{,}000 \\ x_1 + 2x_2 + 3x_3 = 40{,}000 \\ x_1 - 2x_2 \qquad\quad = 0 \end{cases}$$

利用高斯消去法求得

$x_1 = 8{,}000$

$x_2 = 4{,}000$

$x_3 = 8{,}000$

即第一種穀類爲 8,000 磅，第二種穀類爲 4,000 磅，第三種穀類爲 8,000 磅。

2.3-3　向量空間與基底

在 2.1 節之引例中，當使用該機器 1 小時，則需耗電 5 千瓦，而使用 3 小時需耗電 15 千瓦，在加入熱機耗電後，我們可用座標(1，15)，(3，25)來表達此二變數在圖形上之關係與原點(0，0)之相對位置。因此由原點至任一點可引出一個射線，即形成一個向量(vector)，可用此向量來表達該點與原點之相對方向，與相對距離。透過加法與乘法結合律(associative property)、交換律(commutative property)與單位元素的定義則可形成一個向量空間(vector space)。

例如，$(x_1，y_1，z_1)$，$(x_2，y_2，z_2)$ 與 $(x_3，y_3，z_3)$ 為三度空間中的三個向量，當定義加法運算為 $(x_1，y_1，z_1)+(x_2，y_2，z_2)=(x_1+x_2，y_1+y_2，z_1+z_2)$，令 α、β 為任意實數，則定義純量乘法運算為 $\alpha(x_1，y_1，z_1)=(\alpha x_1，\alpha y_1，\alpha z_1)$ 則 $[(x_1，y_1，z_1)+(x_2，y_2，z_2)]+(x_3，y_3，z_3)=(x_1+x_2，y_1+y_2，z_1+z_2)+(x_3，y_3，z_3)=(x_1+x_2+x_3，y_1+y_2+y_3，z_1+z_2+z_3)=(x_1+(x_2+x_3)，y_1+(y_2+y_3)，z_1+(z_2+z_3))=(x_1，y_1，z_1)+[(x_2，y_2，z_2)+(x_3，y_3，z_3)]$，即加法結合律成立；同理可驗證加法交換律 $(x_1，y_1，z_1)+(x_2，y_2，z_2)=(x_2，y_2，z_2)+(x_1，y_1，z_1)$；加法單位元素為 $(0，0，0)$；加法反元素為 $(-x_1，-y_1，-z_1)$；而乘法分配律 $\alpha[(x_1，y_1，z_1)+(x_2，y_2，z_2)]=\alpha(x_1，y_1，z_1)+\alpha(x_2，y_2，z_2)$；$(\alpha+\beta)(x_1，y_1，z_1)=\alpha(x_1，y_1，z_1)+\beta(x_1，y_1，z_1)$；乘法結合律 $\alpha\beta(x_1，y_1，z_1)=\alpha[\beta(x_1，y_1，z_1)]$ 與乘法單位元素 1 均成立，因此可形成一個向量空間。

定義 2.2

令 $V_1，\cdots，V_n$ 為向量空間上 n 個相異的向量，若存在 $\alpha_1，\cdots，\alpha_n$ 為 n 個不全為 0 的實數，可使 $\alpha_1 V_1+\cdots+\alpha_n V_n=0$，則稱此 n 個向量為線性相依(linear dependence)；反之則稱為線性獨立(linear independence)。

例如，在上述之三度空間中，$(1，0，0)$，$(0，1，0)$ 及 $(0，0，1)$ 為其三個單位向量，此三者為線性獨立的。因若 $\alpha_1，\alpha_2，\alpha_3$ 為三實數，若 $\alpha_1(1，0，0)+\alpha_2(0，1，0)+\alpha_3(0，0，1)=(0，0，0)$，則由加法運算可知，左式為 $(\alpha_1，\alpha_2，\alpha_3)$，則得 $\alpha_1=0$，$\alpha_2=0$，$\alpha_3=0$，而得證。

例 2.19 $V_1=(0，3，-3)$，$V_2=(1，-1，2)$，$V_3=(2，4，-2)$ 及 $V_4=(1，2，1)$ 為線性相依或獨立？

解 首先由觀察可知，令 $\alpha_1=2$，$\alpha_2=2$，$\alpha_3=-1$，$\alpha_4=0$，即可得 $2(0，3，-3)+2(1，-1，2)-(2，4，-2)+0(1，2，1)=(0，0，0)$，亦即可找到一組不全為 0 的實數，使得 $\alpha_1 V_1+\alpha_2 V_2+\alpha_3 V_3+\alpha_4 V_4=(0，0，0)$，故 V_1，V_2，V_3 及 V_4 為線性相依。或可令 $\alpha_1，\alpha_2，\alpha_3，\alpha_4$ 為滿足下列關係式之實數，$\alpha_1(0，3，-3)+\alpha_2(1，-1，2)+\alpha_3(2，4，-2)+\alpha_4(1，2，1)=(0，0，0)$，則可得下列之齊次方程組

$$\begin{cases} 0\alpha_1 + \alpha_2 + 2\alpha_3 + \alpha_4 = 0 \\ 3\alpha_1 - \alpha_2 + 4\alpha_3 + 2\alpha_4 = 0 \\ -3\alpha_1 + 2\alpha_2 - 2\alpha_3 + \alpha_4 = 0 \end{cases}$$

而顯明解$(\alpha_1，\alpha_2，\alpha_3，\alpha_4)=(0，0，0，0)$必爲其中一解，由定理 2.1 知必有非顯明解，故爲線性相依，其解爲$\alpha_1=-2\alpha_3$，$\alpha_2=-2\alpha_3$，α_3爲任意實數，$\alpha_4=0$。當$\alpha_3=-1$，即取$\alpha_1=2$，$\alpha_2=2$，$\alpha_4=0$，可使此四向量爲相依。

例 2.20 下列各組向量爲線性相依或線性獨立？

(1)$(1，1，0)$，$(1，1，1)$，$(0，1，-1)$

(2)$(-1，1，3)$，$(1，1，2)$

(3)$(1，1，1)$，$(0，1，-2)$，$(2，3，0)$

(4)$(-1，1，2)$，$(2，-2，-4)$

解 (1)令α_1，α_2，α_3爲任意實數，則

$\alpha_1(1，1，0)+\alpha_2(1，1，1)+\alpha_3(0，1，-1)=(0，0，0)$

可得$\begin{cases} \alpha_1 + \alpha_2 = 0 & \cdots\cdots(1) \\ \alpha_1 + \alpha_2 + \alpha_3 = 0 & \cdots\cdots(2) \\ \alpha_2 - \alpha_3 = 0 & \cdots\cdots(3) \end{cases}$

由(3)可得$\alpha_2=\alpha_3$代入(1)得$\alpha_1=-\alpha_2=-\alpha_3$代入(2)得$\alpha_1=0=\alpha_2=\alpha_3$ 故爲線性獨立。

(2)令α_1、α_2爲任意實數，則

$\alpha_1(-1，1，3)+\alpha_2(1，1，2)=(0，0，0)$

則$\begin{cases} -\alpha_1 + \alpha_2 = 0 \\ \alpha_1 + \alpha_2 = 0 \\ 3\alpha_1 + 2\alpha_2 = 0 \end{cases}$ 可得$\alpha_1=\alpha_2=0$，故爲線性獨立。

(3)令α_1、α_2、α_3爲三實數，則

$\alpha_1(1，1，1)+\alpha_2(0，1，-2)+\alpha_3(2，3，0)=(0，0，0)$，可得

$\begin{cases} \alpha_1 + 0\alpha_2 + 2\alpha_3 = 0 \\ \alpha_1 + \alpha_2 + 3\alpha_3 = 0 \\ \alpha_1 - 2\alpha_2 = 0 \end{cases}$ 可得$\alpha_1=2\alpha_2$，α_2爲任意實數，$\alpha_3=-\alpha_2$

故爲線性相依。

(4)令 α_1，α_2 為任意實數，則

$\alpha_1(-1，1，2)+\alpha_2(2，-2，-4)=(0，0，0)$可得

$$\begin{cases} -\alpha_1 + 2\alpha_2 = 0 \\ \alpha_1 - 2\alpha_2 = 0 \\ 2\alpha_1 - 4\alpha_2 = 0 \end{cases} \quad 得\alpha_1=2\alpha_2為線性相依。$$

由上述各例，讀者可推論：在 n 度空間中，任 m 個相異$(m>n)$不為 0 之向量必為線性相依。當一組向量間互為線性相依時，令 α_i 為其中不為 0 之實數之一，則由於

$\alpha_1 V_1 + \cdots + \alpha_n V_n = 0$ 故可得

$$\alpha_i V_i = -(\alpha_1 V_1 + \cdots + \alpha_{i-1} V_{i-1} + \alpha_{i+1} V_{i+1} + \cdots + \alpha_n V_n)$$

則將上式除以 α_i，得 $V_i = -\dfrac{\alpha_1}{\alpha_i} V_1 - \cdots - \dfrac{\alpha_{i-1}}{\alpha_i} V_{i-1} - \dfrac{\alpha_{i+1}}{\alpha_i} V_{i+1} - \cdots - \dfrac{\alpha_n}{\alpha_i} V_n$，亦即向量 V_i 可寫成其他向量的線性組合。

例 2.21
(1)將$(2，4，-2)$寫成$(0，3，-3)$、$(1，-1，2)$及$(1，2，1)$之線性組合。
(2)將$(2，3，0)$寫成$(1，1，1)$及$(0，1，-2)$之線性組合。
(3)將$(2，-2，-4)$寫成$(-1，1，2)$之線性組合。

解 (1)由例 2.19，可得$(2，4，-2)=2(0，3，-3)+2(1，-1，2)+0(1，2，1)$
(2)由例 2.20(3)可得$(2，3，0)=2(1，1，1)+1(0，1，-2)$
(3)由例 2.20(4)可得$(2，-2，-4)=-2(-1，1，2)$

例 2.22 將$(2，1)$寫成$(1，-1)$，$(1，1)$之線性組合。

解 令 $\alpha_1(1，-1)+\alpha_2(1，1)=(2，1)$

得 $\begin{cases} \alpha_1 + \alpha_2 = 2 \\ -\alpha_1 + \alpha_2 = 1 \end{cases}$ 可知 $\alpha_1=0.5$，$\alpha_2=1.5$，即$(2，1)=0.5(1，-1)+1.5(1，1)$

定義 2.3
若 n 個線性獨立向量 $V_1，\cdots，V_n$ 可透過其線性組合將向量空間中任意元素表達出，則稱 $V_1，\cdots，V_n$ 為此向量空間之一組基底(basis)。又當任意向量 V 可以 $V=\alpha_1 V_1 + \cdots + \alpha_n V_n$ 表達出時，$(\alpha_1，\cdots，\alpha_n)$ 即稱為向量 V 於基底$(V_1，\cdots，V_n)$下之座標(coordinates)。

前文中提及三度空間之三個單位向量$(1，0，0)$，$(0，1，0)$及$(0，0，1)$，任何三度空間中之其他向量皆可以此三向量之線性組合表示之，如$(3，5，-2)＝3(1，0，0)＋5(0，1，0)-2(0，0，1)$。而此三向量形成此空間(歐幾里得空間)之標準基底(standard basis)。而$(3，5，-2)$即爲其在歐氏空間之座標。

例 2.23   例 2.20 (1)、(2)是否可形成三度空間之基底，若是，其相對之座標爲何？

解 (1) 由例 2.20 (1)可知$(1，1，0)$，$(1，1，1)$及$(0，1，-1)$爲線性獨立的，而若$(a，b，c)$爲空間上之任意一向量，則當下式

$(a，b，c)＝\alpha_1(1，1，0)＋\alpha_2(1，1，1)＋\alpha_3(0，1，-1)$成立時，可得以下之聯立方程組

$$\begin{cases} \alpha_1 + \alpha_2 = a \\ \alpha_1 + \alpha_2 + \alpha_3 = b \\ \alpha_2 - \alpha_3 = c \end{cases} \quad 可解得 \begin{cases} \alpha_1 = 2a - b - c \\ \alpha_2 = b - a + c \\ \alpha_3 = b - a \end{cases}$$

故任意之向量$(a，b，c)$均可以三向量表示出，且其相對之座標爲

$(2a-b-c，b-a+c，b-a)$。

(2) 由例 2.20 (2)可知$(-1，1，3)$及$(1，1，2)$爲線性獨立的，令$(a，b，c)$爲任意向量，則若$(a，b，c)＝\alpha_1(-1，1，3)＋\alpha_2(1，1，2)$成立時，同理可解以下之聯立方程組

$$\begin{cases} -\alpha_1 + \alpha_2 = a & \cdots\cdots(1) \\ \alpha_1 + \alpha_2 = b & \cdots\cdots(2) \\ 3\alpha_1 + 2\alpha_2 = c & \cdots\cdots(3) \end{cases}$$

故由(1)及(2)式得$\alpha_1＝\dfrac{b-a}{2}$，$\alpha_2＝\dfrac{a+b}{2}$代入(3)式得僅在$c＝\dfrac{5b-a}{2}$時該聯立方程組方成立。例如$(a，b，c)＝(2，4，9)$，可以$(2，4，9)＝\dfrac{4-2}{2}(-1，1，3)＋\dfrac{4+2}{2}(1，1，2)$表示出，但$(a，b，c)＝(2，4，8)$，不符合上述之關係式，則無法以$(-1，1，3)$及$(1，1，2)$之線性組合表示出，即

$(2，4，8)＝\alpha_1(-1，1，3)＋\alpha_2(1，1，2)$中聯立方程組

$$\begin{cases} -\alpha_1 + \alpha_2 = 2 \\ \alpha_1 + \alpha_2 = 4 \\ 3\alpha_1 + 2\alpha_2 = 8 \end{cases} \quad 爲無解。$$

故$(-1，1，3)$及$(1，1，2)$不爲三度空間之基底。

由上例可知，三度空間中之基底並非唯一，即除了讀者所熟知與慣用之標準基底外，另有其他基底存在，端視實務上之需求而定，其他維度上亦如此，在此不贅述。而座標之表示亦如是。

 **習題二**

1. 求下列各直線的斜率
   (1)$2x - 3y = 6$　　(2)$x - y = 0$　　(3)$-4x + 5y = 8$　　(4)$7x + 3y = -10$
   (5)$y = -3x + 2$　　(6)$4x - y = 3$

2. 求通過以下兩點的直線方程式，並求其斜率爲何？
   (1)$(3，1)$及$(6，0)$　　　　　　(2)$(0，3)$及$(2，1)$
   (3)$(0，-2)$及$(3，-1)$　　　　(4)$(3，8)，(-1，0)$
   (5)$(0，-1)，(2，5)$　　　　　　(6)$(0，3)，(-1，-1)$

3. 已知直線斜率k及通過的A點，求此直線方程式。
   (1)$k = 2，A(2，0)$　　　　　　(2)$k = \dfrac{3}{2}，A(3，2)$
   (3)$k = -\dfrac{2}{5}，A(4，-7)$　　(4)$k = -\dfrac{1}{3}，A(-1，-7)$
   (5)$k = 3，A(0，2)$　　　　　　(6)$k = \dfrac{2}{5}，A(3，5)$

4. 用代數消去法解下列聯立方程組
   (1)$\begin{cases} x + 2y = 8 \\ 3x - 4y = 4 \end{cases}$　(2)$\begin{cases} x + 2y = 3 \\ 4x + 5y = 6 \end{cases}$　(3)$\begin{cases} 2x + 3y = 14 \\ 4x + 5y = 26 \end{cases}$

   (4)$\begin{cases} x_1 + x_2 + x_3 = 3 \\ 2x_1 - x_2 + 2x_3 = 3 \\ 4x_1 + x_2 + x_3 = 9 \end{cases}$ (5)$\begin{cases} 4x + 2y + 2z = 8 \\ 3x + 2y + z = 2 \\ x - y + z = 4 \end{cases}$ (6)$\begin{cases} 2x - 3y + z = 11 \\ x + 2y - z = -6 \\ 3x + y + 4z = 13 \end{cases}$

   (7)$\begin{cases} 3x + y - z = 2 \\ 2x + 3y + z = 0 \\ x + 5y + 2z = 6 \end{cases}$ (8)$\begin{cases} x_1 - 2x_2 + x_3 = 7 \\ 2x_1 - 5x_2 + 2x_3 = 6 \\ 3x_1 + 2x_2 - x_3 = 1 \end{cases}$ (9)$\begin{cases} x_1 - x_2 + 2x_3 = -1 \\ 3x_1 + 2x_2 + 4x_3 = 3 \\ x_2 - 2x_3 = -1 \end{cases}$

5. 利用高斯消去法求解下列方程組
   (1)$\begin{cases} x_1 - x_2 + x_3 = 3 \\ 4x_1 - 3x_2 - x_3 = 6 \\ 3x_1 + x_2 + 2x_3 = 4 \end{cases}$ (2)$\begin{cases} 2x_1 - x_2 + x_3 = 1 \\ 4x_1 + x_2 = -2 \\ -2x_1 + 2x_2 + x_3 = 7 \end{cases}$

(3) $\begin{cases} 3x - 2y = 7 \\ 3y - 2z = 6 \\ 3z - 2x = -1 \end{cases}$ (4) $\begin{cases} 2x_1 - 5x_2 + x_3 = -5 \\ x_1 - x_2 + 2x_3 = 5 \\ 5x_1 + 2x_2 - 3x_3 = 0 \end{cases}$

(5) $\begin{cases} -2x_1 + x_2 + x_3 = 1 \\ x_1 - 2x_2 + x_3 = 1 \\ x_1 + x_2 - 2x_3 = 1 \end{cases}$ (6) $\begin{cases} x_1 - x_2 + 2x_3 = 1 \\ 2x_1 + 2x_3 = 1 \\ x_1 - 3x_2 + 4x_3 = 2 \end{cases}$

6. 以高斯-焦丹消去法求解下列方程組

(1) $\begin{cases} 3x + y - z = 2 \\ 2x + 3y + z = 0 \\ x + 5y + 2z = -4 \end{cases}$ (2) $\begin{cases} x - y + 2z = 1 \\ 2x + 2z = 1 \\ x - 3y + 4z = 2 \end{cases}$

(3) $\begin{cases} x_1 + x_2 + 2x_3 = 3 \\ 2x_1 - x_2 + 3x_3 = -4 \\ x_1 - 3x_2 + 5x_3 = -6 \end{cases}$ (4) $\begin{cases} 3x - 2y + z = 1 \\ x + y - z = 2 \\ 2x - 2y + 3z = 0 \end{cases}$

(5) $\begin{cases} x_1 - x_2 + 2x_3 = 1 \\ 2x_1 + 2x_2 = 1 \\ x_1 - 3x_2 + 4x_3 = 2 \end{cases}$ (6) $\begin{cases} x_1 + 2x_2 + 7x_3 = 2 \\ -x_1 + x_2 + 4x_3 = 4 \\ x_2 + 4x_3 = 2 \end{cases}$

(7) $\begin{cases} x + y + z = 1 \\ 3x + 2y + 4z = 3 \\ 2x + 3y + 4z = 5 \end{cases}$ (8) $\begin{cases} 4x - 3y + z = 5 \\ -x + 2y + 3z = 4 \\ 3x + 2y + z = 0 \end{cases}$

(9) $\begin{cases} x_1 + 2x_2 - x_3 = 2 \\ 2x_1 + x_2 + x_3 = 3 \\ x_1 + 2x_2 - 3x_3 = 2 \end{cases}$ (10) $\begin{cases} x_1 - x_2 + 3x_3 = 1 \\ -x_1 + 2x_2 - 3x_3 = 4 \\ 3x_1 - 3x_2 + 16x_3 = -4 \end{cases}$

7. 台揚公司生產某項產品,其固定成本為10,000元,變動成本為每單位3元,售價每單位7元,試求銷售量在5,000件時之利潤為多少?假設該公司添購機器設備,使固定成本增至20,000元,變動成本降至2.5元,售價降為每單位6元,試求損益平衡點為何?此投資是否划算?

8. 若總生產成本$C(x)$和生產數量的關係如下:

   $C(x) = 5x + 40$

   銷售收益函數如下:

   $R(x) = 7x$

   (1)試求損益平衡時之銷售量。

   (2)試求銷售量為1,000時之利潤。

9. 某肥料廠生產牛飼料出售，飼料由A、B、C三種材料混合而成，並要求含有23％的蛋白質及10％之礦物質，已知下列資料。

三種材料ABC之蛋白質及礦物質含量百分比表如下：

材料	蛋白質	礦物質
A	25 %	12 %
B	20 %	8 %
C	23 %	9 %

試問三種材料應各取多少才可混合成28公斤之飼料？

10. 高昌公司製造三種產品，每種產品都需經過三條不同生產線，下表為每單位產品在每一條生產線所需小時數。試求出此三條生產線之產能全部使用完的一種產品數量組合。

生產線	產品			每週可用工時 (小時)
	1	2	3	
A	2	2	3	1050
B	3	2	4	1300
C	4	2	3	1250

11. 某商人進口A、B、C三種燕麥，混合製成燕麥粉，這三種燕麥每公斤價格分別為40元、45元及50元。該商人想混合4,500公斤燕麥粉，其購入資金為205,000元，為了口感好，在配料時，B燕麥為A燕麥的2倍，試求滿足上述條件之三種燕麥數量之組合為何？

12. 帥哥欲向女友求婚，打算包下整個花店的花來佈置場地，他預算是88000元，依場地大小來看應該要有350束花束才夠用，花店提供三種花來搭配，其中玫瑰花一束300元，百合花一束240元，滿天星一束140元，各種花的處理時間不同，玫瑰花要6分鐘，百合花要3.5分鐘，滿天星要1.5分鐘，該店有5名員工，要在下午1：00到下午6：00間完成佈置應可買到各花種多少束？

13. 下列各組向量何者為線性獨立？

　　(1) $V_1 = (1，1)$ 及 $V_2 = (-3，2)$

　　(2) $V_1 = (0，\pi)$ 及 $V_2 = (1，0)$

　　(3) $V_1 = (2，-1)$，$V_2 = (1，0)$ 及 $V_3 = (3，2)$

　　(4) $V_1 = (0，1，1)$，$V_2 = (0，1，2)$ 及 $V_3 = (1，3，5)$

　　(5) $V_1 = (0，1，-1)$，$V_2 = (1，1，0)$，及 $V_3 = (1，0，2)$

　　(6) $V_1 = (0，1，-1)$，$V_2 = (1，1，0)$ 及 $V_3 = (1，2，-1)$

14. 將下列向量 V 表示成 V_1、V_2 或 V_3 之線性組合

　　(1) $V = (4，3)$，$V_1 = (1，1)$，$V_2 = (-3，2)$

　　(2) $V = (1，2)$，$V_1 = (1，-1)$，$V_2 = (1，1)$

　　(3) $V = (1，0，0)$，$V_1 = (0，1，1)$，$V_2 = (0，1，2)$，$V_3 = (1，3，5)$

　　(4) $V = (1，1，1)$，$V_1 = (0，1，-1)$，$V_2 = (1，1，0)$，$V_3 = (1，0，2)$

15. 習題第 13 題中何者可成為一組基底，若是，其相對座標為何？

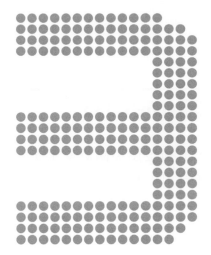

矩陣與行列式

3.1　矩陣(Matrix)

矩陣的由來，最初是由英國數學家凱來(Arthur Cayley，1821～1895)及西爾維斯特(1814～1897)所創用。1858年凱來首先以矩陣的符號來代表線性方程組如下：

$$\begin{cases} 1x_1 + 1x_2 - 1x_3 = 2 \\ -2x_1 + 1x_2 + 1x_3 = 3 \\ 1x_1 + 1x_2 + 1x_3 = 6 \end{cases} \tag{3.1}$$

現以A、B、X矩陣來表示上列之線性方程組，若

$$A = \begin{bmatrix} 1 & 1 & -1 \\ -2 & 1 & 1 \\ 1 & 1 & 1 \end{bmatrix}, X = \begin{bmatrix} x_1 \\ x_2 \\ x_3 \end{bmatrix}, B = \begin{bmatrix} 2 \\ 3 \\ 6 \end{bmatrix}$$

則我們可將3.1式表為$AX = B$。其中A稱為係數矩陣，X為變數矩陣，而B則為常數矩陣。

漸漸地，矩陣便成為基本的數學知識。甚至應用於物理、工程、經濟、統計或其他社會科學等各方面。例如可應用於物理上的量子力學、商業問題之線性方程組，電機工程之電路及電流分析，作業研究之線性規劃。除了作為研究的工具之外，也可用於日常生活中，可將一些有關的數字以矩陣來表示，以作為記錄，達到簡單明白之目的，並且便利於計算。此種簡便的方法，更可廣泛應用於電腦解題中，可使求解過程更為快速及便利。

例3.1　某工廠生產三種不同型式之電池，生產每單位 A 型電池之成本為20元，所耗用工時為30分鐘，B型電池之成本為12元，需費時20分鐘，而C型電池之成本為15元，需耗工時27分鐘。
上述之數字可以一簡單明瞭的矩陣表示之。

解　以上之敘述可以矩陣表示如下：

$$\begin{array}{c} & A & B & C \\ 成本 & \begin{bmatrix} 20 & 12 & 15 \\ 30 & 20 & 27 \end{bmatrix} \\ 時間 \end{array}$$

定義 3.1 　矩陣定義

若m及n為正整數，且每一個a_{ij} $(1 \leq i \leq m，1 \leq j \leq n)$皆為實數，則我們稱以下之$m$列(row)$n$行(column)數列

$$A = \begin{bmatrix} a_{11} & a_{12} & \cdots & a_{1n} \\ a_{21} & a_{22} & \cdots & a_{2n} \\ \vdots & \vdots & \vdots & \vdots \\ a_{m1} & a_{m2} & \cdots & a_{mn} \end{bmatrix}$$

為一個$m \times n$階(order)之矩陣(matrix)，簡單記為$A = [a_{ij}]_{m \times n}$，其中$a_{ij}$代表位於第$i$列第$j$行之元素。而第$i$列為$[a_{i1} \quad a_{i2} \cdots a_{in}]$，第$j$行為$\begin{bmatrix} a_{1j} \\ a_{2j} \\ \vdots \\ a_{mj} \end{bmatrix}$

以下就幾個特殊型之矩陣性質分別說明：

1. 當$m = n$時，A稱為n階方陣。

2. 當所有元素a_{ij}均為 0 時，稱A為零矩陣(zero matrix or null matrix)，以$[0]_{m \times n}$代表之。

3. 在一個n階方陣中，若除元素a_{11}，a_{22}，$\cdots$，a_{nn}外之元素皆為 0，元素a_{11}，a_{22}，$\cdots$，a_{nn}之元素可以為 0 或其他值，則稱A為對角方陣(diagonal matrix)，並以diag $(a_{11}，a_{22}，\cdots，a_{nn})$表示之，如

$$\begin{bmatrix} a_{11} & 0 & \cdots & 0 \\ 0 & a_{22} & \cdots & 0 \\ \vdots & \vdots & \vdots & \vdots \\ 0 & 0 & \cdots & a_{nn} \end{bmatrix}$$

4. 若一個n階對角方陣之主對角元素皆為 1，則稱為n階單位方陣(identity matrix)，以I_n表之。如

$$I_3 = \begin{bmatrix} 1 & 0 & 0 \\ 0 & 1 & 0 \\ 0 & 0 & 1 \end{bmatrix} = \text{diag}(1，1，1)$$

5. 只有一行的矩陣稱為行矩陣(column matrix)或行向量(column vector)。

如：
$$\begin{bmatrix} a_1 \\ a_2 \\ \vdots \\ a_m \end{bmatrix}$$

只有一列的矩陣稱為列矩陣(row matrix)或列向量(row vector)，

如$[a_1 \quad a_2 \quad \cdots \quad a_n]$，當其中有一元素為 1，而其它元素為 0，即為單位向量。

如 $[1 \quad 0 \quad 0]$ 及 $\begin{bmatrix} 0 \\ 1 \\ 0 \end{bmatrix}$。

6. 將一矩陣的行與列互換所成之矩陣稱為原矩陣的**轉置矩陣**(transpose matrix)，以 A^T 表示之。如：

$$A = \begin{bmatrix} a_{11} & a_{12} & a_{13} \\ a_{21} & a_{22} & a_{23} \\ a_{31} & a_{32} & a_{33} \end{bmatrix} \qquad A^T = \begin{bmatrix} a_{11} & a_{21} & a_{31} \\ a_{12} & a_{22} & a_{32} \\ a_{13} & a_{23} & a_{33} \end{bmatrix}$$

矩陣經轉置後，其對角線上的元素不會改變。

7. 若 A 為 n 階方陣且對角線以下的係數均為 0，則稱為上三角矩陣，反之若對角線以上均為 0，則稱為下三角矩陣。如 $A = \begin{bmatrix} 1 & 2 & 3 \\ 0 & 4 & 5 \\ 0 & 0 & 0 \end{bmatrix}$ 為上三角矩陣。

8. 若一 n 階方陣 A，各元素中，$a_{kj} = a_{jk}$，稱 A 為對稱矩陣，此時 $A = A^T$。

例 3.2 求下列矩陣之轉置矩陣。

$$A = \begin{bmatrix} 2 & -3 & 1 \\ 5 & 0 & -2 \end{bmatrix}, B = \begin{bmatrix} 7 & 3 & -4 \\ -6 & 2 & 0 \\ 1 & -2 & 5 \end{bmatrix}, C = \begin{bmatrix} 2 & 4 \\ 0 & -1 \\ -3 & 7 \end{bmatrix}, D = \begin{bmatrix} 1 & 5 & 7 \\ 5 & 3 & 4 \\ 7 & 4 & 8 \end{bmatrix}$$

解

$$A^T = \begin{bmatrix} 2 & 5 \\ -3 & 0 \\ 1 & -2 \end{bmatrix} \qquad\qquad B^T = \begin{bmatrix} 7 & -6 & 1 \\ 3 & 2 & -2 \\ -4 & 0 & 5 \end{bmatrix}$$

$$C^T = \begin{bmatrix} 2 & 0 & -3 \\ 4 & -1 & 7 \end{bmatrix} \qquad D^T = \begin{bmatrix} 1 & 5 & 7 \\ 5 & 3 & 4 \\ 7 & 4 & 8 \end{bmatrix}$$

A為2×3矩陣，經過轉置後，變成3×2矩陣

B為3×3矩陣，轉置後變成3×3矩陣

C為3×2矩陣，經過轉置後，變成2×3矩陣

D為3×3矩陣，經過轉置後，仍為3×3矩陣。

● 3.2　矩陣之運算

定義 3.2　矩陣相等

若$A = [a_{ij}]_{m \times n}$及$B = [b_{ij}]_{m \times n}$為同階矩陣，且每一個相同位置的元素皆相等，即對所有i及j，$a_{ij} = b_{ij}$，則稱A和B相等，以$A = B$表示之。

例 3.3　若$\begin{bmatrix} x+y & -2 \\ 3 & x-y \end{bmatrix} = \begin{bmatrix} 5 & a \\ b & -1 \end{bmatrix}$，求$x$，$y$，$a$，$b$。

解　由定義 3.2 可知

$x + y = 5$及$x - y = -1$

$a = -2$及$b = 3$

故可知$x = 2$，$y = 3$

由以上定義可知，若A為一n階方陣，當$A = A^T$，稱A為一對稱矩陣。如例 3.2 之矩陣D為一對稱矩陣，而對稱矩陣必為方陣。

例 3.4　若 $\begin{bmatrix} 1 & x-y+z & 3y \\ 5x+y & -1 & x+z \\ y-z & 3 & 5 \end{bmatrix}$ 為一對稱矩陣，則 $x+2y-3z=$ ？

解　由定義 3.1 之 8 可知

$$\begin{cases} 5x+y=x-y+z & \cdots\cdots(1) \\ y-z=3y & \cdots\cdots(2) \\ x+z=3 & \cdots\cdots(3) \end{cases}$$

由(2)及(3)式可得 $y=\dfrac{-1}{2}z$ 及 $x=3-z$ 代入(1)可得

$$5(3-z)-\frac{1}{2}z=3-z+\frac{1}{2}z+z$$

即 $z=2$，$y=-1$，$x=1$

故 $x+2y-3z=1+2(-1)-3(2)=-7$

定義 3.3　矩陣加法

若 $A=[a_{ij}]$，$B=[b_{ij}]$，$C=[c_{ij}]$ 皆為 $m \times n$ 之矩陣，其中 $c_{ij}=a_{ij}+b_{ij}$，($1 \le i \le m$，$1 \le j \le n$)，則稱 C 為矩陣 A 與 B 之和，以 $A+B$ 表示。求兩個矩陣和之操作，稱為加法運算，具有以下之特性。

▶ 定理 3.1

矩陣加法運算有下列特性：

1. 同階數的矩陣才可相加。
2. 同階數的矩陣相加時，對應的元素應相加。
3. 矩陣加法具有交換律，即

    $$A+B=B+A$$

4. 矩陣加法具有結合律，即

    $$A+(B+C)=(A+B)+C$$

例 3.5 $A = \begin{bmatrix} 5 & 2 \\ -3 & 1 \end{bmatrix}$，$B = \begin{bmatrix} -1 & 2 \\ 4 & 0 \end{bmatrix}$，求 $A + B = ?$

解 $\begin{bmatrix} 5 & 2 \\ -3 & 1 \end{bmatrix} + \begin{bmatrix} -1 & 2 \\ 4 & 0 \end{bmatrix} = \begin{bmatrix} 5-1 & 2+2 \\ -3+4 & 1+0 \end{bmatrix} = \begin{bmatrix} 4 & 4 \\ 1 & 1 \end{bmatrix}$

5. 矩陣加法具有單一律(identity property)，即 $A + 0 = 0 + A = A$，其中 0 為 $m \times n$ 階之零矩陣。

6. 矩陣的 α 倍為矩陣中每一元素均乘以倍數 α，即 $\alpha A = [\alpha a_{ij}]$，此性質可由矩陣加法之定義及數學歸納法得知，且 $\alpha(A + B) = \alpha A + \alpha B$。

7. 令 $\alpha = -1$，可得兩矩陣相減為對應之元素相減。

例 3.6 $A = \begin{bmatrix} 1 & 2 & -3 \\ 4 & 5 & 1 \end{bmatrix}$，求 $2A = ?$

解 $2A = A + A = \begin{bmatrix} 1 & 2 & -3 \\ 4 & 5 & 1 \end{bmatrix} + \begin{bmatrix} 1 & 2 & -3 \\ 4 & 5 & 1 \end{bmatrix} = \begin{bmatrix} 2 & 4 & -6 \\ 8 & 10 & 2 \end{bmatrix}$

     或 $2A = \begin{bmatrix} 2 \times 1 & 2 \times 2 & 2 \times (-3) \\ 2 \times 4 & 2 \times 5 & 2 \times 1 \end{bmatrix} = \begin{bmatrix} 2 & 4 & -6 \\ 8 & 10 & 2 \end{bmatrix}$

例 3.7   試以例 3.5 計算 $3A + 3B$，$3A - 3B$ 及驗證 $3(A + B) = 3A + 3B$。

解 $3A + 3B = \begin{bmatrix} 15 & 6 \\ -9 & 3 \end{bmatrix} + \begin{bmatrix} -3 & 6 \\ 12 & 0 \end{bmatrix} = \begin{bmatrix} 12 & 12 \\ 3 & 3 \end{bmatrix}$

$3A - 3B = \begin{bmatrix} 15 & 6 \\ -9 & 3 \end{bmatrix} - \begin{bmatrix} -3 & 6 \\ 12 & 0 \end{bmatrix} = \begin{bmatrix} 18 & 0 \\ -21 & 3 \end{bmatrix}$

又 $3(A + B) = 3 \begin{bmatrix} 4 & 4 \\ 1 & 1 \end{bmatrix} = \begin{bmatrix} 12 & 12 \\ 3 & 3 \end{bmatrix} = 3A + 3B$

定義 3.4   矩陣乘法 I

設列向量 $A = [a_1 \quad a_2 \quad \cdots \quad a_n]$，行向量 $B = \begin{bmatrix} b_1 \\ b_2 \\ \vdots \\ b_n \end{bmatrix}$，則 A 乘以 B 之積為

$$AB = a_1 b_1 + a_2 b_2 + \cdots + a_n b_n = \sum_{i=1}^{n} a_i b_i$$

例3.8 　設 $A = \begin{bmatrix} 4 & 1 & -1 \end{bmatrix}$，$B = \begin{bmatrix} 2 \\ 3 \\ 5 \end{bmatrix}$ 則 $AB = $？$BA = $？

解

$$AB = \begin{bmatrix} 4 & 1 & -1 \end{bmatrix} \begin{bmatrix} 2 \\ 3 \\ 5 \end{bmatrix} = 4 \times 2 + 1 \times 3 + (-1) \times 5 = 6$$

$$BA = \begin{bmatrix} 2 \\ 3 \\ 5 \end{bmatrix} \begin{bmatrix} 4 & 1 & -1 \end{bmatrix} = \begin{bmatrix} 8 & 2 & -2 \\ 12 & 3 & -3 \\ 20 & 5 & -5 \end{bmatrix}$$

定義 3.5 　矩陣乘法 II

若 $A = [a_{ij}]$，$B = [b_{jk}]$ 分別為 $m \times n$ 及 $n \times p$ 階矩陣，其中

$$A^1 = \begin{bmatrix} a_{11} & a_{12} & \cdots & a_{1n} \end{bmatrix}$$
$$A^2 = \begin{bmatrix} a_{21} & a_{22} & \cdots & a_{2n} \end{bmatrix}$$
$$\vdots$$
$$\vdots$$
$$A^m = \begin{bmatrix} a_{m1} & a_{m2} & \cdots & a_{mn} \end{bmatrix}$$

$$B_1 = \begin{bmatrix} b_{11} \\ b_{21} \\ \vdots \\ b_{n1} \end{bmatrix}, \ B_2 = \begin{bmatrix} b_{12} \\ b_{22} \\ \vdots \\ b_{n2} \end{bmatrix}, \ \cdots, \ B_p = \begin{bmatrix} b_{1p} \\ b_{2p} \\ \vdots \\ b_{np} \end{bmatrix}$$

則若矩陣 C 為 A 乘以 B 之積，記作 $C = AB$，$[c_{ik}]$ 為一 $m \times p$ 階矩陣，其中第 i 列第 k 行元素 c_{ik} 為 A 矩陣第 i 列向量與 B 矩陣第 k 行向量之乘積，亦即

$$C = AB = [c_{ik}] = [A^{(i)} B_{(k)}]$$

或

$$C=AB=\begin{bmatrix} a_{11} & a_{12} & \cdots & a_{1n} \\ a_{21} & a_{22} & \cdots & a_{2n} \\ \vdots & \vdots & \vdots & \vdots \\ \boxed{a_{i1} \quad a_{i2} \quad \cdots \quad a_{in}} \\ \vdots & \vdots & \vdots & \vdots \\ a_{m1} & a_{m2} & & a_{mn} \end{bmatrix} \times \begin{bmatrix} b_{11} & b_{12} & \cdots & \boxed{b_{1j}} & \cdots & b_{1p} \\ b_{21} & b_{22} & \cdots & b_{2j} & \cdots & b_{2p} \\ \vdots & \vdots & \cdots & \vdots & \cdots & \vdots \\ \vdots & \vdots & \cdots & \vdots & \cdots & \vdots \\ \vdots & \vdots & \cdots & \vdots & \cdots & \vdots \\ b_{n1} & b_{n2} & \cdots & \boxed{b_{nj}} & \cdots & b_{np} \end{bmatrix}$$

$$= \begin{bmatrix} a_{11} \times b_{11} + a_{12} \times b_{21} + \cdots + a_{1n} \times b_{n1} & \cdots\cdots\cdots\cdots & a_{11} \times b_{1p} + a_{12} \times b_{2p} + \cdots + a_{1n} \times b_{np} \\ \vdots & & \vdots \\ \vdots & \cdots\cdots\cdots\cdots & \boxed{\begin{array}{l} a_{i1} \times b_{1j} + a_{i2} \times b_{2j} \\ + \cdots\cdots + a_{in} \times b_{nj} \end{array}} \quad \cdots\cdots\cdots\cdots & \vdots \\ \vdots & & \vdots \\ a_{m1} \times b_{11} + a_{m2} \times b_{21} + \cdots + a_{mn} \times b_{n1} & \cdots\cdots\cdots\cdots & a_{m1} \times b_{1p} + a_{m2} \times b_{2p} + \cdots + a_{mn} \times b_{np} \end{bmatrix}$$

例 3.9　$A = \begin{bmatrix} 2 & 1 \\ 5 & 4 \end{bmatrix}$，$B = \begin{bmatrix} 1 \\ 6 \end{bmatrix}$ 求此二矩陣之乘積。

解　$\begin{bmatrix} 2 & 1 \\ 5 & 4 \end{bmatrix} \begin{bmatrix} 1 \\ 6 \end{bmatrix} = \begin{bmatrix} 2 \times 1 + 1 \times 6 \\ 5 \times 1 + 4 \times 6 \end{bmatrix} = \begin{bmatrix} 8 \\ 29 \end{bmatrix}$

例 3.10　$A = \begin{bmatrix} 1 & 3 & 2 \\ 0 & 4 & 5 \end{bmatrix}$，$B = \begin{bmatrix} -2 & 5 \\ 1 & 3 \\ 0 & 1 \end{bmatrix}$ 求此兩矩陣之乘積。

解　$\begin{bmatrix} 1 & 3 & 2 \\ 0 & 4 & 5 \end{bmatrix} \begin{bmatrix} -2 & 5 \\ 1 & 3 \\ 0 & 1 \end{bmatrix}$

$= \begin{bmatrix} 1 \times (-2) + 3 \times 1 + 2 \times 0 & 1 \times 5 + 3 \times 3 + 2 \times 1 \\ 0 \times (-2) + 4 \times 1 + 5 \times 0 & 0 \times 5 + 4 \times 3 + 5 \times 1 \end{bmatrix} = \begin{bmatrix} 1 & 16 \\ 4 & 17 \end{bmatrix}$

矩陣乘法具有以下之特性：

▶ 定理 3.2　矩陣乘法特性

1.　兩矩陣相乘，僅當A矩陣之行數和B矩陣之列數相等，AB才有意義。

2.　當A爲方陣時，AA方成立，且記作A^2。同理$A^k = \underbrace{A \times \cdots \times A}_{k \text{ 個}}$。

3.　交換律不一定成立，即多數的$AB \neq BA$。

4.　乘法分配律成立：$A(B + C) = AB + AC$。
$$(A + B)C = AC + BC。$$

5.　乘法結合律成立：若α爲常數，$(\alpha A)B = \alpha(AB)$，$A(\alpha B) = \alpha(AB)$，$A(BC) = (AB)C$。

6.　矩陣與單位方陣相乘，仍爲原矩陣，即$A_{m \times n} I_n = A = I_m A_{m \times n}$。

例 3.11　設$A = \begin{bmatrix} 2 & 3 \\ 0 & 5 \end{bmatrix}$，$B = \begin{bmatrix} 1 & 3 \\ 4 & 7 \end{bmatrix}$，試證明$AB \neq BA$。

解
$$AB = \begin{bmatrix} 2 & 3 \\ 0 & 5 \end{bmatrix} \begin{bmatrix} 1 & 3 \\ 4 & 7 \end{bmatrix} = \begin{bmatrix} 14 & 27 \\ 20 & 35 \end{bmatrix}$$

$$BA = \begin{bmatrix} 1 & 3 \\ 4 & 7 \end{bmatrix} \begin{bmatrix} 2 & 3 \\ 0 & 5 \end{bmatrix} = \begin{bmatrix} 2 & 18 \\ 8 & 47 \end{bmatrix} \neq AB \quad \text{故得證}$$

又如例 3.9 中將A與B交換，因B之行數爲 1 而A之列數爲 2，故BA不存在。

例 3.12　設$A = \begin{bmatrix} 1 & 1 & 2 \\ 2 & 0 & -1 \end{bmatrix}$，$B = \begin{bmatrix} 3 & 2 \\ 1 & 0 \\ -1 & -1 \end{bmatrix}$，$C = \begin{bmatrix} 1 & 3 \\ 2 & 0 \\ 0 & -1 \end{bmatrix}$，

試證明$A(B + C) = AB + AC$。

解
$$B + C = \begin{bmatrix} 3 & 2 \\ 1 & 0 \\ -1 & -1 \end{bmatrix} + \begin{bmatrix} 1 & 3 \\ 2 & 0 \\ 0 & -1 \end{bmatrix} = \begin{bmatrix} 4 & 5 \\ 3 & 0 \\ -1 & -2 \end{bmatrix}$$

$$A(B+C)=\begin{bmatrix}1&1&2\\2&0&-1\end{bmatrix}\begin{bmatrix}4&5\\3&0\\-1&-2\end{bmatrix}=\begin{bmatrix}5&1\\9&12\end{bmatrix}$$

$$而AB=\begin{bmatrix}1&1&2\\2&0&-1\end{bmatrix}\begin{bmatrix}3&2\\1&0\\-1&-1\end{bmatrix}=\begin{bmatrix}2&0\\7&5\end{bmatrix}$$

$$AC=\begin{bmatrix}1&1&2\\2&0&-1\end{bmatrix}\begin{bmatrix}1&3\\2&0\\0&-1\end{bmatrix}=\begin{bmatrix}3&1\\2&7\end{bmatrix}$$

$$AB+AC=\begin{bmatrix}2&0\\7&5\end{bmatrix}+\begin{bmatrix}3&1\\2&7\end{bmatrix}=\begin{bmatrix}5&1\\9&12\end{bmatrix}$$

由以上運算結果知，乘法分配律$A(B+C)=AB+AC$成立。

例 3.13 設$A=\begin{bmatrix}4&-3\\1&2\end{bmatrix}$，$B=\begin{bmatrix}1&-1\\1&0\end{bmatrix}$，$C=\begin{bmatrix}3&-2\\0&1\end{bmatrix}$，$\alpha=3$，

試證明$A(BC)=(AB)C$及$(3A)B=3(AB)=A(3B)$。

解 $$BC=\begin{bmatrix}1&-1\\1&0\end{bmatrix}\begin{bmatrix}3&-2\\0&1\end{bmatrix}=\begin{bmatrix}3&-3\\3&-2\end{bmatrix}$$

$$A(BC)=\begin{bmatrix}4&-3\\1&2\end{bmatrix}\begin{bmatrix}3&-3\\3&-2\end{bmatrix}=\begin{bmatrix}3&-6\\9&-7\end{bmatrix}$$

$$AB=\begin{bmatrix}4&-3\\1&2\end{bmatrix}\begin{bmatrix}1&-1\\1&0\end{bmatrix}=\begin{bmatrix}1&-4\\3&-1\end{bmatrix}$$

$$(AB)C=\begin{bmatrix}1&-4\\3&-1\end{bmatrix}\begin{bmatrix}3&-2\\0&1\end{bmatrix}=\begin{bmatrix}3&-6\\9&-7\end{bmatrix}$$

由以上運算結果知，乘法結合律$A(BC)=(AB)C$成立。

又$3A=\begin{bmatrix}12&-9\\3&6\end{bmatrix}$，故$(3A)B=\begin{bmatrix}12&-9\\3&6\end{bmatrix}\begin{bmatrix}1&-1\\1&0\end{bmatrix}=\begin{bmatrix}3&-12\\9&-3\end{bmatrix}=3\begin{bmatrix}1&-4\\3&-1\end{bmatrix}=3(AB)$

且$3B=\begin{bmatrix}3&-3\\3&0\end{bmatrix}$，故$A(3B)=\begin{bmatrix}4&-3\\1&2\end{bmatrix}\begin{bmatrix}3&-3\\3&0\end{bmatrix}=\begin{bmatrix}3&-12\\9&-3\end{bmatrix}=3(AB)$，得證。

例 3.14　設 $A = \begin{bmatrix} 3 & 1 & 2 \\ 2 & 0 & 0 \\ 1 & 1 & -1 \end{bmatrix}$，則 $A^2 = ?$ $A^3 = ?$

解

$$A^2 = AA = \begin{bmatrix} 3 & 1 & 2 \\ 2 & 0 & 0 \\ 1 & 1 & -1 \end{bmatrix}\begin{bmatrix} 3 & 1 & 2 \\ 2 & 0 & 0 \\ 1 & 1 & -1 \end{bmatrix} = \begin{bmatrix} 3\times 3+1\times 2+2\times 1 & 5 & 4 \\ 2\times 3+0\times 2+0\times 1 & 2 & 4 \\ 1\times 3+1\times 2-1\times 1 & 0 & 3 \end{bmatrix} = \begin{bmatrix} 13 & 5 & 4 \\ 6 & 2 & 4 \\ 4 & 0 & 3 \end{bmatrix}$$

$$A^3 = (AA)A = A^2 A = \begin{bmatrix} 13 & 5 & 4 \\ 6 & 2 & 4 \\ 4 & 0 & 3 \end{bmatrix}\begin{bmatrix} 3 & 1 & 2 \\ 2 & 0 & 0 \\ 1 & 1 & -1 \end{bmatrix} = \begin{bmatrix} 53 & 17 & 22 \\ 26 & 10 & 8 \\ 15 & 7 & 5 \end{bmatrix}$$

$$又 A^3 = A(AA) = AA^2 = \begin{bmatrix} 3 & 1 & 2 \\ 2 & 0 & 0 \\ 1 & 1 & -1 \end{bmatrix}\begin{bmatrix} 13 & 5 & 4 \\ 6 & 2 & 4 \\ 4 & 0 & 3 \end{bmatrix} = \begin{bmatrix} 53 & 17 & 22 \\ 26 & 10 & 8 \\ 15 & 7 & 5 \end{bmatrix}$$

例 3.15　若 $B_1 = [1 \quad 0 \quad 0]$，且 A 為任意之 3×3 矩陣，則 $B_1 A = ?$ 又若 $B_2 = [0 \quad 1 \quad 0]$，則 $B_2 A = ?$ 若 $B_3 = \begin{bmatrix} 0 \\ 0 \\ 1 \end{bmatrix}$，則 $AB_3 = ?$

解

$$令 A = \begin{bmatrix} a_{11} & a_{12} & a_{13} \\ a_{21} & a_{22} & a_{23} \\ a_{31} & a_{32} & a_{33} \end{bmatrix}$$

$$則 B_1 A = [1 \quad 0 \quad 0]\begin{bmatrix} a_{11} & a_{12} & a_{13} \\ a_{21} & a_{22} & a_{23} \\ a_{31} & a_{32} & a_{33} \end{bmatrix} = [a_{11} \quad a_{12} \quad a_{13}]$$

$$B_2 A = [0 \quad 1 \quad 0]\begin{bmatrix} a_{11} & a_{12} & a_{13} \\ a_{21} & a_{22} & a_{23} \\ a_{31} & a_{32} & a_{33} \end{bmatrix} = [a_{21} \quad a_{22} \quad a_{23}]$$

$$AB_3 = \begin{bmatrix} a_{11} & a_{12} & a_{13} \\ a_{21} & a_{22} & a_{23} \\ a_{31} & a_{32} & a_{33} \end{bmatrix}\begin{bmatrix} 0 \\ 0 \\ 1 \end{bmatrix} = \begin{bmatrix} a_{13} \\ a_{23} \\ a_{33} \end{bmatrix}$$

　　由上例可知，以單位列向量與矩陣相乘可得所對應列，而以單位行向量相乘可得所對應行。

3.3 矩陣的列運算

定義 3.6 矩陣列運算

矩陣之基本列運算有下列三種：

1. 兩列互調，以 $R_i \leftrightarrow R_j$ 表示第 i 列與第 j 列互調。

2. 以非零的數乘以某一列的元素，以 kR_i 代表 k 乘以第 i 列元素。

3. 以非零的數乘以某一列的元素後，加到另一列的對應位置的元素，如以 $2R_i + R_j$ 表示 2 乘以第 i 列後加到第 j 列。

若矩陣 A 經過一次或數次之基本列運算後，便成為 B 矩陣，而此列運算亦即 2.2 節所提之線性組合運算，因此稱 A 與 B 為列同義，並以 $A \overset{R}{\backsim} B$ 表示之。

例 3.16

$$\begin{bmatrix} 1 & 1 & -1 & 2 \\ -2 & 1 & 1 & 3 \\ 1 & 1 & 1 & 6 \end{bmatrix} \underline{2R_1 + R_2} \begin{bmatrix} 1 & 1 & -1 & 2 \\ 0 & 3 & -1 & 7 \\ 1 & 1 & 1 & 6 \end{bmatrix} \underline{-R_1 + R_3} \begin{bmatrix} 1 & 1 & -1 & 2 \\ 0 & 3 & -1 & 7 \\ 0 & 0 & 2 & 4 \end{bmatrix}$$

↑ 表示將第 1 列乘以 2 後加至第 2 列

↑ 表示將第 1 列乘以 −1 後加至第 3 列

以上三矩陣為列同義。

定義 3.7

一矩陣中任何一列的第一個不為 0 的元素為 1，元素 1 左方之其他元素均為 0，而且下一列的第一個元素 1，須位於前一列元素 1 的右方，若某列元素全部為零，必須位於矩陣最後一列，則稱此矩陣為簡化列梯形矩陣(reduced row echelon form)。

例 3.17 在例 3.16 中之三個列同義矩陣均不為簡化列梯形矩陣，利用基本列運算，使其變成簡化列梯形矩陣。

解

$$\begin{bmatrix} 1 & 1 & -1 & 2 \\ -2 & 1 & 1 & 3 \\ 1 & 1 & 1 & 6 \end{bmatrix} \xrightarrow{2R_1+R_2} \begin{bmatrix} 1 & 1 & -1 & 2 \\ 0 & 3 & -1 & 7 \\ 1 & 1 & 1 & 6 \end{bmatrix} \xrightarrow{-R_1+R_3} \begin{bmatrix} 1 & 1 & -1 & 2 \\ 0 & 3 & -1 & 7 \\ 0 & 0 & 2 & 4 \end{bmatrix}$$

$$\xrightarrow{\frac{1}{3}R_2} \begin{bmatrix} 1 & 1 & -1 & 2 \\ 0 & 1 & \frac{-1}{3} & \frac{7}{3} \\ 0 & 0 & 2 & 4 \end{bmatrix} \xrightarrow{-R_2+R_1} \begin{bmatrix} 1 & 0 & -\frac{2}{3} & -\frac{1}{3} \\ 0 & 1 & \frac{-1}{3} & \frac{7}{3} \\ 0 & 0 & 2 & 4 \end{bmatrix} \xrightarrow{\frac{1}{2}R_3}$$

$$\begin{bmatrix} 1 & 0 & -\frac{2}{3} & \frac{-1}{3} \\ 0 & 1 & -\frac{1}{3} & \frac{7}{3} \\ 0 & 0 & 1 & 2 \end{bmatrix} \xrightarrow{\frac{2}{3}R_3+R_1} \begin{bmatrix} 1 & 0 & 0 & 1 \\ 0 & 1 & -\frac{1}{3} & \frac{7}{3} \\ 0 & 0 & 1 & 2 \end{bmatrix} \xrightarrow{\frac{R_3}{3}+R_2} \begin{bmatrix} 1 & 0 & 0 & 1 \\ 0 & 1 & 0 & 3 \\ 0 & 0 & 1 & 2 \end{bmatrix}$$

則 $\begin{bmatrix} 1 & 0 & 0 & 1 \\ 0 & 1 & 0 & 3 \\ 0 & 0 & 1 & 2 \end{bmatrix}$ 為一簡化列梯形矩陣。

以上之例題，即 3.1 式的係數矩陣 A 及常數矩陣 B 所組成的增廣矩陣 (augmented matrix) 記作 $[A|B]$，即

$$\begin{bmatrix} 1 & 1 & -1 & | & 2 \\ -2 & 1 & 1 & | & 3 \\ 1 & 1 & 1 & | & 6 \end{bmatrix}$$

讀者可由以上的運算中推知，3.1 式經過基本列運算後可得以下之聯立方程式組：

$$1 \cdot x_1 + 0 \cdot x_2 + 0 \cdot x_3 = 1$$
$$0 \cdot x_1 + 1 \cdot x_2 + 0 \cdot x_3 = 3$$
$$0 \cdot x_1 + 0 \cdot x_2 + 1 \cdot x_3 = 2$$

即增廣矩陣為

$$\begin{array}{ccc} x_1 & x_2 & x_3 \end{array}$$
$$\begin{bmatrix} 1 & 0 & 0 & | & 1 \\ 0 & 1 & 0 & | & 3 \\ 0 & 0 & 1 & | & 2 \end{bmatrix}$$

故可得解為$x_1 = 1$，$x_2 = 3$，$x_3 = 2$，亦即在解聯立方程組$AX = B$時，吾人可進行一連串的基本列運算後轉成其列同義的簡化列梯形矩陣即可得解，事實上此簡化列梯形矩陣的計算方式即第二章中所提及之高斯-焦丹消去法。

例3.18 以列簡化列梯形矩陣（基本列運算），求解下列方程組。

$$\begin{cases} 3x + 2y + 4z = 5 \\ 2x - y + z = 0 \\ x + 2y + 3z = 5 \end{cases}$$

解 擴張矩陣為

$$[A|B] = \begin{bmatrix} 3 & 2 & 4 & | & 5 \\ 2 & -1 & 1 & | & 0 \\ 1 & 2 & 3 & | & 5 \end{bmatrix} \xrightarrow[R_2 \leftrightarrow R_3]{R_3 \leftrightarrow R_1} \begin{bmatrix} 1 & 2 & 3 & | & 5 \\ 3 & 2 & 4 & | & 5 \\ 2 & -1 & 1 & | & 0 \end{bmatrix} \xrightarrow[-2R_1 + R_3]{-3R_1 + R_2} \begin{bmatrix} 1 & 2 & 3 & | & 5 \\ 0 & -4 & -5 & | & -10 \\ 0 & -5 & -5 & | & -10 \end{bmatrix}$$

$$\xrightarrow{R_3 \leftrightarrow R_2} \begin{bmatrix} 1 & 2 & 3 & | & 5 \\ 0 & -5 & -5 & | & -10 \\ 0 & -4 & -5 & | & -10 \end{bmatrix} \xrightarrow{\frac{R_2}{-5}} \begin{bmatrix} 1 & 2 & 3 & | & 5 \\ 0 & 1 & 1 & | & 2 \\ 0 & -4 & -5 & | & -10 \end{bmatrix}$$

$$\xrightarrow[4R_2 + R_3]{-2R_2 + R_1} \begin{bmatrix} 1 & 0 & 1 & | & 1 \\ 0 & 1 & 1 & | & 2 \\ 0 & 0 & -1 & | & -2 \end{bmatrix} \xrightarrow{-R_3} \begin{bmatrix} 1 & 0 & 1 & | & 1 \\ 0 & 1 & 1 & | & 2 \\ 0 & 0 & 1 & | & 2 \end{bmatrix} \xrightarrow[-R_3 + R_2]{-R_3 + R_1} \begin{bmatrix} 1 & 0 & 0 & | & -1 \\ 0 & 1 & 0 & | & 0 \\ 0 & 0 & 1 & | & 2 \end{bmatrix}$$

故得$x = -1$，$y = 0$，$z = 2$

3.4 行列式(Determinant)

行列式與矩陣相關，而線性方程組也可以利用行列式來求解，以下將先從二階及三階行列式開始介紹。

定義3.8 二階行列式

設$A = \begin{bmatrix} a_{11} & a_{12} \\ a_{21} & a_{22} \end{bmatrix}$為一二階方陣，$A$矩陣之行列式記作$\det A = |A|$，$|A| = \begin{vmatrix} a_{11} & a_{12} \\ a_{21} & a_{22} \end{vmatrix}$，

為二階行列式，其中$|A| = a_{11} \cdot a_{22} - a_{12} \cdot a_{21}$，稱為行列式值，行列式求算之步驟如下圖所示：

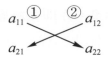

圖 3.1　二階行列式之計算

將箭號①由左上往右下之兩元素乘積減掉箭號②由右上往左下之兩元素乘積。

例 3.19　若 $A = \begin{bmatrix} 2 & -5 \\ 3 & 4 \end{bmatrix}$，求 $|A| = ?$

解　$|A| = 2 \cdot 4 - (-5) \cdot 3 = 23$

定義 3.9　三階行列式

設 $A = \begin{bmatrix} a_{11} & a_{12} & a_{13} \\ a_{21} & a_{22} & a_{23} \\ a_{31} & a_{32} & a_{33} \end{bmatrix}$，$A$ 為一三階方陣

則此一三階行列式值為

$$det\ A = |A| = a_{11}\,a_{22}\,a_{33} + a_{32}\,a_{21}\,a_{13} + a_{23}\,a_{12}\,a_{31}$$

$$- a_{31}\,a_{22}\,a_{13} - a_{21}\,a_{12}\,a_{33} - a_{32}\,a_{23}\,a_{11}$$

其求算 $|A|$ 之步驟可藉由下圖求出：

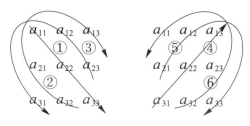

圖 3.2　三階行列式之計算

箭號①元素之乘積＋箭號②元素之乘積＋箭號③元素之乘積－箭號④元素之乘積－箭號⑤元素之乘積－箭號⑥元素之乘積。或以下方式排列可協助記憶。

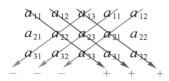

例 3.20

$A = \begin{bmatrix} 3 & 2 & 1 \\ 4 & 1 & -3 \\ 1 & 0 & 1 \end{bmatrix}$，求 $|A| = ?$

解

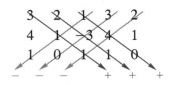

$$|A| = 3 \times 1 \times 1 + 2 \times (-3) \times 1 + 1 \times 0 \times 4$$

$$-1 \times 1 \times 1 - (-3) \times 0 \times 3 - 1 \times 2 \times 4$$

$$= -12$$

例 3.21　試求下列矩陣之行列式值。

$(1) A = \begin{bmatrix} 3 & -1 & 5 \\ -1 & 2 & 1 \\ 2 & 4 & 3 \end{bmatrix}$　　$(2) A = \begin{bmatrix} 1 & a & a^2 \\ 1 & b & b^2 \\ 1 & c & c^2 \end{bmatrix}$

$(3) A = \begin{bmatrix} 2 & 0 & 0 \\ 1 & 3 & 0 \\ 5 & 4 & 1 \end{bmatrix}$　　$(4) A = \begin{bmatrix} 3 & 1 & 1 \\ 2 & 3 & 3 \\ 1 & 5 & 5 \end{bmatrix}$

解

$(1) |A| = \begin{vmatrix} 3 & -1 & 5 \\ -1 & 2 & 1 \\ 2 & 4 & 3 \end{vmatrix}$

$$= 3 \times 2 \times 3 + (-1) \times 1 \times 2 + 5 \times 4 \times (-1) - 2 \times 2 \times 5 - 3 \times 4 \times 1 - (3)(-1)(-1)$$

$$= -39$$

$(2) |A| = \begin{vmatrix} 1 & a & a^2 \\ 1 & b & b^2 \\ 1 & c & c^2 \end{vmatrix} = bc^2 + ab^2 + a^2 c - a^2 b - b^2 c - ac^2$

$(3) |A| = \begin{vmatrix} 2 & 0 & 0 \\ 1 & 3 & 0 \\ 5 & 4 & 1 \end{vmatrix} = 6$

$$(4)\ |A| = \begin{vmatrix} 3 & 1 & 1 \\ 2 & 3 & 3 \\ 1 & 5 & 5 \end{vmatrix} = 45 + 3 + 10 - 3 - 45 - 10 = 0$$

定義 3.10　餘因子

將 $n \times n$ 方陣 $A = [a_{ij}]_{n \times n}$ 中之第 i 列和第 j 行刪除後，剩下之元素按原次序形成 $(n-1) \times (n-1)$ 方陣之行列式稱為 a_{ij} 之子行列式(minor)，以 M_{ij} 表之，則 $A_{ij} = (-1)^{i+j} M_{ij}$，稱為 a_{ij} 之餘因子(cofactor)。現說明如下：

設 $A = \begin{bmatrix} a_{11} & a_{12} & a_{13} \\ a_{21} & a_{22} & a_{23} \\ a_{31} & a_{32} & a_{33} \end{bmatrix}$，元素 a_{13} 之子行列式為 $M_{13} = \begin{vmatrix} a_{21} & a_{22} \\ a_{31} & a_{32} \end{vmatrix}$，而元素 a_{13} 之餘因子

為 $A_{13} = (-1)^{1+3} \begin{vmatrix} a_{21} & a_{22} \\ a_{31} & a_{32} \end{vmatrix}$。

由以上的定義，我們可觀察出三階行列式值可記為

$$|A| = \begin{vmatrix} a_{11} & a_{12} & a_{13} \\ a_{21} & a_{22} & a_{23} \\ a_{31} & a_{32} & a_{33} \end{vmatrix} = a_{11} A_{11} + a_{12} A_{12} + a_{13} A_{13} = a_{21} A_{21} + a_{22} A_{22} + a_{23} A_{23}$$

$$= a_{31} A_{31} + a_{32} A_{32} + a_{33} A_{33}$$

此即為降階的方法。同理，上式亦可利用其它的行列來展開如下：

$$|A| = a_{11} A_{11} + a_{21} A_{21} + a_{31} A_{31} = a_{12} A_{12} + a_{22} A_{22} + a_{32} A_{32}$$
$$= a_{13} A_{13} + a_{23} A_{23} + a_{33} A_{33}$$

例 3.22　以定義 3.10 餘因子方式求例 3.20 之 $|A| = $ ？

解　方法一：

$$|A| = 3 \times (-1)^{1+1} \times \begin{vmatrix} 1 & -3 \\ 0 & 1 \end{vmatrix} + 4 \times (-1)^{2+1} \times \begin{vmatrix} 2 & 1 \\ 0 & 1 \end{vmatrix} + 1 \times (-1)^{3+1} \times \begin{vmatrix} 2 & 1 \\ 1 & -3 \end{vmatrix}$$

$$= 3 \times 1 - 4 \times 2 + 1 \times (-7) = 3 - 8 - 7 = -12$$

方法二：

$$|A| = 3 \times (-1)^{1+1} \times \begin{vmatrix} 1 & -3 \\ 0 & 1 \end{vmatrix} + 2 \times (-1)^{1+2} \times \begin{vmatrix} 4 & -3 \\ 1 & 1 \end{vmatrix} + 1 \times (-1)^{1+3} \times \begin{vmatrix} 4 & 1 \\ 1 & 0 \end{vmatrix}$$

$$= 3 \times 1 - 2 \times 7 + 1 \times (-1) = -12$$

同理，可得 n 階方陣之行列式值如定義 3.11 所示。

定義 3.11

若 A 為 n 階方陣，則 $|A| = \sum\limits_{j=1}^{n} a_{ij} A_{ij}$，任意一 i 或 $|A| = \sum\limits_{i=1}^{n} a_{ij} A_{ij}$，任意一 j。

由定義 3.11 可知

$$|A| = a_{i1} A_{i1} + a_{i2} A_{i2} + \cdots + a_{in} A_{in} \text{，} 1 \le i \le n$$

或

$$|A| = a_{1j} A_{1j} + a_{2j} A_{2j} + \cdots + a_{nj} A_{nj} \text{，} 1 \le j \le n$$

即矩陣 A 的行列式值，可以任一行或任一列作降階，以第一列為例，求取第一列中各元素 a_{ij} 所對應之餘因子 A_{ij} 乘上此 a_{ij}，最後加總各項則可得其行列式值。

例 3.23 以定義 3.10 之餘因子方式求例 3.21 之各行列式值。

解

$$(1)\ |A| = \begin{vmatrix} 3 & -1 & 5 \\ -1 & 2 & 1 \\ 2 & 4 & 3 \end{vmatrix} = (-1)(-1)^{1+2} \begin{vmatrix} -1 & 1 \\ 2 & 3 \end{vmatrix} + 2(-1)^{2+2} \begin{vmatrix} 3 & 5 \\ 2 & 3 \end{vmatrix}$$

以第 2 行
進行降階

$$+ 4(-1)^{3+2} \begin{vmatrix} 3 & 5 \\ -1 & 1 \end{vmatrix}$$

$$= (1)(-3-2) + 2(9-10) - 4(3+5) = -39$$

$$\text{或}\ |A| = \begin{vmatrix} 3 & -1 & 5 \\ -1 & 2 & 1 \\ 2 & 4 & 3 \end{vmatrix} = 3(-1)^{1+1} \begin{vmatrix} 2 & 1 \\ 4 & 3 \end{vmatrix} + (-1)(-1)^{1+2} \begin{vmatrix} -1 & 1 \\ 2 & 3 \end{vmatrix}$$

以第 1 列
進行降階

$$+ 5(-1)^{1+3} \begin{vmatrix} -1 & 2 \\ 2 & 4 \end{vmatrix} = 3(6-4) + 1(-3-2) + 5(-4-4) = -39$$

(2) $|A| = \begin{vmatrix} 1 & a & a^2 \\ 1 & b & b^2 \\ 1 & c & c^2 \end{vmatrix} \xlongequal[\substack{\uparrow \\ \text{以第 3 行} \\ \text{進行降階}}]{} a^2(-1)^{1+3}\begin{vmatrix} 1 & b \\ 1 & c \end{vmatrix} + b^2(-1)^{2+3}\begin{vmatrix} 1 & a \\ 1 & c \end{vmatrix}$

$+ c^2(-1)^{3+3}\begin{vmatrix} 1 & a \\ 1 & b \end{vmatrix}$

$= a^2(c-b) - b^2(c-a) + c^2(b-a)$

(3) $|A| = \begin{vmatrix} 2 & 0 & 0 \\ 1 & 3 & 0 \\ 5 & 4 & 1 \end{vmatrix} \xlongequal[\substack{\uparrow \\ \text{以第 1 列} \\ \text{進行降階}}]{} 2(-1)^{1+1}\begin{vmatrix} 3 & 0 \\ 4 & 1 \end{vmatrix} = 2 \times 3 = 6$

(4) $|A| = \begin{vmatrix} 3 & 1 & 1 \\ 2 & 3 & 3 \\ 1 & 5 & 5 \end{vmatrix} \xlongequal[\substack{\uparrow \\ \text{以第 1 行} \\ \text{進行降階}}]{} 3(-1)^{1+1}\begin{vmatrix} 3 & 3 \\ 5 & 5 \end{vmatrix} + 2(-1)^{2+1}\begin{vmatrix} 1 & 1 \\ 5 & 5 \end{vmatrix} + 1(-1)^{3+1}\begin{vmatrix} 1 & 1 \\ 3 & 3 \end{vmatrix}$

$= 0$

例 3.24 $A = \begin{bmatrix} 2 & 0 & 3 & 1 \\ 1 & 4 & 0 & -1 \\ 2 & -1 & 2 & 3 \\ 3 & 5 & -1 & 1 \end{bmatrix}$，求 $|A| = $ ？

解 $|A| = a_{11}A_{11} + a_{12}A_{12} + a_{13}A_{13} + a_{14}A_{14}$

$|A| = 2(-1)^{1+1}\begin{vmatrix} 4 & 0 & -1 \\ -1 & 2 & 3 \\ 5 & -1 & 1 \end{vmatrix} + 0(-1)^{1+2}\begin{vmatrix} 1 & 0 & -1 \\ 2 & 2 & 3 \\ 3 & -1 & 1 \end{vmatrix}$

$+ 3(-1)^{1+3}\begin{vmatrix} 1 & 4 & -1 \\ 2 & -1 & 3 \\ 3 & 5 & 1 \end{vmatrix} + 1(-1)^{1+4}\begin{vmatrix} 1 & 4 & 0 \\ 2 & -1 & 2 \\ 3 & 5 & -1 \end{vmatrix}$

$= 2 \times 29 - 0 \times 13 + 3 \times (-1) - 1 \times 23$

$$= 58 - 3 - 23 = 32$$

由以上例題可知，爲節省計算式，可以找 0 數目最多之行或列展開。

► 定理 3.3

行列式之基本運算中，具下列幾項特性：

1. 轉置矩陣之行列式值與原矩陣相同 $|A^T| = |A|$。

2. 行列式之任意兩列或兩行互換，則其值差一負號。如 $\begin{vmatrix} 2 & 1 \\ 1 & 1 \end{vmatrix} = 1$，而 $\begin{vmatrix} 1 & 1 \\ 2 & 1 \end{vmatrix} = -1$。

3. 行列式中之某列或某行之元素全爲零，則其值爲零。

4. 行列式中兩列或兩行之元素相同或成比例，則其值爲零。

5. 行列式中某列(或行)乘以常數k，加到另一列(或行)之對應元素，所得行列式與原行列式相等。

6. 行列式中某行或某列之元素，各乘以常數k，其行列式值爲原行列式值之k倍。

7. 行列式中之任一行(或列)之所有元素之公因子，可移到行列式符號外。

8. 設A、B均爲n階方陣，則 $|AB| = |A||B|$。

9. 上(下)三角矩陣之行列式值，即其對角線乘積。

由定理 3.3 之第 5、6 特性可知，計算行列式值，可將原矩陣先作過列運算後，得到一列同義的矩陣，如此可節省計算時間。

例 3.25　設 $A = \begin{bmatrix} 2 & 2 & 2 \\ 4 & 4 & 4 \\ 0 & 3 & -1 \end{bmatrix}$，求 $|A| = ?$

解　$|A| = -8 + 0 + 24 - 0 + 8 - 24 = 0$

由定理 3.3 中第 4 點知第一列與第二列之元素成比例，則其值爲 0，而由定理 3.3 第 7 點之性質知行列式第一列可提出公因子 2，第二列可提出公因子 4，得

$$\begin{vmatrix} 2 & 2 & 2 \\ 4 & 4 & 4 \\ 0 & 3 & -1 \end{vmatrix} = 2 \times 4 \begin{vmatrix} 1 & 1 & 1 \\ 1 & 1 & 1 \\ 0 & 3 & -1 \end{vmatrix} = 8 \times \begin{vmatrix} 1 & 1 & 1 \\ 1 & 1 & 1 \\ 0 & 3 & -1 \end{vmatrix} = 8 \times (-1 + 0 + 3 - 0 + 1 - 3) = 0$$

由以上知第一列與第二列元素相同，故其值爲 0。

 例 3.26　以列運算方式求例 3.21 之行列式值。

解

$(1)\ |A| = \begin{vmatrix} 3 & -1 & 5 \\ -1 & 2 & 1 \\ 2 & 4 & 3 \end{vmatrix} \begin{array}{c} 3R_2 + R_1 \\ \underline{} \\ 2R_2 + R_3 \end{array} \begin{vmatrix} 0 & 5 & 8 \\ -1 & 2 & 1 \\ 0 & 8 & 5 \end{vmatrix}$

$\qquad = (-1)(-1)^{2+1} \begin{vmatrix} 5 & 8 \\ 8 & 5 \end{vmatrix} = 25 - 64 = -39$

$(2)\ |A| = \begin{vmatrix} 1 & a & a^2 \\ 1 & b & b^2 \\ 1 & c & c^2 \end{vmatrix} \begin{array}{c} -R_1 + R_2 \\ \underline{} \\ -R_1 + R_3 \end{array} \begin{vmatrix} 1 & a & a^2 \\ 0 & b-a & b^2-a^2 \\ 0 & c-a & c^2-a^2 \end{vmatrix}$

$\qquad = (b-a)(c^2-a^2) - (c-a)(b^2-a^2)$

$\qquad = (b-a)(c-a)(c+a-b-a)$

$\qquad = (b-a)(c-a)(c-b)$

$(3)\ |A| = \begin{vmatrix} 2 & 0 & 0 \\ 1 & 3 & 0 \\ 5 & 4 & 1 \end{vmatrix} = 2 \times 3 \times 1 = 6$

$(4)\ |A| = \begin{vmatrix} 3 & 1 & 1 \\ 2 & 3 & 3 \\ 1 & 5 & 5 \end{vmatrix} \begin{array}{c} -3R_1 + R_2 \\ \underline{} \\ -5R_1 + R_3 \end{array} \begin{vmatrix} 3 & 1 & 1 \\ -7 & 0 & 0 \\ -14 & 0 & 0 \end{vmatrix} = 0$

例 3.27　以例 3.11 驗證 $|AB| = |A||B|$ 及 $|BA| = |A||B|$

$\qquad$ 且 $C = \begin{bmatrix} 3 & 3 \\ 12 & 7 \end{bmatrix}$ 則 $|C| = 3|B|$

解

$\quad$ 由於 $|A| = \begin{vmatrix} 2 & 3 \\ 0 & 5 \end{vmatrix} = 10$，$|B| = \begin{vmatrix} 1 & 3 \\ 4 & 7 \end{vmatrix} = 7 - 12 = -5$

$\quad$ 而 $|AB| = \begin{vmatrix} 14 & 27 \\ 20 & 35 \end{vmatrix} = 14 \times 35 - 20 \times 27 = -50$

且 $|BA| = \begin{vmatrix} 2 & 18 \\ 8 & 47 \end{vmatrix} = 2 \times 47 - 8 \times 18 = -50$

故得證。

又 $|C| = \begin{vmatrix} 3 & 3 \\ 12 & 7 \end{vmatrix} = 3 \times 7 - 3 \times 12 = 3(1 \times 7 - 3 \times 4)$

$\qquad = 3 \begin{vmatrix} 1 & 3 \\ 4 & 7 \end{vmatrix} = -15 = 3|B|$ 故得證

例 3.28　設 $A = \begin{bmatrix} 3 & 2 & 1 & 4 \\ 1 & 4 & 2 & 3 \\ 3 & 1 & 4 & 2 \\ 2 & 3 & 4 & 1 \end{bmatrix}$，求 $|A| = ?$

解　$\begin{vmatrix} 3 & 2 & 1 & 4 \\ 1 & 4 & 2 & 3 \\ 3 & 1 & 4 & 2 \\ 2 & 3 & 4 & 1 \end{vmatrix} \xrightarrow{-3R_2 + R_1} \begin{vmatrix} 0 & -10 & -5 & -5 \\ 1 & 4 & 2 & 3 \\ 3 & 1 & 4 & 2 \\ 2 & 3 & 4 & 1 \end{vmatrix} \xrightarrow{-3R_2 + R_3} \begin{vmatrix} 0 & -10 & -5 & -5 \\ 1 & 4 & 2 & 3 \\ 0 & -11 & -2 & -7 \\ 2 & 3 & 4 & 1 \end{vmatrix}$

選取第一行進行定義 3.11 降階之運算

$\downarrow$

$\xrightarrow{-2R_2 + R_4} \begin{vmatrix} 0 & -10 & -5 & -5 \\ 1 & 4 & 2 & 3 \\ 0 & -11 & -2 & -7 \\ 0 & -5 & 0 & -5 \end{vmatrix} = 1 \times (-1)^{2+1} \begin{vmatrix} -10 & -5 & -5 \\ -11 & -2 & -7 \\ -5 & 0 & -5 \end{vmatrix}$

$= (-1) \times (-5) \times (-5) \times (-1) \begin{vmatrix} 2 & 1 & 1 \\ 11 & 2 & 7 \\ 1 & 0 & 1 \end{vmatrix} = 25 \begin{vmatrix} 1 & 1 & 1 \\ 4 & 2 & 7 \\ 0 & 0 & 1 \end{vmatrix} = 25 \begin{vmatrix} 1 & 1 \\ 4 & 2 \end{vmatrix}$

第一列及第三列　　第二列
各提出(-5)　　　 提出(-1)

$= 25 \times (-2) = -50$

由以上知先經過三個步驟的行列式運算，再選取 0 最多的第一行開始進行定義 3.11 的運算，可簡化運算過程。

若是 4 階或以上之行列式，必需以定義 3.11 降階方式來求解較容易，且求算時可利用行列基本運算，使某行或某列出現較多之 0 元素，再採用該行或列進行降階之運算，如此便可簡化運算過程。

例 3.29 設 $A = \begin{bmatrix} 3 & 1 & 1 & 1 & 1 \\ 1 & 3 & 1 & 1 & 1 \\ 1 & 1 & 3 & 1 & 1 \\ 1 & 1 & 1 & 3 & 1 \\ 1 & 1 & 1 & 1 & 3 \end{bmatrix}$，求 $|A| = ?$

解 C 表示行，即 C_1 為第一行，C_2 為第二行

$$\begin{vmatrix} 3 & 1 & 1 & 1 & 1 \\ 1 & 3 & 1 & 1 & 1 \\ 1 & 1 & 3 & 1 & 1 \\ 1 & 1 & 1 & 3 & 1 \\ 1 & 1 & 1 & 1 & 3 \end{vmatrix} \begin{array}{c} C_2 + C_1 \\ C_3 + C_1 \\ \hline C_4 + C_1 \\ C_5 + C_1 \end{array} \begin{vmatrix} 7 & 1 & 1 & 1 & 1 \\ 7 & 3 & 1 & 1 & 1 \\ 7 & 1 & 3 & 1 & 1 \\ 7 & 1 & 1 & 3 & 1 \\ 7 & 1 & 1 & 1 & 3 \end{vmatrix}$$

$$= 7 \begin{vmatrix} 1 & 1 & 1 & 1 & 1 \\ 1 & 3 & 1 & 1 & 1 \\ 1 & 1 & 3 & 1 & 1 \\ 1 & 1 & 1 & 3 & 1 \\ 1 & 1 & 1 & 1 & 3 \end{vmatrix} \begin{array}{c} -R_1 + R_2 \\ -R_1 + R_3 \\ \hline -R_1 + R_4 \\ -R_1 + R_5 \end{array} 7 \begin{vmatrix} 1 & 1 & 1 & 1 & 1 \\ 0 & 2 & 0 & 0 & 0 \\ 0 & 0 & 2 & 0 & 0 \\ 0 & 0 & 0 & 2 & 0 \\ 0 & 0 & 0 & 0 & 2 \end{vmatrix} \quad \text{為一上三角矩陣}$$

$$= 7 \times 1 \times (-1)^{1+1} \times \begin{vmatrix} 2 & 0 & 0 & 0 \\ 0 & 2 & 0 & 0 \\ 0 & 0 & 2 & 0 \\ 0 & 0 & 0 & 2 \end{vmatrix} = 7 \times 1 \times 2 \times (-1)^{1+1} \times \begin{vmatrix} 2 & 0 & 0 \\ 0 & 2 & 0 \\ 0 & 0 & 2 \end{vmatrix}$$

$$= 7 \times 1 \times 2 \times 2 \times (-1)^{1+1} \times \begin{vmatrix} 2 & 0 \\ 0 & 2 \end{vmatrix} = 7 \times 1 \times 2 \times 2 \times 4 = 112$$

● **3.5** 反矩陣

定義 3.12

　　設A為一n階方陣，若存在另一n階方陣B使得二者相乘等於單位方陣，即$AB = BA = I_n$，則稱A為可逆矩陣(invertible matrix)，B為A之反矩陣(inverse matrix)，反之，若不存在此種B矩陣，則稱A為不可逆矩陣。一般以A^{-1}表示A的反矩陣，即$AA^{-1} = A^{-1}A = I_n$，本節將介紹兩種求反矩陣的方法。首先為以基本列運算式求A^{-1}。由定義知$AA^{-1} = I_n$，令$X = A^{-1}$之行向量為X_1，X_2，$\cdots$，X_n，I_n之行向量為E_1，E_2，$\cdots$，E_n，則可得$AX = I_n$或$A[X_1 \quad \cdots \quad X_n] = [E_1 \quad \cdots \quad E_n]$，故可得$AX_i = E_i$，$i = 1$，$\cdots$，$n$等$n$個聯立方程組，求$A^{-1}$即求此$n$個方程組之解$X_i$，$i = 1$，$\cdots$，$n$，故可借由基本列運算來化簡$(A \mid E_1)$，$\cdots$，$(A \mid E_n)$為$(I_n \mid X_1)$，$\cdots$，$(I_n \mid X_n)$，而且此$n$組方程式之運算方式僅常數矩陣不同，故可合併運算，因此，利用基本運算將增廣矩陣$(A \mid I_n)$轉成$(I_n \mid B)$，則此矩陣B即為A之反矩陣。現以例 3.30～3.32 說明反矩陣之求法。

例 3.30　　求$A = \begin{bmatrix} 1 & 2 \\ 3 & 4 \end{bmatrix}$之反矩陣。

解
$$\begin{bmatrix} 1 & 2 \\ 3 & 4 \end{bmatrix}\begin{matrix} 1 & 0 \\ 0 & 1 \end{matrix} \underset{-3R_1 + R_2}{} \begin{bmatrix} 1 & 2 \\ 0 & -2 \end{bmatrix}\begin{matrix} 1 & 0 \\ -3 & 1 \end{matrix} \underset{-\frac{1}{2}R_2}{} \begin{bmatrix} 1 & 2 \\ 0 & 1 \end{bmatrix}\begin{matrix} 1 & 0 \\ \frac{3}{2} & -\frac{1}{2} \end{matrix}$$

$$\underset{-2R_2 + R_1}{} \begin{bmatrix} 1 & 0 \\ 0 & 1 \end{bmatrix}\begin{matrix} -2 & 1 \\ \frac{3}{2} & -\frac{1}{2} \end{matrix}，即 A^{-1} = \begin{bmatrix} -2 & 1 \\ \frac{3}{2} & -\frac{1}{2} \end{bmatrix}$$

由上例可看出若A為一二階方陣，即$A = \begin{bmatrix} a_{11} & a_{12} \\ a_{21} & a_{22} \end{bmatrix}$，則其反矩陣為

$$A^{-1} = \frac{1}{|A|}\begin{bmatrix} a_{22} & -a_{12} \\ -a_{21} & a_{11} \end{bmatrix}$$

例 3.31 $A = \begin{bmatrix} 3 & 2 & 1 \\ 4 & 1 & -3 \\ 1 & 0 & 1 \end{bmatrix}$，求 $A^{-1} = ?$

解

$\begin{bmatrix} 3 & 2 & 1 & | & 1 & 0 & 0 \\ 4 & 1 & -3 & | & 0 & 1 & 0 \\ 1 & 0 & 1 & | & 0 & 0 & 1 \end{bmatrix} \xrightarrow{\frac{R_1}{3}} \begin{bmatrix} 1 & \frac{2}{3} & \frac{1}{3} & | & \frac{1}{3} & 0 & 0 \\ 4 & 1 & -3 & | & 0 & 1 & 0 \\ 1 & 0 & 1 & | & 0 & 0 & 1 \end{bmatrix}$

$\xrightarrow[-R_1+R_3]{-4R_1+R_2} \begin{bmatrix} 1 & \frac{2}{3} & \frac{1}{3} & | & \frac{1}{3} & 0 & 0 \\ 0 & -\frac{5}{3} & -\frac{13}{3} & | & -\frac{4}{3} & 1 & 0 \\ 0 & -\frac{2}{3} & \frac{2}{3} & | & -\frac{1}{3} & 0 & 1 \end{bmatrix}$

$\xrightarrow{-\frac{3}{5}R_2} \begin{bmatrix} 1 & \frac{2}{3} & \frac{1}{3} & | & \frac{1}{3} & 0 & 0 \\ 0 & 1 & \frac{13}{5} & | & \frac{4}{5} & -\frac{3}{5} & 0 \\ 0 & -\frac{2}{3} & \frac{2}{3} & | & -\frac{1}{3} & 0 & 1 \end{bmatrix}$

$\xrightarrow[\frac{2}{3}R_2+R_3]{-\frac{2}{3}R_2+R_1} \begin{bmatrix} 1 & 0 & -\frac{7}{5} & | & -\frac{1}{5} & \frac{2}{5} & 0 \\ 0 & 1 & \frac{13}{5} & | & \frac{4}{5} & -\frac{3}{5} & 0 \\ 0 & 0 & \frac{12}{5} & | & \frac{1}{5} & -\frac{2}{5} & 1 \end{bmatrix}$

$\xrightarrow{\frac{5}{12}R_3} \begin{bmatrix} 1 & 0 & -\frac{7}{5} & | & -\frac{1}{5} & \frac{2}{5} & 0 \\ 0 & 1 & \frac{13}{5} & | & \frac{4}{5} & -\frac{3}{5} & 0 \\ 0 & 0 & 1 & | & \frac{1}{12} & -\frac{1}{6} & \frac{5}{12} \end{bmatrix}$

$\xrightarrow[\frac{7}{5}R_3+R_1]{-\frac{13}{5}R_3+R_2} \begin{bmatrix} 1 & 0 & 0 & | & -\frac{1}{12} & \frac{1}{6} & \frac{7}{12} \\ 0 & 1 & 0 & | & \frac{7}{12} & -\frac{1}{6} & -\frac{13}{12} \\ 0 & 0 & 1 & | & \frac{1}{12} & -\frac{1}{6} & \frac{5}{12} \end{bmatrix}$

故 $A^{-1} = \begin{bmatrix} -\dfrac{1}{12} & \dfrac{1}{6} & \dfrac{7}{12} \\ \dfrac{7}{12} & -\dfrac{1}{6} & -\dfrac{13}{12} \\ \dfrac{1}{12} & -\dfrac{1}{6} & \dfrac{5}{12} \end{bmatrix}$

我們可由 $A \cdot A^{-1} = I_n$ 及 $A^{-1} \cdot A = I_n$ 驗證，

$$\begin{bmatrix} 3 & 2 & 1 \\ 4 & 1 & -3 \\ 1 & 0 & 1 \end{bmatrix} \begin{bmatrix} -\dfrac{1}{12} & \dfrac{1}{6} & \dfrac{7}{12} \\ \dfrac{7}{12} & -\dfrac{1}{6} & -\dfrac{13}{12} \\ \dfrac{1}{12} & -\dfrac{1}{6} & \dfrac{5}{12} \end{bmatrix} = \begin{bmatrix} 1 & 0 & 0 \\ 0 & 1 & 0 \\ 0 & 0 & 1 \end{bmatrix}$$

及 $\begin{bmatrix} -\dfrac{1}{12} & \dfrac{1}{6} & \dfrac{7}{12} \\ \dfrac{7}{12} & -\dfrac{1}{6} & -\dfrac{13}{12} \\ \dfrac{1}{12} & -\dfrac{1}{6} & \dfrac{5}{12} \end{bmatrix} \begin{bmatrix} 3 & 2 & 1 \\ 4 & 1 & -3 \\ 1 & 0 & 1 \end{bmatrix} = \begin{bmatrix} 1 & 0 & 0 \\ 0 & 1 & 0 \\ 0 & 0 & 1 \end{bmatrix}$

例 3.32 試求 $A = \begin{bmatrix} 1 & 1 & -1 \\ -2 & 1 & 1 \\ 1 & 1 & 1 \end{bmatrix}$ 之反矩陣。

解 $\left[\begin{array}{ccc|ccc} 1 & 1 & -1 & 1 & 0 & 0 \\ -2 & 1 & 1 & 0 & 1 & 0 \\ 1 & 1 & 1 & 0 & 0 & 1 \end{array}\right] \underset{-R_1 + R_3}{\overset{2R_1 + R_2}{\sim}} \left[\begin{array}{ccc|ccc} 1 & 1 & -1 & 1 & 0 & 0 \\ 0 & 3 & -1 & 2 & 1 & 0 \\ 0 & 0 & 2 & -1 & 0 & 1 \end{array}\right]$

$\underset{\dfrac{R_2}{3}}{\sim} \left[\begin{array}{ccc|ccc} 1 & 1 & -1 & 1 & 0 & 0 \\ 0 & 1 & -\dfrac{1}{3} & \dfrac{2}{3} & \dfrac{1}{3} & 0 \\ 0 & 0 & 2 & -1 & 0 & 1 \end{array}\right]$

$\underset{-R_2 + R_1}{\sim} \left[\begin{array}{ccc|ccc} 1 & 0 & -\dfrac{2}{3} & \dfrac{1}{3} & -\dfrac{1}{3} & 0 \\ 0 & 1 & -\dfrac{1}{3} & \dfrac{2}{3} & \dfrac{1}{3} & 0 \\ 0 & 0 & 2 & -1 & 0 & 1 \end{array}\right]$

$$\xrightarrow{\dfrac{R_3}{2}} \begin{bmatrix} 1 & 0 & -\dfrac{2}{3} & \bigm| & \dfrac{1}{3} & -\dfrac{1}{3} & 0 \\ 0 & 1 & -\dfrac{1}{3} & \bigm| & \dfrac{2}{3} & \dfrac{1}{3} & 0 \\ 0 & 0 & 1 & \bigm| & -\dfrac{1}{2} & 0 & \dfrac{1}{2} \end{bmatrix}$$

$$\underbrace{\xrightarrow[\dfrac{1}{3}R_3 + R_2]{\dfrac{2}{3}R_3 + R_1}} \begin{bmatrix} 1 & 0 & 0 & \bigm| & 0 & -\dfrac{1}{3} & \dfrac{1}{3} \\ 0 & 1 & 0 & \bigm| & \dfrac{1}{2} & \dfrac{1}{3} & \dfrac{1}{6} \\ 0 & 0 & 1 & \bigm| & -\dfrac{1}{2} & 0 & \dfrac{1}{2} \end{bmatrix}$$

以下為幾個反矩陣之特性。

▶ 定理 3.4

1. 若 A 為可逆的,則 A^{-1} 亦為可逆的且其反矩陣為 A 本身,即 $(A^{-1})^{-1} = A$。

2. 若 A 為可逆的,則 A^T 亦為可逆的且 $(A^T)^{-1} = (A^{-1})^T$。

3. 若 A 及 B 均為可逆矩陣,則 AB 亦為可逆的,且 $(AB)^{-1} = B^{-1}A^{-1}$。

4. 若 A 為可逆矩陣,則 A 的反矩陣有唯一性,即若 C、D 均為 A 之反矩陣,則 $C = D$。

例 3.33 $A = \begin{bmatrix} 1 & 2 \\ 3 & 4 \end{bmatrix}$, $B = \begin{bmatrix} 1 & 0 \\ 2 & 5 \end{bmatrix}$,試驗證定理 3.4。

解   由例 3.30 之推論可知

$$A^{-1} = \begin{bmatrix} -2 & 1 \\ \dfrac{3}{2} & -\dfrac{1}{2} \end{bmatrix}, \; B^{-1} = \begin{bmatrix} 1 & 0 \\ -\dfrac{2}{5} & \dfrac{1}{5} \end{bmatrix}$$

$$(1) \begin{bmatrix} -2 & 1 \\ \dfrac{3}{2} & -\dfrac{1}{2} \end{bmatrix}^{-1} = \frac{1}{\begin{vmatrix} -2 & 1 \\ \dfrac{3}{2} & -\dfrac{1}{2} \end{vmatrix}} \cdot \begin{bmatrix} -\dfrac{1}{2} & -(1) \\ -\left(\dfrac{3}{2}\right) & -2 \end{bmatrix} = -2 \begin{bmatrix} -\dfrac{1}{2} & -1 \\ -\dfrac{3}{2} & -2 \end{bmatrix}$$

$$= \begin{bmatrix} 1 & 2 \\ 3 & 4 \end{bmatrix} = A$$

(2) $A^T = \begin{bmatrix} 1 & 3 \\ 2 & 4 \end{bmatrix}$ 故可得

$$(A^T)^{-1} = \frac{1}{\begin{vmatrix} 1 & 3 \\ 2 & 4 \end{vmatrix}} \begin{bmatrix} 4 & -3 \\ -2 & 1 \end{bmatrix} = -\frac{1}{2} \begin{bmatrix} 4 & -3 \\ -2 & 1 \end{bmatrix} = \begin{bmatrix} -2 & \frac{3}{2} \\ 1 & -\frac{1}{2} \end{bmatrix} = (A^{-1})^T$$

(3) $B^{-1}A^{-1} = \begin{bmatrix} 1 & 0 \\ -\frac{2}{5} & \frac{1}{5} \end{bmatrix} \begin{bmatrix} -2 & 1 \\ \frac{3}{2} & -\frac{1}{2} \end{bmatrix} = \begin{bmatrix} -2 & 1 \\ \frac{11}{10} & -\frac{1}{2} \end{bmatrix}$

又 $\quad AB = \begin{bmatrix} 5 & 10 \\ 11 & 20 \end{bmatrix}$

可得 $\quad (AB)^{-1} = \begin{bmatrix} -2 & 1 \\ \frac{11}{10} & -\frac{1}{2} \end{bmatrix}$

(4) 若 $D = \begin{bmatrix} a & b \\ c & d \end{bmatrix}$ 亦為 A 之反矩陣，則由定義 3.12 知

$$\begin{bmatrix} 1 & 2 \\ 3 & 4 \end{bmatrix} \begin{bmatrix} a & b \\ c & d \end{bmatrix} = \begin{bmatrix} a & b \\ c & d \end{bmatrix} \begin{bmatrix} 1 & 2 \\ 3 & 4 \end{bmatrix} = \begin{bmatrix} 1 & 0 \\ 0 & 1 \end{bmatrix}$$

即 $\begin{cases} a + 2c = 1 & \cdots\cdots(1) \\ b + 2d = 0 & \cdots\cdots(2) \\ 3a + 4c = 0 & \cdots\cdots(3) \\ 3b + 4d = 1 & \cdots\cdots(4) \end{cases}$ 且 $\begin{cases} a + 3b = 1 & \cdots\cdots(5) \\ 2a + 4b = 0 & \cdots\cdots(6) \\ c + 3d = 0 & \cdots\cdots(7) \\ 2c + 4d = 1 & \cdots\cdots(8) \end{cases}$

由 $(-2) \times (1) + (3)$ 可得 $a = -2$ 代入(1)得 $c = \frac{3}{2}$

$(-2) \times (2) + (4)$ 可得 $b = 1$ 代入(2)得 $d = -\frac{1}{2}$

同理，$(-2) \times (5) + (6)$ 可得 $-2b = -2$ 即 $b = 1$ 代入(5)得 $a = -2$

$(-2) \times (7) + (8)$ 可得 $-2d = 1$ 故 $d = -\frac{1}{2}$ 代入(7)得 $c = \frac{3}{2}$

故 $D = \begin{bmatrix} -2 & 1 \\ \frac{3}{2} & -\frac{1}{2} \end{bmatrix} = A^{-1}$ 得證。

定義 3.13

設一方陣 $A=[a_{ij}]_{n \times n}$，則其餘因子方陣的轉置矩陣，稱為 A 之伴隨矩陣(adjoint matrix)，以 $adj\ A$ 表之。即

$$adj\ A = \begin{bmatrix} A_{11} & A_{21} & \cdots & A_{n1} \\ A_{12} & A_{22} & \cdots & A_{n2} \\ \vdots & \vdots & \cdots & \vdots \\ A_{1n} & A_{2n} & \cdots & A_{nn} \end{bmatrix} = [A_{ij}]^T$$

例 3.34 $A = \begin{bmatrix} 3 & 2 & 1 \\ 4 & 1 & -3 \\ 1 & 0 & 1 \end{bmatrix}$，求 $adj\ A$。

解

$A_{11} = (-1)^{1+1} \begin{vmatrix} 1 & -3 \\ 0 & 1 \end{vmatrix} = 1$

$A_{12} = (-1)^{1+2} \begin{vmatrix} 4 & -3 \\ 1 & 1 \end{vmatrix} = -7$

$A_{13} = (-1)^{1+3} \begin{vmatrix} 4 & 1 \\ 1 & 0 \end{vmatrix} = -1$

$A_{21} = (-1)^{2+1} \begin{vmatrix} 2 & 1 \\ 0 & 1 \end{vmatrix} = -2$

$A_{22} = (-1)^{2+2} \begin{vmatrix} 3 & 1 \\ 1 & 1 \end{vmatrix} = 2$

$A_{23} = (-1)^{2+3} \begin{vmatrix} 3 & 2 \\ 1 & 0 \end{vmatrix} = 2$

$A_{31} = (-1)^{3+1} \begin{vmatrix} 2 & 1 \\ 1 & -3 \end{vmatrix} = -7$

$A_{32} = (-1)^{3+2} \begin{vmatrix} 3 & 1 \\ 4 & -3 \end{vmatrix} = 13$

$A_{33} = (-1)^{3+3} \begin{vmatrix} 3 & 2 \\ 4 & 1 \end{vmatrix} = -5$

由以上餘因子運算可得餘因子矩陣如下：

$$[A_{ij}] = \begin{bmatrix} 1 & -7 & -1 \\ -2 & 2 & 2 \\ -7 & 13 & -5 \end{bmatrix}$$

再將餘因子矩陣轉置，即可得伴隨矩陣

$$adj\ A = [A_{ij}]^T = \begin{bmatrix} 1 & -2 & -7 \\ -7 & 2 & 13 \\ -1 & 2 & -5 \end{bmatrix}$$

▶ 定理 3.5

設 A 為 n 階方陣，若 A 為可逆的，則其反矩陣 $A^{-1} = \dfrac{adj\ A}{|A|}$。

定理 3.5 可由以下計算得知：

$$A \cdot adj\ A = \begin{bmatrix} a_{11} & a_{12} & \cdots & a_{1n} \\ a_{21} & a_{22} & \cdots & a_{2n} \\ \vdots & \vdots & \cdots & \vdots \\ a_{n1} & a_{n2} & \cdots & a_{nn} \end{bmatrix} \cdot \begin{bmatrix} A_{11} & A_{21} & \cdots & A_{n1} \\ A_{12} & A_{22} & \cdots & A_{n2} \\ \vdots & \vdots & \cdots & \vdots \\ A_{1n} & A_{2n} & \cdots & A_{nn} \end{bmatrix}$$

$$= \begin{bmatrix} \sum\limits_{j=1}^{n} a_{1j}A_{1j} & \sum\limits_{j=1}^{n} a_{1j}A_{2j} & \cdots & \sum\limits_{j=1}^{n} a_{1j}A_{nj} \\ \vdots & \vdots & \vdots & \vdots \\ \sum\limits_{j=1}^{n} a_{nj}A_{1j} & \cdots & \cdots & \sum\limits_{j=1}^{n} a_{nj}A_{nj} \end{bmatrix}$$

對角線上的每一個元素即分別對矩陣 A 第一列，第二列至第 n 列降階而得之行列式值 $|A|$。

再令矩陣 B 為 A 矩陣中，以第 k 列$(k \neq i)$元素取代第 i 列元素之新矩陣

$$即 B = \begin{bmatrix} a_{11} & a_{12} & \cdots & a_{1n} \\ a_{k1} & a_{k2} & \cdots & a_{kn} \\ a_{k1} & a_{k2} & \cdots & a_{kn} \\ a_{n1} & a_{n2} & \cdots & a_{nn} \end{bmatrix} \begin{matrix} \\ \rightarrow 第\ i\ 列 \\ \rightarrow 第\ k\ 列 \\ \ \end{matrix}$$

則 $\det B = |B| = 0$。

又矩陣 B 之行列式值亦可以第 i 列降階得

$$|B| = \sum\limits_{j=1}^{n} a_{kj}A_{ij} = 0$$

即若當 $k \neq i$ 則 $\sum\limits_{j=1}^{n} a_{kj}A_{ij} = 0$。

故矩陣 $A \cdot adj\ A$ 除對角線外之所有元素之值均為 0，即

$$A \cdot adj\ A = \begin{bmatrix} |A| & 0 & \cdots & 0 \\ 0 & |A| & \cdots & \vdots \\ \vdots & \vdots & \cdots & \vdots \\ 0 & \cdots & \cdots & |A| \end{bmatrix} = |A| \cdot I$$

同理亦可得

$$adj\ A \cdot A = I \cdot |A|$$

即

$$\frac{adj\ A}{|A|} \cdot A = A \cdot \frac{adj\ A}{|A|} = I$$

由定理 3.4 反矩陣唯一性知

$$A^{-1} = \frac{adj\ A}{|A|}$$

我們可以例題 3.34 來作一驗證如下：

$$即 A \cdot adj\ A = \begin{bmatrix} 3 & 2 & 1 \\ 4 & 1 & -3 \\ 1 & 0 & 1 \end{bmatrix} \begin{bmatrix} 1 & -2 & -7 \\ -7 & 2 & 13 \\ -1 & 2 & -5 \end{bmatrix} = \begin{bmatrix} -12 & 0 & 0 \\ 0 & -12 & 0 \\ 0 & 0 & -12 \end{bmatrix} = -12 \begin{bmatrix} 1 & 0 & 0 \\ 0 & 1 & 0 \\ 0 & 0 & 1 \end{bmatrix}$$

$$= |A| \cdot I$$

其中

$$|A| = \begin{vmatrix} 3 & 2 & 1 \\ 4 & 1 & -3 \\ 1 & 0 & 1 \end{vmatrix} = -12$$

▶ 定理 3.6

$$|A^{-1}| = \frac{1}{|A|}$$

此定理可由定理 3.3 中之第 8 點得知，即 $|A^{-1}A| = |A^{-1}||A| = |I| = 1$，就可導出 $|A^{-1}| = \frac{1}{|A|}$。

| 例3.35 | 以伴隨矩陣方法求$A = \begin{bmatrix} 3 & 2 & 1 \\ 4 & 1 & -3 \\ 1 & 0 & 1 \end{bmatrix}$之反矩陣。 |

解 由例 3.20 知$|A| = -12$，故其反矩陣可由下列運算得知

$$A^{-1} = -\frac{1}{12} \begin{bmatrix} 1 & -2 & -7 \\ -7 & 2 & 13 \\ -1 & 2 & -5 \end{bmatrix} = \begin{bmatrix} -\dfrac{1}{12} & \dfrac{1}{6} & \dfrac{7}{12} \\ \dfrac{7}{12} & -\dfrac{1}{6} & -\dfrac{13}{12} \\ \dfrac{1}{12} & -\dfrac{1}{6} & \dfrac{5}{12} \end{bmatrix}$$

| 例3.36 | 以伴隨矩陣方法求例 3.32。 |

解

$$|A| = \begin{vmatrix} 1 & 1 & -1 \\ -2 & 1 & 1 \\ 1 & 1 & 1 \end{vmatrix} = 1 + 1 + 2 + 1 - 1 + 2 = 6$$

而$A_{11} = (-1)^{1+1} \begin{vmatrix} 1 & 1 \\ 1 & 1 \end{vmatrix} = 0$

$A_{12} = (-1)^{1+2} \begin{vmatrix} -2 & 1 \\ 1 & 1 \end{vmatrix} = 3$

$A_{13} = (-1)^{1+3} \begin{vmatrix} -2 & 1 \\ 1 & 1 \end{vmatrix} = -3$

$A_{21} = (-1)^{2+1} \begin{vmatrix} 1 & -1 \\ 1 & 1 \end{vmatrix} = -2$

$A_{22} = (-1)^{2+2} \begin{vmatrix} 1 & -1 \\ 1 & 1 \end{vmatrix} = 2$

$A_{23} = (-1)^{2+3} \begin{vmatrix} 1 & 1 \\ 1 & 1 \end{vmatrix} = 0$

$A_{31} = (-1)^{3+1} \begin{vmatrix} 1 & -1 \\ 1 & 1 \end{vmatrix} = 2$

$A_{32} = (-1)^{3+2} \begin{vmatrix} 1 & -1 \\ -2 & 1 \end{vmatrix} = 1$

$$A_{33} = (-1)^{3+3} \begin{vmatrix} 1 & 1 \\ -2 & 1 \end{vmatrix} = 3$$

$$\text{故} A^{-1} = \frac{1}{6} \begin{bmatrix} A_{11} & A_{21} & A_{31} \\ A_{12} & A_{22} & A_{32} \\ A_{13} & A_{23} & A_{33} \end{bmatrix} = \frac{1}{6} \begin{bmatrix} 0 & -2 & 2 \\ 3 & 2 & 1 \\ -3 & 0 & 3 \end{bmatrix} = \begin{bmatrix} 0 & -\frac{1}{3} & \frac{1}{3} \\ \frac{1}{2} & \frac{1}{3} & \frac{1}{6} \\ -\frac{1}{2} & 0 & \frac{1}{2} \end{bmatrix}$$

綜合定理 3.5 及 3.6 可得反矩陣存在的條件如下：

▶ 定理 3.7

A^{-1} 存在的充要條件為 $|A| \neq 0$，即 A 為可逆。

即當 $|A| = 0$ 則 A^{-1} 必不存在。

● 3.6 克拉瑪法則(Cramer's rule)

由 3.3 節我們已知可利用基本列運算來求方程組的解，在本節將介紹以行列式來求解。設有一 n 個未知數之線性方程組如下：

$$\begin{cases} a_{11} x_1 + a_{12} x_2 + \cdots + a_{1n} x_n = b_1 \\ a_{21} x_1 + a_{22} x_2 + \cdots + a_{2n} x_n = b_2 \\ \quad\vdots \qquad\quad\vdots \qquad\qquad\vdots \\ a_{n1} x_1 + a_{n2} x_2 + \cdots + a_{nn} x_n = b_n \end{cases}$$

將以上之線性方程組改成矩陣方程式，則其係數矩陣 $A = [a_{ij}]$，常數矩陣 $B = [b_i]$，變數矩陣 $X = [x_i]$，則上述之聯立方程組以矩陣的表示方法如下：

$$AX = B$$

若 A 為可逆的，將上式兩邊同乘 A^{-1}，可得

$$A^{-1} AX = A^{-1} B$$

$$IX = A^{-1} B$$

$$X = A^{-1} B = \left(\frac{adj\, A}{|A|} \right) B$$

亦即藉由反矩陣可求解聯立方程組。

$$即 \begin{bmatrix} x_1 \\ x_2 \\ \vdots \\ x_n \end{bmatrix}_{n \times 1} = \frac{1}{|A|} \begin{bmatrix} A_{11} & A_{21} & \cdots & A_{n1} \\ A_{12} & A_{22} & \cdots & A_{n2} \\ \vdots & \vdots & \vdots & \vdots \\ A_{1n} & A_{2n} & \cdots & A_{nn} \end{bmatrix}_{n \times n} \begin{bmatrix} b_1 \\ b_2 \\ \vdots \\ b_n \end{bmatrix}_{n \times 1}$$

$$故 x_1 = \frac{1}{|A|}(A_{11} \cdot b_1 + A_{21} \cdot b_2 + \cdots + A_{n1} \cdot b_n)$$

以通式表示之，則 $x_i = \frac{1}{|A|}(A_{1i} \cdot b_1 + A_{2i} \cdot b_2 + \cdots + A_{ni} \cdot b_n)$，$i = 1,2,3\cdots n$。

▶ 定理 3.8

若一 n 階方陣 A 為可逆的，則聯立方程組 $AX = B$ 必有唯一解，反之亦然。其中，當 $B = [0]$，即齊次方程組 $AX = 0$，必僅有一組顯明解 $X = [0]$。

由定理 3.8 可知，當 $AX = B$ 無解時，必有 A 為不可逆的，即 $|A| = 0$。但若 $|A| = 0$ 則不能推論 $AX = B$ 是否為無解。如例 2.8 及例 2.9 中，$|A| = \begin{vmatrix} 1 & -1 & 2 \\ 2 & 1 & 0 \\ -1 & -2 & 2 \end{vmatrix} = 0$，而例 2.8 為無解，而例 2.9 有無限多組解。

例 3.37	解聯立方程組 $\begin{cases} x_1 + x_2 - x_3 = 2 \\ -2x_1 + x_2 + x_3 = 3 \\ x_1 + x_2 + x_3 = 6 \end{cases}$

解 方法一：

由例 3.32 可得

$$\begin{bmatrix} x_1 \\ x_2 \\ x_3 \end{bmatrix} = \begin{bmatrix} 1 & 1 & -1 \\ -2 & 1 & 1 \\ 1 & 1 & 1 \end{bmatrix}^{-1} \begin{bmatrix} 2 \\ 3 \\ 6 \end{bmatrix} = \begin{bmatrix} 0 & -\frac{1}{3} & \frac{1}{3} \\ \frac{1}{2} & \frac{1}{3} & \frac{1}{6} \\ -\frac{1}{2} & 0 & \frac{1}{2} \end{bmatrix} \begin{bmatrix} 2 \\ 3 \\ 6 \end{bmatrix} = \begin{bmatrix} 1 \\ 3 \\ 2 \end{bmatrix}$$

方法二：

$|A| \neq 0$，由定理 3.7 知 A 為可逆的，又知

$$adj \ A = \begin{bmatrix} 0 & -2 & 2 \\ 3 & 2 & 1 \\ -3 & 0 & 3 \end{bmatrix}$$

則 $\begin{bmatrix} x_1 \\ x_2 \\ x_3 \end{bmatrix} = \dfrac{1}{6} \begin{bmatrix} 0 & -2 & 2 \\ 3 & 2 & 1 \\ -3 & 0 & 3 \end{bmatrix} \begin{bmatrix} 2 \\ 3 \\ 6 \end{bmatrix} = \begin{bmatrix} 0 & -\dfrac{1}{3} & \dfrac{1}{3} \\ \dfrac{1}{2} & \dfrac{1}{3} & \dfrac{1}{6} \\ -\dfrac{1}{2} & 0 & \dfrac{1}{2} \end{bmatrix} \begin{bmatrix} 2 \\ 3 \\ 6 \end{bmatrix} = \begin{bmatrix} 1 \\ 3 \\ 2 \end{bmatrix}$

得 $x_1 = 1$，$x_2 = 3$，$x_3 = 2$

由 3.6 節之推導中，可定義出克拉瑪法則，並說明如下：

▶ 定理 3.9　克拉瑪法則

設有 n 個聯立方程組，$AX = B$，其中 $A = [a_{ij}]_{n \times n}$，$B = [b_i]_n$，$X = [x_i]_n$，當 $|A| \neq 0$ 時，此聯立方程組有唯一解，如下：

$$x_i = \frac{\begin{vmatrix} a_{11} & a_{12} & \cdots & b_1 & \cdots & a_{1n} \\ a_{21} & a_{22} & \cdots & b_2 & \cdots & a_{2n} \\ \vdots & \vdots & \cdots & \vdots & \cdots & \vdots \\ a_{n1} & a_{n2} & \cdots & b_n & \cdots & a_{nn} \end{vmatrix}}{|A|}$$

（第 i 行）

其中分子之行列式之第 i 行為以常數矩陣 B 取代 $|A|$ 中之第 i 行即得之，此法則通稱為克拉瑪法則(Cramer's rule)。

例 3.38　利用克拉瑪法則求例 3.37。

解　首先求 $|A|$，由例 3.36 知 $|A| = 6$。

$$x_1 = \frac{1}{6} \begin{vmatrix} 2 & 1 & -1 \\ 3 & 1 & 1 \\ 6 & 1 & 1 \end{vmatrix} = \frac{1}{6}(2 + 6 - 3 + 6 - 3 - 2) = 1$$

↑
以常數矩陣取代第 1 行

$$x_2 = \frac{1}{6} \begin{vmatrix} 1 & 2 & -1 \\ -2 & 3 & 1 \\ 1 & 6 & 1 \end{vmatrix} = \frac{1}{6}(3 + 2 + 12 + 3 + 4 - 6) = 3$$

↑

以常數矩陣取代第 2 行

$$x_3 = \frac{1}{6} \begin{vmatrix} 1 & 1 & 2 \\ -2 & 1 & 3 \\ 1 & 1 & 6 \end{vmatrix} = \frac{1}{6}(6 + 3 - 4 - 2 + 12 - 3) = 2$$

↑

以常數矩陣取代第 3 行

例 3.39　試以克拉瑪法則求解下列聯立方程組

$$\begin{cases} x_1 + x_2 + 2x_3 = -1 \\ 3x_1 - x_2 + 4x_3 = 5 \\ 2x_1 + 2x_2 - 5x_3 = -2 \end{cases}$$

解

$$A = \begin{bmatrix} 1 & 1 & 2 \\ 3 & -1 & 4 \\ 2 & 2 & -5 \end{bmatrix}, \quad |A| = 36$$

$$x_1 = \frac{\begin{vmatrix} -1 & 1 & 2 \\ 5 & -1 & 4 \\ -2 & 2 & -5 \end{vmatrix}}{36} = \frac{36}{36} = 1$$

$$x_2 = \frac{\begin{vmatrix} 1 & -1 & 2 \\ 3 & 5 & 4 \\ 2 & -2 & -5 \end{vmatrix}}{36} = -\frac{72}{36} = -2$$

$$x_3 = \frac{\begin{vmatrix} 1 & 1 & -1 \\ 3 & -1 & 5 \\ 2 & 2 & -2 \end{vmatrix}}{36} = \frac{0}{36} = 0$$

得 $x_1 = 1$，$x_2 = -2$，$x_3 = 0$

例 3.40	試求下列聯立方程組之解

$$\begin{cases} x_1 + 2x_2 & = 0 \\ -3x_1 + 6x_2 - 4x_3 & = 0 \\ -x_1 + 3x_2 - 2x_3 & = 0 \end{cases}$$

解

令 $A = \begin{vmatrix} 1 & 2 & 0 \\ -3 & 6 & -4 \\ -1 & 3 & -2 \end{vmatrix}$ 則 $|A| = \begin{vmatrix} 1 & 2 & 0 \\ -3 & 6 & -4 \\ -1 & 3 & -2 \end{vmatrix} = -4$

故 $x_1 = -\dfrac{1}{4}\begin{vmatrix} 0 & 2 & 0 \\ 0 & 6 & -4 \\ 0 & 3 & -2 \end{vmatrix} = 0$ ，$x_2 = -\dfrac{1}{4}\begin{vmatrix} 1 & 0 & 0 \\ -3 & 0 & -4 \\ -1 & 0 & -2 \end{vmatrix} = 0$ ，$x_3 = -\dfrac{1}{4}\begin{vmatrix} 1 & 2 & 0 \\ -3 & 6 & 0 \\ -1 & 3 & 0 \end{vmatrix} = 0$

本齊次方程組，僅有一組顯明解。

例 3.41	以定理 3.8 驗證例 2.20 (1)、(3)爲線性獨立或相依。

解 (1)在例 2.20 (1)中可得

$|A| = \begin{vmatrix} 1 & 1 & 0 \\ 1 & 1 & 1 \\ 0 & 1 & -1 \end{vmatrix} = -1 - 1 + 1 = -1 \neq 0$ ，故必僅有一組顯明解 $(0，0，0)$ ，故原

題之三向量爲線性獨立。

(2)在例 2.20 (3)中可得

$|A| = \begin{vmatrix} 1 & 0 & 2 \\ 1 & 1 & 3 \\ 1 & -2 & 0 \end{vmatrix} = 0 - 4 - 2 + 6 = 0$

故由定理 3.8 知該齊次方程組必非僅有唯一一組顯明解，故原題之三向量爲線性相依。

再者，當 A 爲 n 階方陣，即 $m = n$ ，將矩陣 A 視作 n 個行向量 A_1 ，A_2 ，$\cdots$ ，A_n ，則由定理 3.8 可得以下定理：

▶ 定理 3.10

令 $m=n$，則 $AX=B$ 中若行向量 A_1，A_2，$\cdots$，A_n 為線性獨立則該聯立方程組必僅有唯一解。

例 3.42　試以 3.39 驗證定理 3.10。

解

令 $A_1=\begin{bmatrix}1\\3\\2\end{bmatrix}$，$A_2=\begin{bmatrix}1\\-1\\2\end{bmatrix}$，$A_3=\begin{bmatrix}2\\4\\-5\end{bmatrix}$，若 α_1，α_2，α_3 為實數

則 $\alpha_1\begin{bmatrix}1\\3\\2\end{bmatrix}+\alpha_2\begin{bmatrix}1\\-1\\2\end{bmatrix}+\alpha_3\begin{bmatrix}2\\4\\-5\end{bmatrix}=\begin{bmatrix}0\\0\\0\end{bmatrix}$

得 $\begin{cases}\alpha_1 + \alpha_2 + 2\alpha_3 = 0\\3\alpha_1 - \alpha_2 + 4\alpha_3 = 0\\2\alpha_1 + 2\alpha_2 - 5\alpha_3 = 0\end{cases}$

由於 $|A|=36$，故知上述齊次方程組有唯一的顯明解，即 A_1、A_2、A_3 為線性獨立，原方程組確有唯一解，如例 3.39 所示。

3.7　矩陣與行列式之應用

例 3.43　某科有甲、乙、丙三班，甲班有男生 30 人，女生 20 人，乙班有男生 40 人，女生 15 人，丙班有男生 36 人，女生 12 人，註冊明細費用如下：學費每人 6,000 元，男生需繳交 600 元服裝費，女生則需 500 元；書籍費用，男生為 760 元，女生為 720 元，試求註冊完畢後各班收費總數為何？

解　令 A 為一 3×2 矩陣表示各班男女生人數

$$A=\begin{array}{c}\\甲\\乙\\丙\end{array}\begin{array}{cc}男 & 女\\\left[\begin{array}{cc}30 & 20\\40 & 15\\36 & 12\end{array}\right.&\left]\right.\end{array}$$

令 B 為一 2×3 矩陣代表依性別不同所收取的各種費用所成之矩陣如下：

$$B = \begin{matrix} 男 \\ 女 \end{matrix} \begin{bmatrix} 6,000 & 600 & 760 \\ 6,000 & 500 & 720 \end{bmatrix}$$

則各班之收費總數可以矩陣運算得出

$$收費總數：AB = \begin{bmatrix} 30 & 20 \\ 40 & 15 \\ 36 & 12 \end{bmatrix} \begin{bmatrix} 6,000 & 600 & 760 \\ 6,000 & 500 & 720 \end{bmatrix}$$

$$= \begin{matrix} 甲 \\ 乙 \\ 丙 \end{matrix} \begin{bmatrix} 300,000 & 28,000 & 37,200 \\ 330,000 & 31,500 & 41,200 \\ 288,000 & 27,600 & 36,000 \end{bmatrix}$$

由矩陣的運算可知甲班之學費總數為 300,000 元，服裝費為 28,000 元，書籍費為 37,200 元。同理，乙班及丙班的費用亦可由上列矩陣中得知。乙班之學費總數為 330,000 元，服裝費為 31,500 元，書籍費為 41,200 元。丙班之學費總數為 288,000 元，服裝費為 27,600 元，書籍費為 36,000 元。

習題三

1. 設 $A = \begin{bmatrix} 3 & 4 & 7 \end{bmatrix}$，$B = \begin{bmatrix} -4 \\ 2 \\ -1 \end{bmatrix}$，求下面各值

   (1)AB (2)BA

2. 設 $A = \begin{bmatrix} 2 & 4 \\ 1 & 3 \end{bmatrix}$，$B = \begin{bmatrix} 7 & 6 \\ 0 & 9 \end{bmatrix}$，試求下列各值

   (1)AB及BA (2)$4A + 2B$ (3)$3A - 5B$ (4)A^T (5)B^T

   (6)設 $C = \begin{bmatrix} 0 & -1 \\ 5 & -2 \end{bmatrix}$，試證明下列分配律成立，即$A(B + C) = AB + AC$

3. $A = \begin{bmatrix} 3 & 0 \\ -1 & 2 \\ 1 & 1 \end{bmatrix}$，$B = \begin{bmatrix} 4 & -1 \\ 0 & 2 \end{bmatrix}$，$C = \begin{bmatrix} 1 & 4 & 2 \\ 3 & 1 & 5 \end{bmatrix}$，求

   (1)A^T (2)$A(BC)$ (3)$(4B)C + 2C$ (4)$CA + B \times B^T$ (5)$2B^2 + 5B - 4I_2$

4. 設有 A，B，C，D矩陣，試計算

   (1)AB (2)$3A - B$ (3)CD (4)BA (5)C^2 (6)D^TC

   $A = \begin{bmatrix} 4 & 1 \\ -3 & 5 \end{bmatrix}$，$B = \begin{bmatrix} 0 & 2 \\ 1 & -1 \end{bmatrix}$，$C = \begin{bmatrix} 5 & 1 & -1 \\ 3 & -2 & 4 \\ 0 & -3 & 1 \end{bmatrix}$，$D = \begin{bmatrix} 2 \\ -1 \\ 3 \end{bmatrix}$

5. $A = \begin{bmatrix} 6 & 3 & 2 \\ 1 & 4 & 0 \end{bmatrix}$，$B = \begin{bmatrix} 6 & 9 \\ 0 & 2 \\ 3 & 1 \end{bmatrix}$

   試計算(1)AB (2)BA (3)A^TB^T (4)B^TA^T (5)ABB^TA^T (6)$AA^T - B^TB$

6. (1)令 $A = \begin{bmatrix} 0 & 1 & 1 \\ 0 & 0 & 1 \\ 0 & 0 & 0 \end{bmatrix}$ 則$A^2 = ?$ $A^3 = ?$ $A^4 = ?$

   (2)令 $A = \begin{bmatrix} 1 & 1 & 1 \\ 0 & 1 & 1 \\ 0 & 0 & 1 \end{bmatrix}$ 則$A^2 = ?$ $A^3 = ?$ $A^4 = ?$

(3) 令 $A = \begin{bmatrix} a & 0 & 0 \\ 0 & b & 0 \\ 0 & 0 & c \end{bmatrix}$ 則 $A^2 = ?$ $A^3 = ?$ $A^n = ?$ $(n \geq 4)$

7. 利用簡化列梯形矩陣，解下列聯立方程式

(1) $\begin{cases} 2x_1 + 3x_2 = 5 \\ 4x_1 - x_2 = 7 \end{cases}$
(2) $\begin{cases} 6x_1 + 5x_2 = 17 \\ 5x_1 + 7x_2 = 17 \end{cases}$

(3) $\begin{cases} x_1 + 4x_2 + 3x_3 = 1 \\ 2x_1 + 5x_2 + 4x_3 = 4 \\ x_1 - 3x_2 - 2x_3 = 5 \end{cases}$
(4) $\begin{cases} 3x_1 + x_2 - x_3 = 2 \\ 2x_1 + 3x_2 + x_3 = 0 \\ x_1 + 5x_2 + 2x_3 = -4 \end{cases}$

(5) $\begin{cases} x_1 - x_2 + 2x_3 = 1 \\ 2x_1 + 2x_3 = 1 \\ x_1 - 3x_2 + 4x_3 = 2 \end{cases}$
(6) $\begin{cases} x_1 - 2x_2 + x_3 = 7 \\ 2x_1 - 5x_2 + 2x_3 = 6 \\ -x_1 + 2x_2 + 3x_3 = 1 \end{cases}$

8. 請用餘因子方式，求下列矩陣之行列式值

(1) $\begin{bmatrix} 2 & -1 & 1 \\ -4 & 1 & 0 \\ -2 & 2 & 1 \end{bmatrix}$
(2) $\begin{bmatrix} 2 & 1 & -1 \\ 1 & 2 & 2 \\ 4 & 1 & -3 \end{bmatrix}$
(3) $\begin{bmatrix} 2 & -3 & 1 \\ 1 & 2 & -1 \\ 3 & 1 & 4 \end{bmatrix}$

(4) $\begin{bmatrix} 1 & -2 & 1 \\ 2 & -5 & 2 \\ 3 & 2 & -1 \end{bmatrix}$
(5) $\begin{bmatrix} 3 & -6 & 2 & -1 \\ -2 & 4 & 1 & 3 \\ 0 & 0 & 1 & 1 \\ 1 & -2 & 1 & 0 \end{bmatrix}$

9. 請用列運算方式，求下列矩陣之行列式值

(1) $\begin{bmatrix} 2 & 3 & 1 & -1 \\ 1 & 1 & -1 & 2 \\ 0 & 4 & 2 & 1 \\ 0 & -1 & 0 & 3 \end{bmatrix}$
(2) $\begin{bmatrix} 3 & 2 & -1 & 0 \\ -1 & 0 & 3 & 2 \\ 4 & 1 & 5 & -2 \\ 1 & 3 & 2 & -3 \end{bmatrix}$
(3) $\begin{bmatrix} 0 & -1 & 2 & 3 \\ 1 & 2 & -3 & 0 \\ 3 & 0 & 1 & -2 \\ -2 & 3 & 0 & 1 \end{bmatrix}$

10. 試計算下列各行列式值

(1) $\begin{vmatrix} 5 & 2 \\ 1 & -4 \end{vmatrix}$
(2) $\begin{vmatrix} 3 & 0 \\ 6 & -8 \end{vmatrix}$
(3) $\begin{vmatrix} 1 & 2 & 3 \\ 4 & 5 & 6 \\ 7 & 8 & 9 \end{vmatrix}$
(4) $\begin{vmatrix} 5 & 0 & 0 \\ 2 & 4 & 0 \\ 1 & 6 & 3 \end{vmatrix}$
(5) $\begin{vmatrix} 2 & 4 & 3 \\ -1 & 3 & 0 \\ 0 & 2 & 1 \end{vmatrix}$

(6) $\begin{vmatrix} 2 & 1 & 1 & 1 & 1 \\ 1 & 2 & 1 & 1 & 1 \\ 1 & 1 & 2 & 1 & 1 \\ 1 & 1 & 1 & 2 & 1 \\ 1 & 1 & 1 & 1 & 2 \end{vmatrix}$
(7) $\begin{vmatrix} -5 & 1 & 4 & 1 \\ 3 & 2 & 0 & 1 \\ 2 & 1 & 0 & 2 \\ -1 & -2 & 3 & -3 \end{vmatrix}$
(8) $\begin{vmatrix} 1 & 1 & -2 & 4 \\ 0 & 1 & 1 & 3 \\ 2 & -1 & 1 & 0 \\ 3 & 1 & 2 & 5 \end{vmatrix}$

(9) $\begin{vmatrix} 4 & -1 & 1 \\ 2 & 0 & 0 \\ 1 & 5 & 7 \end{vmatrix}$
(10) $\begin{vmatrix} 1 & 5 & 2 & 3 \\ 0 & 2 & 7 & 6 \\ 0 & 0 & 4 & 1 \\ 0 & 0 & 0 & 5 \end{vmatrix}$
(11) $\begin{vmatrix} 1 & -1 & 2 & 3 \\ 2 & 2 & 0 & 2 \\ 4 & 1 & -1 & -1 \\ 1 & 2 & 3 & 0 \end{vmatrix}$
(12) $\begin{vmatrix} a & 1 & 1 & 1 & 1 \\ 1 & a & 1 & 1 & 1 \\ 1 & 1 & a & 1 & 1 \\ 1 & 1 & 1 & a & 1 \\ 1 & 1 & 1 & 1 & a \end{vmatrix}$

11. 若 $A = \begin{bmatrix} a & b & c \\ d & e & f \\ g & h & i \end{bmatrix}$ 且 $|A| = -2$，求

(1) $|(3A)^{-1}|$　　　(2) $|3A^{-1}|$　　　(3) $|A^{-2}|$　　　(4) $|3A^T|$

12. 由基本列運算求下列矩陣之反矩陣

(1) $\begin{bmatrix} 3 & 2 \\ 7 & 4 \end{bmatrix}$
(2) $\begin{bmatrix} 5 & 2 \\ 0 & 3 \end{bmatrix}$
(3) $\begin{bmatrix} 1 & 2 & 1 \\ 3 & -1 & 1 \\ 0 & -1 & -1 \end{bmatrix}$
(4) $\begin{bmatrix} 1 & 3 & 1 \\ 0 & 5 & 4 \\ 0 & 7 & 6 \end{bmatrix}$

(5) $\begin{bmatrix} 1 & -1 & 1 \\ 2 & 0 & 1 \\ 3 & 0 & 1 \end{bmatrix}$
(6) $\begin{bmatrix} 2 & 5 & -1 \\ 4 & -1 & 2 \\ 6 & 4 & 1 \end{bmatrix}$
(7) $\begin{bmatrix} 1 & 3 & -2 \\ 2 & 5 & -3 \\ -3 & 2 & -4 \end{bmatrix}$
(8) $\begin{bmatrix} 1 & 3 & 4 \\ -2 & -5 & -3 \\ 1 & 4 & 9 \end{bmatrix}$

13. 以列簡化列梯形矩陣(基本列運算)，解下列線性聯立方程式

(1) $\begin{cases} 3x + y = 7 \\ x - 4y = -2 \end{cases}$
(2) $\begin{cases} 2x + 3y - z = 1 \\ x - 2y + 3z = 4 \\ 3x - y + 2z = 3 \end{cases}$
(3) $\begin{cases} 3x - 3y - 2z = 2 \\ x + y - z = -3 \\ 5x + 2y - 3z = -2 \end{cases}$

14. 以基本列運算求下列各矩陣之反矩陣

(1) $\begin{bmatrix} 3 & 4 \\ 2 & 7 \end{bmatrix}$
(2) $\begin{bmatrix} 1 & 1 & 1 \\ 2 & -1 & 2 \\ 4 & 1 & 1 \end{bmatrix}$
(3) $\begin{bmatrix} 1 & 0 & 0 \\ 3 & 1 & 1 \\ 5 & 1 & 2 \end{bmatrix}$
(4) $\begin{bmatrix} 1 & 2 & 3 \\ 2 & 5 & 3 \\ 1 & 0 & 8 \end{bmatrix}$

(5) $\begin{bmatrix} 7 & 0 & 0 & 0 \\ 0 & 6 & -1 & 0 \\ 0 & 0 & 8 & -2 \\ 0 & 0 & 0 & 5 \end{bmatrix}$
(6) $\begin{bmatrix} 1 & -1 & 3 & 1 \\ 1 & 0 & 1 & 2 \\ 3 & 0 & 2 & -1 \\ 4 & 2 & 1 & 16 \end{bmatrix}$

15. 利用反矩陣法解下列聯立方程組

(1) $\begin{cases} x_1 + x_2 = 1 \\ 2x_1 - 3x_2 = 0 \end{cases}$ 　(2) $\begin{cases} 2x_1 + x_2 - 3x_3 = 8 \\ x_1 - 2x_2 + x_3 = -6 \\ 4x_1 + x_2 - 2x_3 = 15 \end{cases}$ 　(3) $\begin{cases} -x + 3y - 2z = 5 \\ 3x - 6y + z = 8 \\ 2x + 5y + 4z = 1 \end{cases}$

16. 利用伴隨矩陣方法求下列矩陣之反矩陣

(1) $\begin{bmatrix} 1 & -3 \\ -2 & 5 \end{bmatrix}$ 　(2) $\begin{bmatrix} 1 & 2 & 1 \\ 0 & -1 & 2 \\ 1 & 0 & -1 \end{bmatrix}$ 　(3) $\begin{bmatrix} 1 & 2 & 0 \\ 0 & 3 & -1 \\ 3 & -2 & -1 \end{bmatrix}$

17. 利用克拉瑪法則解下列聯立方程組

(1) $\begin{cases} 2x_1 + 4x_2 = 80 \\ 3x_1 + 2x_2 = 60 \end{cases}$ 　(2) $\begin{cases} x_1 + x_2 = 1 \\ 2x_1 - 3x_2 = 0 \end{cases}$ 　(3) $\begin{cases} x + y - 2z = 1 \\ 2x - y + z = 2 \\ x - 2y - 4z = -4 \end{cases}$

(4) $\begin{cases} 2x_1 - 3x_2 + x_3 = 6 \\ x_1 + 2x_2 - x_3 = 9 \\ 3x_1 + x_2 + 3x_3 = 6 \end{cases}$ 　(5) $\begin{cases} 3x_1 + 2x_2 + x_3 = 3 \\ 4x_1 - x_2 + 3x_3 + 2x_4 = 2 \\ 2x_1 + x_2 + 5x_3 - 2x_4 = 1 \\ 2x_1 + x_2 = 1 \end{cases}$

(6) $\begin{cases} 2x_1 - 5x_2 + x_3 = -5 \\ x_1 - x_2 + 2x_3 = 5 \\ 5x_1 + 2x_2 - 3x_3 = 0 \end{cases}$ 　(7) $\begin{cases} x_1 - x_2 + x_3 = 4 \\ 3x_1 + 2x_2 + x_3 = 2 \\ 4x_1 + 2x_2 + 2x_3 = 8 \end{cases}$

(8) $\begin{cases} 3x + 2y - z = -1 \\ x - 2y + z = 5 \\ 2x - y - 3z = -3 \end{cases}$ 　(9) $\begin{cases} 3x + 2y + 4z = 1 \\ 2x - y + z = 0 \\ x + 2y + 3z = 1 \end{cases}$

(10) $\begin{cases} x + y + z = 11 \\ 2x - 6y - z = 0 \\ 3x + 4y + 2z = 0 \end{cases}$

18. 設絞肉機若每日輸入 x 磅瘦肉及 y 磅肥肉，則每日可生產 $ax + by$ 磅碎肉及 $cx + dy$ 磅漢堡肉，其生產向量可表示為：$\begin{bmatrix} a & b \\ c & d \end{bmatrix}\begin{bmatrix} x \\ y \end{bmatrix}$，$ad \neq bc$，試求生產 25 磅碎肉與 50 磅漢堡肉應需若干原料？試利用反矩陣法來求解。

19. 試用克拉瑪法則求習題二的 5.(2) 及 6.(10)

20. 試用克拉瑪法則求習題二的 9，10，11 及 12。

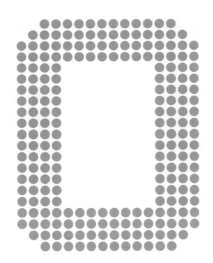
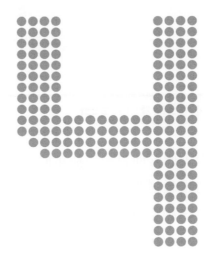

線性規劃

● 4.1　線性規劃模式

　　在日常生活中人們常面對最佳決策的選擇，如何在有限的資源下，獲取最大的利益或最小損失，而將這種過程以數學的方式表達出來，即成為一個規劃(programming)模式，換言之，一個規劃求解的模式，必包含資源限制所形成的限制式(constraints)及所欲達成的目標式(objective)等兩部分。將線性不等式的觀念，導入系統的規劃中，為線性規劃的主要模式，故其一般模式可寫成以下二種模式：

極大化問題

$$\text{Max} \quad z = c_1 x_1 + \cdots + c_n x_n \tag{4.1}$$

$$\text{s.t.} \quad a_{11} x_1 + \cdots + a_{1n} x_n \leq b_1$$

$$\vdots \tag{4.2}$$

$$a_{m1} x_1 + \cdots + a_{mn} x_n \leq b_m$$

$$x_1, \cdots, x_n \geq 0 \tag{4.3}$$

或

$$\text{Max} \quad z = c^T x$$

$$\text{s.t.} \quad Ax \leq b$$

$$x \geq 0$$

與

極小化問題

$$\text{Min} \quad z = c_1 x_1 + \cdots + c_n x_n \tag{4.4}$$

$$\text{s.t.} \quad a_{11} x_1 + \cdots + a_{1n} x_n \geq b_1$$

$$\vdots \tag{4.5}$$

$$a_{m1} x_1 + \cdots + a_{mn} x_n \geq b_m$$

$$x_1, \cdots, x_n \geq 0 \tag{4.6}$$

或

$$\text{Min} \quad z = c^T x$$
$$\text{s.t.} \quad Ax \geq b$$
$$x \geq 0$$

其中$x_1，\cdots，x_n$稱為決策變數(decision variables)，$c_1，\cdots，c_n$為目標函數係數，A $= \begin{bmatrix} a_{11} & \cdots & a_{1n} \\ \vdots & & \vdots \\ a_{m1} & \cdots & a_{mn} \end{bmatrix}$為限制式係數矩陣，$b = \begin{bmatrix} b_1 \\ \vdots \\ b_m \end{bmatrix} \geq 0$ 為資源向量，式(4.1)及(4.4)為目標式，式(4.2)及(4.5)為限制式，式(4.3)及(4.6)為非負限制式(nonnegative constraints)。一個系統能利用線性不等式去詮釋其模型，並利用線性不等式去求解，這是以線性規劃模式去求解線性系統的必要工具。很多問題的求解，由於其模式使得容易求解，都可利用不等式來表示，舉例來說一個製造問題的求解因其資源，如人工、機器、設備、材料等限制，將其以最少的資源投入去獲得最大的利潤，並求得最佳解，為企業經營之主要問題，其他如投資組合、健康食譜組合，以及各種決策分析與判斷等問題，皆可由線性規劃模式以獲得最佳解，而得到清楚明確的解答。

4.2 線性不等式系統

如同前述，一個線性規劃模式包含了線性目標式及線性限制式二部分，本節即探討形成限制式之線性不等式的特性及求解方式，首先討論二維空間上線性不等式系統之求解，在二維空間可以圖示求解。令a、b、c為實數，則二變數x, y的線性不等式可能表示為以下四種型式之一：

$ax + by \leq c$；
$ax + by < c$；
$ax + by \geq c$或
$ax + by > c$

而由n個或以上的線性不等式即組成限制式，滿足所有限制式的解(x, y)即稱為可行解 (feasible solution)，而所有可行解所成的集合則稱為可行解區域(feasible set)，求可行解的程序必先做出不等式之邊界(boundary condition)下之直線方程式，其步驟如下：

1. 將不等式以等式變換

   $$ax + by = c$$

   由此一方程式得知x，y平面上之一直線，並由此直線劃分平面為直線兩側面。

2. 決定點之正確側面：其求法為任取直線外之一點，討論其是否滿足不等式，以決定解之正確側面，$ax + by = c$之直線如圖 4.1 所示$(a > 0)$。則在線$ax + by = c$左下側的所有解均滿足$ax + by < c$，另一側(線$ax + by = c$之右上側)則為$ax + by > c$之解集合。

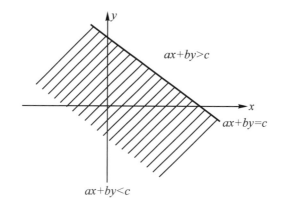

圖 4.1　$ax + by \leq c$之圖示

例 4.1	求解不等式$2x + y \leq 8$之可行解區域。

解　(1)將不等式以等式代換為$2x + y = 8$，以劃分兩側面。

　　(2)決定側面，並測試滿足之解，任取點$(0, 0)$代入得

　　　$2(0) + 0 = 0 \leq 8$

　　　可知左下側滿足$2x + y \leq 8$

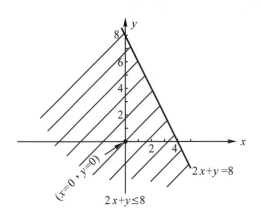

圖 4.2　例 4.1 之圖示

例 4.2　求解滿足下列不等式之可行解區域

$x + y \leq 3$

$x - y \leq 0$

解　⑴將兩不等式分別以等式代換，並劃分兩側面，方程式分別為

$x + y = 3$

$x - y = 0$

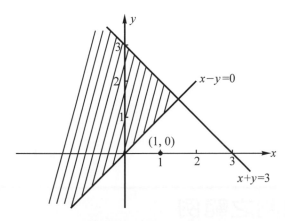

圖 4.3　例 4.2 之圖示

⑵決定側面，並測試滿足之解，如圖 4.3 所示。任取點 $(1, 0)$ 代入方程式，可得 $1 + 0 = 1 < 3$，得知直線 $x + y = 3$ 之左下側區域滿足 $x + y < 3$，反之，右上側區域滿足 $x + y > 3$。同理，$1 - 0 = 1 > 0$ 可知 $x - y = 0$ 之右下側滿足不等式

$x-y>0$，而左上側滿足$x-y<0$，故所求同時滿足$x+y \le 3$及$x-y<0$，可得解的區域即圖中陰影部分。

例 4.3	求解$4x+3y<240$不等式之可行解區域。

解 (1)將不等式以等式代換，

$4x+3y=240$。

(2)決定側面，並測試滿足之解，如圖
4.4 所示。任取$(x=70，y=40)$代
入方程式，測試之。故得知直線之
右上側為$4x+3y>240$，而所求$4x+3y<240$，則為直線之左下側，
且由於不等式中等式並不成立，即

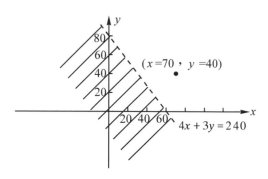

圖 4.4 例 4.3 之圖示

$4x+3y=240$並非所求，故以虛線表之，可行解區域即圖中陰影部分。

例 4.4	求解$-2x+3y<6$不等式之可行解區域。

解 (1)將不等式以等式代換$-2x+3y=6$。

(2)決定側面，並測試滿足之解如圖
4.5 所示。任取一點$(0, 0)$代入得$0+0<6$，故知直線$-2x+3y=6$
之右下側滿足$-2x+3y<6$為所求。

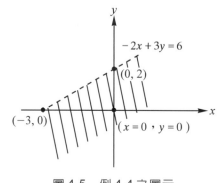

圖 4.5 例 4.4 之圖示

● 4.3 線性規劃之範例

線性規劃最主要應用於各項決策的分析與判斷，尤以企業應用最為廣泛，例如：投資決策、產品生產組合等資源分配，在此我們以這類範例，應用數學模式(model)去表達，再規劃求解，以這些工具應用在決策過程中，使我們能簡單明瞭的解決問題。

例 4.5   產品組合問題

某化工廠製造 A、B 兩類產品,兩類產品需經製程 1 及製程 2 加工,A 類產品每單位可獲利潤 5 元;B 類 7 元,產品在加工製程中所需時間,各製程可用時間,如表 4.1 所示,試問該廠應生產 A、B 兩類產品各多少單位,以使得利潤為最大?請寫出其數學模式。

表 4.1   例 4.5 之生產資訊

製程別	產品加工所需時間		每天可用之總時間(分)
	A	B	
製程 1	1	2	100
製程 2	4	3	250
利　潤	5	7	

解   設 x_1 表 A 產品之每天生產數量

　　x_2 表 B 產品之每天生產數量

則製程 1 每天用於 A 產品與 B 產品時間為 $x_1 + 2x_2$;但可用時間為 100 分鐘

　　製程 2 每天用於 A 產品與 B 產品時間為 $4x_1 + 3x_2$;但可用時間為 250 分鐘

故可得限制式為:

　　$x_1 + 2x_2 \leq 100$

　　$4x_1 + 3x_2 \leq 250$

當然 x_1,x_2 必須滿足於非負條件 x_1,$x_2 \geq 0$;至於總利潤則應該是 $z = 5x_1 + 7x_2$;綜合以上條件,可得之數學模式

Max　$z = 5x_1 + 7x_2$

s.t.　$x_1 + 2x_2 \leq 100$

　　　$4x_1 + 3x_2 \leq 250$

　　　x_1,$x_2 \geq 0$

由以上實例可知,線性規劃求解,必須有三個主要條件:

1. 目標函數：以本題而言為 Max $z = 5x_1 + 7x_2$。

2. 限制條件：製程使用時間小於或等於可用時間及產量非負等條件，即

$$x_1 + 2x_2 \leq 100$$

$$4x_1 + 3x_2 \leq 250$$

$$x_1 , x_2 \geq 0$$

3. 變數x_1，x_2應為多少，才可以滿足上面二個條件？

例 4.6　養雞問題

某雞場以A，B，C三種飼料養雞，為獲得必要之營養，每天應如何配用才能使成本最小？各種飼料營養成分，及每天各營養需求及成本如表 4.2 所示，請寫出其數學模式。

表 4.2　例 4.6 之養分列表

營養成分	飼料			每日最低需求量
	A類	B類	C類	
維他命	25	15	25	160
蛋白質	15	30	20	140
醣	5	12	8	200
成　本	12	18	10	

解　令x_1為A類應使用之數量

x_2為B類應使用之數量

x_3為C類應使用之數量

則最小成本之飼料組合為

Min　$z = 12x_1 + 18x_2 + 10x_3$

s.t.　$25x_1 + 15x_2 + 25x_3 \geq 160$

$15x_1 + 30x_2 + 20x_3 \geq 140$

$5x_1 + 12x_2 + 8x_3 \geq 200$

$x_1 , x_2 , x_3 \geq 0$

| 例4.7 | (個案研究)由於經濟持續發展，人們對生活的品質要求日增，休閒園地的開發需求日增。但自然生態的平衡亦備受重視。某風景區擬就其園內之 3,250 公頃土地進行開發。其土地使用計劃預計分成四個主要區域及七種用途： |

⑴森林步道區：包含了山脈、森林地區及河谷保留區，野餐、烤肉及露營區與登山步道區；⑵原野運動區：包含了騎馬區與滑草場；⑶遊樂區及⑷文化表演區等四大區域。

　　在整體規劃上必須符合以下之五大原則，一為保留區之大小必須比人工建築物之 15 倍還多 100 公頃，二為總投資金額不得超過 500 億元；三為總使用面積不得超過 3,244 公頃，四為各區之土地有其使用限制，森林步道區最大使用土地為 3000 公頃，原野運動區至多 500 公頃；遊樂區至多 80 公頃，而文化表演區至多 40 公頃，五為各子區域有最小的使用需求，依序分別為 1000、65、15、9、12、25 及 7 公頃。除此之外，經過評估各子區域每公頃開發之生態保育成本分別為 2、37、43、156、68、762 及 352 萬元。而保育成本之限制為 15 億元。開發完成各子區域之成本與獲利如表 4.6 所示，如何分配可使其獲利最大？請寫出其數學模式。

表 4.3　例 4.7 所需資訊

子區域	山林河谷區	野營區	登山步道區	騎馬區	滑草場	遊樂區	文化表演區
每公頃成本(元)	1102	1514544	1671350	4237240	3928385	2644196	21565509
每公頃獲利(元)	806	503998	1553453	8656686	3221867	36398505	21234018

解　令 x_1，x_2，$\cdots$，x_7，$x_i \geq 0$，$i = 1$，$\cdots$，7為七種區域之土地分配量。則依其規劃原則可得限制式分別為：

保留區比人工建築之 15 倍多 100 公頃：$x_1 - 15(x_6 + x_7) \geq 100$

資金限制：

$1102x_1 + 1514544x_2 + 1671350x_3 + 4237240x_4 + 3928385x_5 + 2644196x_6$
$+ 21565509x_7 \leq 50000000000$

總面積限制：

$x_1 + x_2 + x_3 + x_4 + x_5 + x_6 + x_7 \leq 3244$

各區土地最大限制：

$x_1 + x_2 + x_3 \leq 3000$

$x_4 + x_5 \leq 500$

$x_6 \leq 80$

$x_7 \leq 40$

各區土地最小限制：

$x_1 \geq 1000$

$x_2 \geq 65$

$x_3 \geq 15$

$x_4 \geq 9$

$x_5 \geq 12$

$x_6 \geq 25$

$x_7 \geq 7$

生態保育成本限制

$20000x_1 + 370000x_2 + 430000x_3 + 1560000x_4 + 680000x_5 + 7620000x_6$
$+ 3520000x_7 \leq 1500000000$

而目標函數為

$\text{Max} \quad z = 806x_1 + 503998x_2 + 1553453x_3 + 8656686x_4 + 3221867x_5 + 36398505x_6$
$+ 21234018x_7$

加上非負限制式後，方可得本例之線性規劃模式，綜合而言，計有 7 個變數，極大化目標函數與 15 個限制式，7 個非限制式。由本例可知，實務上的問題其變數數量及限制式數量可能相當大，因此發展電腦求解亦為一重要課題。茲將本例整理如下：

$\text{Max} \quad z = 806x_1 + 503998x_2 + 1553453x_3 + 8656686x_4 + 3221867x_5 + 36398505x_6$
$+ 21234018x_7$

s.t.　$x_1 - 15x_6 - 15x_7 \geq 100$

$1102x_1 + 1514544x_2 + 1671350x_3 + 4237240x_4 + 3928385x_5 + 2644196x_6$
$\quad + 21565509x_7 \leq 50000000000$

$x_1 + x_2 + x_3 + x_4 + x_5 + x_6 + x_7 \leq 3244$

$x_1 + x_2 + x_3 \leq 3000$

$x_4 + x_5 \leq 500$

$x_6 \leq 80$

$x_7 \leq 40$

$20000x_1 + 370000x_2 + 430000x_3 + 1560000x_4 + 680000x_5 + 7620000x_6$
$\quad + 3520000x_7 \leq 1500000000$

$x_1 \geq 1000$

$x_2 \geq 65$

$x_3 \geq 15$

$x_4 \geq 9$

$x_5 \geq 12$

$x_6 \geq 25$

$x_7 \geq 7$

$x_i \geq 0 \quad i = 1，\cdots，7$

● **4.4** 線性規劃問題之解法

☐ 4.4-1　圖解法

在例 4.5 產品組合問題，若以圖解法求解，在 $x_1 - x_2$ 平面上，滿足限制條件為

$$x_1 + 2x_2 \leq 100$$

其點集合構成之一側與邊界即直線 $x_1 + 2x_2 = 100$，如圖 4.6(a)，同樣的其他限制條件

$$4x_1 + 3x_2 \leq 250$$

$$x_1 \geq 0$$
$$x_2 \geq 0$$

亦可在x_1-x_2平面上決定其點集合構成之一側與邊界解爲圖4.6(b)、圖4.6(c)、圖4.6(d)，滿足以上四個限制式，所構成之交集，即爲此線性規劃問題之圖解法，即圖4.7斜線部分，稱爲可行解區域，可行解區域之任一點爲其可行解，而可行解中能使目標函數最大之可行解，稱之爲最佳解(optimal solution)。

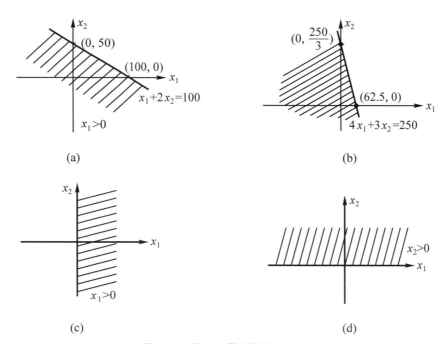

圖4.6　例4.5各限制式之圖示

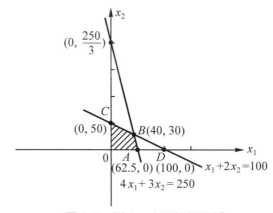

圖4.7　例4.5之可行解區域

　　由圖 4.7 可知，可行解區域的邊界是由有限個線段所構成，假如可行解區域可以被包圍，則此可行解區域為有界(bounded)可行解區域，否則稱之為無界(unbounded)。在可行解區域邊界上，兩條直線的交點，稱之為極點(extreme point or corner point)，例如圖 4.7 中可行解區域包括四個極點 $O(0，0)$，$A(62.5，0)$，$B(40，30)$，$C(0，\frac{250}{3})$。

而求最佳解即在可行解區域中尋找使目標值最大者，我們可以任意取可行解區域中之一點代入目標式中，得到目標方程式，再將此目標方程式平行移動，以極大化問題為例，若其可行解區域及目標方程式如圖 4.8 所示，此目標方程式，由於方程式斜率不變，愈往右上方移動，x軸截距愈大，故所得 z 值將愈大，故若仍有可行解位於目標方程式之右側，則可將目標方程式平移至此，則可增加目標值，因此可推論最佳值必不會落於可行解區域之內點上而必落於邊界之極點上，故而可知極點將扮演關鍵角色，而有以下定理。

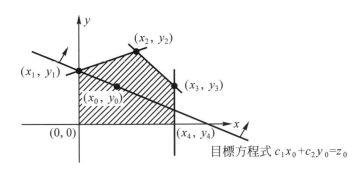

圖 4.8　圖解法之圖示

▶ 定理 4.1

　　線性規劃問題若有解，必有最佳解落在極點上。

　　有以上之定理，對於有界的可行解區域的問題在求解時只需將所有的極點，所對應之目標值求出，即可得最佳解之所在。

例 4.8　　試求例 4.5 之最佳解？

解　過點 $(0，0)$ 之目標方程式為 $5x_1 + 7x_2 = 0$，即目標值為 0，將此直線往右方平移至一點 $(20，20)$ 得目標方程式為 $5x_1 + 7x_2 = 240$(目標值)，平移至點 $C(0，50)$ 得目標值 350 續往右，平移至點 A 得目標值 312.5，再往右平移至點 B 得目標值 410，再

往右移則已無可行解(目標方程式與可行解區域無交點)，故知最佳值落於可行解與目標方程式僅有唯一之交點(40，30)。即最佳產品組合為A生產 40 個而B生產 30 個可使利潤最大。

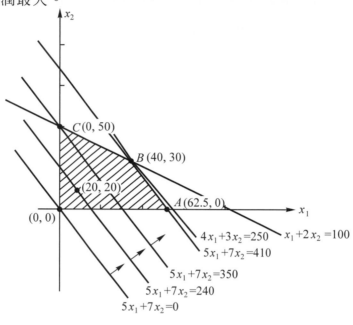

$$4x_1+3x_2=250$$
$$5x_1+7x_2=410$$
$$x_1+2x_2=100$$
$$5x_1+7x_2=350$$
$$5x_1+7x_2=240$$
$$5x_1+7x_2=0$$

圖4.9 　例4.5之圖示

例 4.9 利用圖解法求出下列最小化線性規劃問題

Min $z = 600x_1 + 750x_2$

s.t. $100x_1 \geq 2000$

$10x_1 + 20x_2 \geq 600$

$100x_2 \geq 1000$

$x_1，x_2 \geq 0$

解 由限制式 $100x_1 \geq 2000$得$x_1 \geq 20$

　　　$10x_1 + 20x_2 \geq 600$得$x_1 + 2x_2 \geq 60$

　　　$100x_2 \geq 1000$得$x_2 \geq 10$

並製作$600x_1 + 750x_2$之目標方程式圖形，可知斜線區域之可行解目標值大極點，故可知可行解區域為圖 4.10 之斜線部分，由圖 4.10 可看出兩個極點(20，20)，(40，10)，並任取可行解(40，40)代入目標式，求得其極值。

$$600(20) + 750(20) = 27,000$$
$$600(40) + 750(10) = 31,500$$
$$600(40) + 750(40) = 54,000$$

表 4.4　不同極點之目標值

極點	目標值
(20，20)	27,000
(40，10)	31,500
(40，40)	54,000

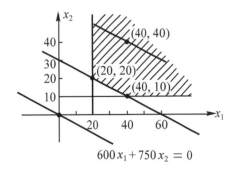

圖 4.10　例 4.9 之可行解區域

因此最佳解爲 $x_1 = 20$，$x_2 = 20$，目標值爲最低 27,000。

例 4.10　將上題改爲最大化問題，即

Max $z = 600x_1 + 750x_2$

s.t.　$100x_1 \geq 2000$

$\quad\quad 10x_1 + 20x_2 \geq 600$

$\quad\quad 100x_2 \geq 100$

$\quad\quad x_1，x_2 \geq 0$

解　由圖 4.10 得知極點(20，20)，(40，10)皆不是最佳解，其目標值較(40，40)所得小，平移目標方程式之圖形後發現繼續往右上角移動所得目標值會越來越大，亦即目標值 z 可無限增加，我們稱本題目標函數值無界限。

例 4.11　利用圖解法，求解線性規劃問題

Max $z = 2x_1 + 3x_2$

s.t.　$x_1 + 2x_2 \leq 2$

$\quad\quad x_1 + x_2 \geq 3$

$\quad\quad 2x_1 + x_2 \leq 2$

$\quad\quad x_1，x_2 \geq 0$

解 由圖 4.11 可知，本題所有限制式所定義之半空間，並無交集，因此本題無解。

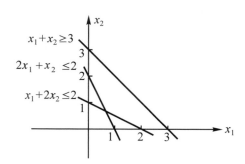

圖 4.11　例 4.11 之可行解區域

例 4.12　利用圖解法，求解線性規劃問題

Max　$z = 4x_1 + 2x_2$

s.t.　$2x_1 + x_2 \leq 2$

　　　$x_1 + 2x_2 \leq 2$

　　　$x_1 , x_2 \geq 0$

解 由圖 4.12 及其目標值可知，本題可行解邊界各點所構成之集合皆可得最大利潤，以極點$(1，0)$，$\left(\dfrac{2}{3}，\dfrac{2}{3}\right)$皆可得目標函數值最大。而連接此兩點之邊界上所有的點所形成之線段均有相同的目標值，故本題有無限多組最佳解，此乃因目標函數和限制式$2x_1 + x_2 \leq 2$的斜率相同之故，所以可用線性組合之特例來表示所有最佳解

$(x_1，x_2) = \alpha_1(1，0) + (1 - \alpha_1)\left(\dfrac{2}{3}，\dfrac{2}{3}\right)，0 \leq \alpha_1 \leq 1$，

此稱為凸性組合(convex combination)。

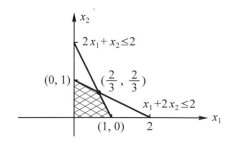

圖 4.12　例 4.12 之可行解區域

表 4.5　例 4.12 不同極點之目標值

極點	目標值
$(0，1)$	2
$(1，0)$	4
$\left(\dfrac{2}{3}，\dfrac{2}{3}\right)$	4
$(0，0)$	0

由以上例子可得知，一般線性規劃問題可歸結爲：

1. 唯一解(如例 4.9)。(目標函數平移後與邊界僅有一交點)
2. 目標值無限制(如例 4.10)。
3. 無可行解(如例 4.11)。
4. 無限多最佳解(如例 4.12)。(目標函數之斜率和其中一邊界相同)

4.4-2 單形法

線性規劃問題可由可行解區域中獲得極點，由一個極點移動至另一個相鄰的極點上，而且使得目標值爲最佳，由於決策問題之變數多爲兩個以上，故圖解法將不適用，且當限制式及變數一增多時，極點的個數變得相當龐大，即使利用計算機來幫助亦需耗用相當的時間及記憶體，爲了解決此困境，George B. Dantzig 在 1947 年發展出單形法(simplex method)來求解，單形法最初被應用於軍事上，後來漸被各界所廣泛運用。因此單形法在執行上必須能提供下面二個答案：

1. 檢定基本可行解爲最佳。
2. 尋找一個相鄰且目標值較佳的基本可行解。

極大化問題之單形法求解的步驟，以例 4.5 產品組合問題之求解步驟而言：

1. 在限制式上引入虛變數(slack variable)x_3，x_4，使之成爲等式，將目標函數視爲一變數。

    (1) 限制式：

    $$x_1 + 2x_2 \leq 100 \quad x_1 + 2x_2 + x_3 = 100$$
    $$4x_1 + 3x_2 \leq 250 \Rightarrow 4x_1 + 3x_2 + x_4 = 250$$

    (2) 目標函數：z 視爲一變數寫成

    $$-5x_1 - 7x_2 + 0x_3 + 0x_4 + z = 0$$

2. 將係數列於起始表，如表 4.6 所示，將變數依順序填於表上，表內依順序填入目標函數，限制式之各函數所對應之係數，第一列稱爲目標列，最後一行稱爲最佳值行，依序填入所對應列之值，表之左側填入基本變數(basic variable)，在起始表中基本變數爲虛變數 x_3，x_4，目標函數 $z = 5x_1 + 7x_2 + 0x_3 + 0x_4$，其中 x_1、x_2 的係

數應爲正。當x_1，x_2由 0 變爲正時，z值將增加，所以當目標列之各元素均爲正數或 0 時，則表中之基本可行解必爲最佳。

表 4.6　起始表

	x_1	x_2	x_3	x_4	z
目標列	−5	−7	0	0	0
x_3	1	2	1	0	100
x_4	4	3	0	1	250

（最佳值行）

3. 選擇進入變數：若目標列中某個變數x_i所對應之數爲負，則爲非最佳解，由目標列中選擇最小的數(即負值最大者)，將其對應之變數變爲基本變數，我們稱爲進入變數(entering variable)，進入變數對應之行稱爲基準行(pivot column)，本例中，x_1，x_2均爲非基本變數(nonbasic variable)，若增大x_1，x_2值，z值將增大，且增大x_2值之增加量爲每單位 7 較x_1之每單位 5 大，故應擇x_2爲進入變數，但x_2值可增加量有其限制

$$100 - x_1 - 2x_2 = x_3 \geq 0$$
$$250 - 4x_1 - 3x_2 = x_4 \geq 0$$

同時，非基本變數$x_1 = 0$故有

$$100 - 2x_2 \geq 0 \Rightarrow x_2 \leq 50$$

且

$$250 - 3x_2 \geq 0 \Rightarrow x_2 \leq \frac{250}{3}$$

由於以上之限制，x_2至多可增至$x_2 = 50$，此時

$$x_3 = 100 - 0 - 2(50) = 0$$
$$x_4 = 250 - 4(0) - 3(50) = 100$$

而其目標函數值爲

$$z = 5(0) + 7(50) + 0(0) + 0(100) = 350$$

4. 選擇退出變數及基準元素：在上一步驟最後，我們可發現原來$x_4 = 100$，若導入x_2為基本變數後，x_3之值變成了0，事實上x_3在步驟2之後成了非基本變數，稱之為退出變數(leaving variable)，在單形表中，退出變數之決定如下：先在基準行裡選出正數者與所對應之最佳值行之同列元素計算其比值，比值最小者所對應之列稱為基準列(pivot row)，而基準行列交叉之元素稱為基準元素。在本例中，如表4.7所示。

表 4.7　基準列、基準行與基準元素

	x_1	x_2	x_3	x_4	z	
目標列	−5	−7	0	0	0	
退出變數 x_3	1	②	1	0	100	← 基準列
x_4	4	3	0	1	250	

基準行，○：基準元素

第二列　　　$100/2 = 50$

第三列　　　$\dfrac{250}{3} = 83\dfrac{1}{3}$

故選出第二列為基準列，則x_3為退出變數，基準元素為 2。若基準行中所有元素均為負數或 0，表示本題解為無限(unbounded)，則計算中止。

5. 利用基本列運算，求最佳解：選出退出變數後，利用第三章之基本列運算方式，將基準列除以基準元素，且基準行中，除基準元素為1外，其餘各元素均化為0，其他之各元素，依基本列運算之計算而改變，在本例中，基準元素為 2，故將第二列所在列除以 2，x_3改為x_2，再將第二列乘以(7)加入目標列，第二列乘以(−3)加至第三列，如表4.8所示。

表 4.8 之目標列中，x_1所對應的係數為$-\dfrac{3}{2}$，故此時並非最佳解，因此必須重覆進行以上之步驟，可知x_1為進入變數，第一行為基準行，在第一列中最佳值行

之 50 除以 $\dfrac{1}{2}$ 得 100，第二列爲 100 除以 $\dfrac{5}{2}$ 爲 40，故選擇 x_4 爲退出函數，其基準元素爲 $\dfrac{5}{2}$，利用基本列運算，先將第二列各元素乘上 $\dfrac{2}{5}$，再分別將第三列乘上 $\left(\dfrac{3}{2}\right)$ 及 $\left(-\dfrac{1}{2}\right)$ 後加至目標列及第二列中可得表 4.9。

表 4.8　第二次運算

最佳值行

	x_1	x_2	x_3	x_4	z
	$-\dfrac{3}{2}$	0	$\dfrac{7}{2}$	0	350
x_2	$\dfrac{1}{2}$	1	$\dfrac{1}{2}$	0	50
x_4	$\dfrac{5}{2}$	0	$-\dfrac{3}{2}$	1	100

←基準列

↑基準行

○：基準元素

表 4.9　最佳表

	x_1	x_2	x_3	x_4	z
	0	0	$\dfrac{13}{5}$	$\dfrac{3}{5}$	410
x_2	0	1	$\dfrac{4}{5}$	$-\dfrac{1}{5}$	30
x_1	1	0	$-\dfrac{3}{5}$	$\dfrac{2}{5}$	40

在此表中，目標列中所有變數所對應之係數均爲正數或 0，故可得最佳解爲 $x_1 = 40$，$x_2 = 30$，$x_3 = 0$，$x_4 = 0$，$z = 410$，現以圖 4.7 加以說明。就圖解法而言，可將 4 個極點代入而得最佳解。而單形法之運作乃由極點 $(0，0)$ 開始(即表 4.6)，在往極點 $A(62.5，0)$ 及往極點 $C(0，50)$ 二點移動時，選擇了能使最佳解增量大但不會超出可行解區域的極點 C(即表 4.8)，再往右下方移動至極點 $B(40,30)$(即表 4.9)而得最佳解。

例 4.13　　試求解以下最大化問題

$$\text{Max}\quad z = 2x_1 + 3x_2 + x_3$$

$$\text{s.t.}\quad 2x_1 + x_2 \leq 6$$

$$3x_1 + 3x_2 + x_3 \leq 9$$

$$x_1 + 2x_2 + 2x_3 \leq 4$$

$$x_1 , x_2 , x_3 \geq 0$$

解　將虛變數 x_4，x_5，x_6 代入得

$$\text{Max}\quad z - 2x_1 - 3x_2 - x_3 + 0x_4 + 0x_5 + 0x_6 = 0$$

$$\text{s.t.}\quad 2x_1 + x_2 \qquad\quad + x_4 \qquad\qquad\quad = 6$$

$$3x_1 + 3x_2 + x_3 \qquad\quad + x_5 \qquad\quad = 9$$

$$x_1 + 2x_2 + 2x_3 \qquad\qquad\qquad + x_6 = 4$$

$$x_1 , \cdots , x_6 \geq 0$$

表 4.10　例 4.13 之單形表

	x_1	x_2	x_3	x_4	x_5	x_6	z	
	-2	-3	-1	0	0	0	0	因 $-3 < -2 < -1$
x_4	2	1	0	1	0	0	6	故進入變數 x_2
x_5	3	3	1	0	1	0	9	因 $\frac{6}{1}=6$，$\frac{9}{3}=3$，$\frac{4}{2}=2$，
x_6	1	2	2	0	0	1	4	故退出變數 x_6
	$-\frac{1}{2}$	0	2	0	0	$\frac{3}{2}$	6	
x_4	$\frac{3}{2}$	0	-1	1	0	$-\frac{1}{2}$	4	進入變數 x_1
x_5	$\frac{3}{2}$	0	-2	0	1	$-\frac{3}{2}$	3	退出變數 x_5
x_2	$\frac{1}{2}$	1	1	0	0	$\frac{1}{2}$	2	
	0	0	$\frac{4}{3}$	0	$\frac{1}{3}$	1	7	
x_4	0	0	1	1	-1	1	1	
x_1	1	0	$-\frac{4}{3}$	0	$\frac{2}{3}$	-1	2	
x_2	0	1	$\frac{5}{3}$	0	$-\frac{1}{3}$	1	1	

所有目標列內各變數對應值均為正數或 0，故已達最佳解。

故知最佳解為 $x_1 = 2$，$x_2 = 1$，$x_3 = 0$

最佳值為 $z = 7$

| 例 4.14 | 試求解以下最大化問題 |

$$\text{Max} \quad z = 4x_1 + 2x_2 + 5x_3$$

$$\text{s.t.} \quad x_1 + x_2 + 3x_3 \leq 10$$

$$5x_1 + 3x_2 + 4x_3 \leq 28$$

$$x_1 \text{,} x_2 \text{,} x_3 \geq 0$$

解 將虛變數 x_4、x_5 代入得

$$\text{Max} \quad z - 4x_1 - 2x_2 - 5x_3 + 0x_4 + 0x_5 = 0$$

$$x_1 + x_2 + 3x_3 + x_4 \qquad = 10$$

$$5x_1 + 3x_2 + 4x_3 \qquad + x_5 = 28$$

$$x_1 \text{,} \cdots \text{,} x_5 \geq 0$$

表 4.11 例 4.14 之單形表

	x_1	x_2	x_3	x_4	x_5	z	
	-4	-2	-5	0	0	0	
x_4	1	1	$③$	1	0	10	進入變數 x_3
x_5	5	3	4	0	1	28	退出變數 x_4
	$-\frac{7}{3}$	$-\frac{1}{3}$	0	$\frac{5}{3}$	0	$\frac{50}{3}$	
x_3	$\frac{1}{3}$	$\frac{1}{3}$	1	$\frac{1}{3}$	0	$\frac{10}{3}$	進入變數 x_1
x_5	$\frac{11}{3}$	$\frac{5}{3}$	0	$-\frac{4}{3}$	1	$\frac{44}{3}$	退出變數 x_5
	0	$\frac{8}{11}$	0	$\frac{9}{11}$	$\frac{7}{11}$	26	
x_3	0	$\frac{2}{11}$	1	$\frac{5}{11}$	$-\frac{1}{11}$	2	
x_1	1	$\frac{5}{11}$	0	$-\frac{4}{11}$	$\frac{3}{11}$	4	

故知最佳解為 $x_1 = 4$，$x_2 = 0$，$x_3 = 2$，最佳值為 $z = 26$

| 例 4.15 | 試求解以下最大化問題 |

$$\text{Max} \quad z = x_1 + x_2 + 4x_3$$

$$\text{s.t.} \quad x_1 + 2x_2 + 2x_3 \leq 6$$

$$x_1 + 3x_2 + x_3 \leq 8$$

$$x_2 + x_3 \leq 2$$

$$2x_1 + x_2 + x_3 \leq 4$$

$$2x_1 + x_2 + 3x_3 \leq 10$$

$$x_1 \text{,} x_2 \text{,} x_3 \geq 0$$

解 將虛變數 x_4、x_5、x_6、x_7、x_8 代入得

Max $\quad z - x_1 - x_2 - 4x_3 + 0x_4 + 0x_5 + 0x_6 + 0x_7 + 0x_8 = 0$

s.t. $\quad x_1 + 2x_2 + 2x_3 + x_4 \qquad\qquad\qquad\qquad = 6$

$\qquad\quad x_1 + 3x_2 + x_3 \qquad + x_5 \qquad\qquad\qquad = 8$

$\qquad\qquad\quad x_2 + x_3 \qquad\qquad + x_6 \qquad\qquad = 2$

$\qquad 2x_1 + x_2 + x_3 \qquad\qquad\qquad + x_7 \qquad = 4$

$\qquad 2x_1 + x_2 + 3x_3 \qquad\qquad\qquad\qquad\quad + x_8 = 10$

$\qquad x_1, \cdots, x_8 \geq 0$

表 4.12　例 4.15 之單形表

	x_1	x_2	x_3	x_4	x_5	x_6	x_7	x_8	z	
	-1	-1	-4	0	0	0	0	0	0	
x_4	1	2	2	1	0	0	0	0	6	進入變數 x_3
x_5	1	3	1	0	1	0	0	0	8	退出變數 x_6
x_6	0	1	①	0	0	1	0	0	2	
x_7	2	1	1	0	0	0	1	0	4	
x_8	2	1	3	0	0	0	0	1	10	
	-1	3	0	0	0	4	0	0	8	
x_4	1	0	0	1	0	-2	0	0	2	進入變數 x_1
x_5	1	2	0	0	1	-1	0	0	6	退出變數 x_7
x_3	0	1	1	0	0	1	0	0	2	
x_7	②	0	0	0	0	-1	1	0	2	
x_8	2	-2	0	0	0	-3	0	1	4	
	0	3	0	0	0	$\frac{7}{2}$	$\frac{1}{2}$	0	9	
x_4	0	0	0	1	0	$-\frac{3}{2}$	$-\frac{1}{2}$	0	1	
x_5	0	2	0	0	1	$-\frac{1}{2}$	$-\frac{1}{2}$	0	5	
x_3	0	1	1	0	0	1	0	0	2	
x_1	1	0	0	0	0	$-\frac{1}{2}$	$\frac{1}{2}$	0	1	
x_8	0	-2	0	0	0	-2	-1	1	2	

故知最佳解為 $x_1 = 1$，$x_2 = 0$，$x_3 = 2$，最佳值為 $z = 9$

4.5 線性規劃問題之求解特殊狀況

4.5-1 退化解

在單形法中，非基本變數之值皆為 0，但是，如果求解之基本變數中有值為 0，則稱為退化解(degenerate solution)，在求解過程中，進行最小比值檢定時，有兩列(含)以上之比值相同時，會有退化解產生。

例 4.16

$$\text{Max} \quad z = 5x_1 + 3x_2$$

$$\begin{aligned}
\text{s.t.} \quad 4x_1 + 2x_2 &\leq 12 \\
4x_1 + x_2 &\leq 10 \\
x_1 + x_2 &\leq 4 \\
x_1 \,, \quad x_2 &\geq 0
\end{aligned}$$

解 依單形法求解步驟，列出起始表，如表 4.13 所示。

表 4.13 例 4.16 之起始表

	x_1	x_2	x_3	x_4	x_5	z
	-5	-3	0	0	0	0
x_3	4	2	1	0	0	12
x_4	④	1	0	1	0	10
x_5	1	1	0	0	1	4

由表 4.13 中可知 x_1 為進入變數而 x_4 為退出變數，故經列運算後得表 4.14 所示。

表 4.14 例 4.16 第二次運算

	x_1	x_2	x_3	x_4	x_5	z
	0	$-\dfrac{7}{4}$	0	$\dfrac{5}{4}$	0	$\dfrac{25}{2}$
x_3	0	①	1	-1	0	2
x_1	1	$\dfrac{1}{4}$	0	$\dfrac{1}{4}$	0	$\dfrac{5}{2}$
x_5	0	$\dfrac{3}{4}$	0	$\dfrac{1}{4}$	1	$\dfrac{3}{2}$

表 4.14 第 2、4 兩列比值皆為 2，今隨意取第二列為基準列，經列運算得表 4.15 所示。

表 4.15　例 4.16 第三次運算

	x_1	x_2	x_3	x_4	x_5	z
	0	0	$\frac{7}{4}$	$-\frac{1}{2}$	0	16
x_2	0	1	1	-1	0	2
x_1	1	0	$-\frac{1}{4}$	$\frac{1}{2}$	0	2
x_5	0	0	$-\frac{3}{4}$	①	1	0

由上表 4.15 得知 $x_1 = 2$，$x_2 = 2$，$x_3 = 0$，$x_4 = 0$，而 x_5 基本變數為 0，我們得到的是一個退化基本解，再將 x_4 導入為基本變數，x_5 退出，經運算後得表 4.16 所示。

表 4.16　例 4.16 之最佳表

	x_1	x_2	x_3	x_4	x_5	z
	0	0	$\frac{1}{4}$	0	$\frac{1}{2}$	16
x_2	0	1	$\frac{1}{4}$	0	1	2
x_1	1	0	$\frac{1}{8}$	0	$-\frac{1}{2}$	2
x_4	0	0	$-\frac{3}{4}$	1	1	0

由表 4.16 可知基本變數 $x_4 = 0$，我們又得到一個退化基本可行解，而且 z 值未改進，且目標列元素皆為正，已是最佳解，其中 $x_1 = 2$，$x_2 = 2$，$x_3 = 0$，$x_4 = 0$，$x_5 = 0$。在此問題中，可得一事實，當解是退化狀況時，目標函數值不會增加，須經反覆求解有可能得到最佳解，但也有可能是循環情況，故本題可建構三個最佳解。

$$\begin{bmatrix} x_1 = 2 \\ x_2 = 2 \\ x_3 = 0 \end{bmatrix} \quad \begin{bmatrix} x_1 = 2 \\ x_2 = 2 \\ x_4 = 0 \end{bmatrix} \quad \begin{bmatrix} x_1 = 2 \\ x_2 = 2 \\ x_5 = 0 \end{bmatrix}$$

■ 4.5-2　多重解

例 4.17　試求解

Max　$z = 3x_1 + 2x_2$

s.t.　$\dfrac{3}{2}x_1 + x_2 \leq 6$

$x_1 \leq 3$

$x_1，x_2 \geq 0$

解　以單形法求解步驟可列於表 4.17 所示。

表 4.17　例 4.17 之單形表

	x_1	x_2	x_3	x_4	z
	-3	-2	0	0	0
x_3	$\dfrac{3}{2}$	1	1	0	6
x_4	①	0	0	1	3
	0	-2	0	3	9
x_3	0	1	1	$-\dfrac{3}{2}$	$\dfrac{3}{2}$
x_1	1	0	0	1	3
	0	0	2	0	12
x_2	0	1	1	$-\dfrac{3}{2}$	$\dfrac{3}{2}$
x_1	1	0	0	1	3

由表 4.17 可知最佳解為 $x_1 = 3$，$x_2 = \dfrac{3}{2}$，$x_3 = 0$，$x_4 = 0$，$z = 12$，令 x_4 為進入變數，x_1 為退出變數再經一次運算 $R_2 \times \dfrac{3}{2} + R_1$ 可得表 4.18，其中 $x_1 = 0$，$x_2 = 6$，$x_3 = 0$，$x_4 = 3$，$z = 12$，由此可知本題有多重解。

表 4.18　例 4.17 之最佳表二

	x_1	x_2	x_3	x_4	z
	0	0	2	0	12
x_2	$\dfrac{3}{2}$	1	1	0	6
x_4	1	0	0	1	3

當一個線性規劃問題有多重解時，將具有以下的特性：

► 定理 4.2

將一些最佳解進行凸性組合後，所得解亦爲最佳解。

由定理 4.1 及 4.2 可知，若有二個相鄰的極點均爲最佳解，則由此二點所連成的線段(爲可行解區域的一個邊界)上任何一點均應爲最佳解。而在單形表上，當最佳表中，若存在有任何非基本變數所對應之目標列爲 0 時，則代表有多重解，在上例中表 4.16 之最佳表中，x_4爲非基本變數且目標列爲 0，令x_4爲進入變數，而x_1爲退出變數而可得表 4.18 之新最佳表，所有解可寫成$[x_1，x_2]=\alpha\left(3，\dfrac{3}{2}\right)+(1-\alpha)(0，6)$，$0 \le \alpha \le 1$。在圖 4.13 之粗黑線段上各點均爲最佳解。

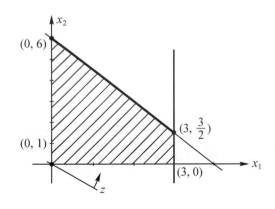

圖 4.13　例 4.17 之圖示

4.5-3 無限值解

例 4.18

$$\text{Max} \quad z = 4x_1 + x_3$$
$$\text{s.t.} \quad 2x_1 + x_2 - 2x_3 \le 14$$
$$2x_1 - 3x_2 + 2x_3 \le 6$$
$$x_1 , x_2 , x_3 \ge 0$$

解 以單形法求解可得以下之表 4.19 所示。

表 4.19　例 4.18 之單形表

	x_1	x_2	x_3	x_4	x_5	z
	-4	0	-1	0	0	0
x_4	2	1	-2	1	0	14
x_5	2	-3	2	0	1	6
	0	-6	3	0	2	12
x_4	0	4	-4	1	-1	8
x_1	1	$-\frac{3}{2}$	1	0	$\frac{1}{2}$	3
	0	0	-3	$\frac{3}{2}$	$\frac{1}{2}$	24
x_2	0	1	-1	$\frac{1}{4}$	$-\frac{1}{4}$	2
x_1	1	0	$-\frac{1}{2}$	$\frac{3}{8}$	$-\frac{1}{8}$	6

在表中，當單形法進行至第三個循環時，目標列中仍有負值，尚未達最佳解，但此時，基準行(x_3所對應之行)中，全數為負值，因此運算終止，本題為無限值解。

4.6　其他型式之線性規劃問題求解

4.6-1　極小化問題求解

極小化問題若只有二個變數則可以圖解法求解之外，可將之乘以(-1)後轉化為極大化問題，以求解之，待解得最佳值後，再乘以(-1)得原題之最佳值。即

$$\text{Min} \quad z = c_1x_1 + \cdots + c_nx_n$$

可轉成

$$\text{Max} \quad z' = (-z) = -c_1x_1 - \cdots - c_nx_n$$

4.6-2 其他型式限制式之問題求解

在 4.1 節中我們介紹了二種線性規劃問題的主要型式，在實務上，限制式將有非標準型式的可能，如極大化問題中有＝或≥限制式等，例 4.7 土地資源分配中即可發現。現就上述二種狀況分別討論之。

在此針對極大化問題中說明之。首先，若"＝"限制式時，即 $a_{i1}x_1 + \cdots + a_{in}x_n = b_i$，可將之視為二個不等式 $\begin{cases} a_{i1}x_1 + \cdots + a_{in}x_n \leq b_i \\ a_{i1}x_1 + \cdots + a_{in}x_n \geq b_i \end{cases}$，同時成立，此時將再增加一"≥"限制式。

其次，當問題中出現"≥"限制式時，在數學上可以(-1)乘上該式得 $-a_{i1}x_1 + \cdots - a_{in}x_n \leq -b_i$ 將之轉換為"≤"限制式，但此時資源向量將出現負數$(-b_i \leq 0)$，與 4.1 節之主要型式之定義不合。

為處理上述二種狀況，首先導入一剩餘變數(surplus variable)於"≥"之限制式中使之成為"＝"。如下所示：

$$a_{i1}x_1 + \cdots + a_{in}x_n - x_s = b_i \tag{4.7}$$

其次，由於上式或一般"＝"限制式 $a_{j1}x_1 + \cdots + a_{jn}x_n = b_j$ 為能順利以單形法求解，必須導入起始基底，故加入一人造變數 x_a，如下所示：

$$a_{i1}x_1 + \cdots + a_{in} - x_s + x_{a_1} = b_i \tag{4.8}$$

及

$$a_{j1}x_1 + \cdots + a_{jn} + x_{a_2} = b_j \tag{4.9}$$

在導入人造變數後，如(4.8)及(4.9)式中之 x_{a_1}、x_{a_2} 必須為 0 才能符合原題意，故使用以下之大M法及雙階法來求解。

4.6-3 大 M 法

為使人造變數為 0，故必須在目標函數中加入此一變數，且其係數為 $(-M)$，M 為一相當大的正數，再依單形法求解之，當此變數不為 0 時，將導致目標函數值很小，如此可使之達到 0 的目的。一旦所得解中有任何人造變數不為 0，代表該題應為無解。

例 4.19

Max $3x_1 - x_2$

s.t. $2x_1 + x_2 \geq 2$

         $x_1 + 3x_2 \leq 3$

              $x_2 \leq 4$

     $x_1 , \quad x_2 \geq 0$

解 本題亦可以圖解法求解。

依序加入剩餘變數 x_3，人造變數 x_4，虛變數 x_5、x_6 可得

Max $z = 3x_1 - x_2 + 0x_3 - Mx_4 + 0x_5 + 0x_6$

     (或 $z - 3x_1 + x_2 - 0x_3 + Mx_4 - 0x_5 - 0x_6 = 0$)

          $2x_1 + x_2 - x_3 + x_4 \qquad\qquad = 2$

          $x_1 + 3x_2 \qquad\qquad\quad + x_5 \qquad = 3$

              $x_2 \qquad\qquad\qquad\qquad + x_6 = 4$

$x_1 , \cdots , x_6 \geq 0$

表 4.20   例 4.19 之將例 4.19 之數值填入單形表中

x_1	x_2	x_3	x_4	x_5	x_6	z
-3	1	0	M	0	0	0
2	1	-1	1	0	0	2
1	3	0	0	1	0	3
0	1	0	0	0	1	4

在表 4.20 之目標列中 x_4 所對應之係數不為 0，不符合簡化列梯形矩陣之型式，故以第一列乘以 $(-M)$ 加入目標列中消去之，再以單形法求解，如表 4.21 所示。

表 4.21　例 4.19 之單形表

	x_1	x_2	x_3	x_4	x_5	x_6	z
	$-3-2M$	$1-M$	M	0	0	0	$-2M$
x_4	②	1	-1	1	0	0	2
x_5	1	3	0	0	1	0	3
x_6	0	1	0	0	0	1	4
	0	$\frac{5}{2}$	$-\frac{3}{2}$	$\frac{3+2M}{2}$	0	0	3
x_1	1	$\frac{1}{2}$	$-\frac{1}{2}$	$\frac{1}{2}$	0	0	1
x_5	0	$\frac{5}{2}$	①/②	$-\frac{1}{2}$	1	0	2
x_6	0	1	0	0	0	1	4
	0	10	0	M	3	0	9
x_1	1	3	0	0	1	0	3
x_3	0	5	1	-1	2	0	4
x_6	0	1	0	0	0	1	4

故得解 $x_1 = 3$，$x_2 = 0$，最佳值 $z = 9$

例 4.20　Min　$z = x_1 - 2x_2 + 3x_3$

s.t.　$-2x_1 + x_2 + 3x_3 \le 2$

$2x_1 + 3x_2 + 4x_3 = 1$

$x_1,\ x_2,\ x_3 \ge 0$

解　首先，必須先將目標函數轉為極大化，可將之乘以(-1)以轉化之，再導入虛變數及人造變數等，如下：

Max　$z' = (-z) = -x_1 + 2x_2 - 3x_3 - Mx_5$

或

$$z' + \quad x_1 - 2x_2 + 3x_3 + \quad\quad Mx_5 = 0$$

s.t. $\quad -2x_1 + \quad x_2 + 3x_3 + x_4 \quad\quad = 2$

$$2x_1 + 3x_2 + 4x_3 \quad\quad + \quad x_5 = 1$$

$x_1 , \cdots , x_5 \geq 0$

先整理成標準型式再以單形法求解。

表 4.22　例 4.20 之單形表

	x_1	x_2	x_3	x_4	x_5	z'
	1	-2	3	0	M	0
	-2	1	3	1	0	2
	2	3	4	0	1	1
	$1-2M$	$-2-3M$	$3-4M$	0	0	$-M$
x_4	-2	1	3	1	0	2
x_5	2	3	④	0	1	1
	$-\dfrac{1}{2}$	$-\dfrac{17}{4}$	0	0	$\dfrac{-3+4M}{4}$	$-\dfrac{3}{4}$
x_4	$-\dfrac{7}{2}$	$-\dfrac{5}{4}$	0	1	$-\dfrac{3}{4}$	$\dfrac{5}{4}$
x_3	$\dfrac{1}{2}$	$⬤\dfrac{3}{4}$	1	0	$\dfrac{1}{4}$	$\dfrac{1}{4}$
	$\dfrac{7}{3}$	0	$\dfrac{17}{3}$	0	$\dfrac{2+3M}{3}$	$\dfrac{2}{3}$
x_4	$-\dfrac{8}{3}$	0	$\dfrac{5}{3}$	1	$-\dfrac{1}{3}$	$\dfrac{5}{3}$
x_2	$\dfrac{2}{3}$	1	$\dfrac{4}{3}$	0	$\dfrac{1}{3}$	$\dfrac{1}{3}$

得最佳解 $x_1 = 0$，$x_2 = \dfrac{1}{3}$，$x_3 = 0$，

最佳值 $z = (-z') = -\dfrac{2}{3}$

例 4.21 以大 M 法求解例 4.11

解 加入虛變數、剩餘變數及人造變數後，再以單形法求解。

Max $z = 2x_1 + 3x_2 - Mx_5$

s.t. $\quad x_1 + 2x_2 + x_3 \qquad\qquad = 2$

$\qquad x_1 + x_2 \qquad - x_4 + x_5 \qquad = 3$

$\qquad 2x_1 + x_2 \qquad\qquad + x_6 = 2$

$\qquad x_1 , \cdots , x_6 \geq 0$

表 4.23　例 4.21 之單形表

	x_1	x_2	x_3	x_4	x_5	x_6	
	-2	-3	0	0	M	0	0
	1	2	1	0	0	0	2
	1	1	0	-1	1	0	3
	2	1	0	0	0	1	2
	$-2-M$	$-3-M$	0	M	0	0	$-3M$
x_3	1	②	1	0	0	0	2
x_5	1	1	0	-1	1	0	3
x_6	2	1	0	0	0	1	2
	$\dfrac{-M-1}{2}$	0	$\dfrac{3+M}{2}$	M	0	0	$3-2M$
x_2	$\dfrac{1}{2}$	1	$\dfrac{1}{2}$	0	0	0	1
x_5	$\dfrac{1}{2}$	0	$-\dfrac{1}{2}$	-1	1	0	2
x_6	$\dfrac{3}{2}$	0	$-\dfrac{1}{2}$	0	0	1	1

得 $x_1 = 0$，$x_2 = 1$，而最佳解為 $z = 3 - 2M$，M 為一極大正數，此目標函數值為一很小之數，因人造變數仍在基底之中之故，本例為無解。

4.6-4 雙階法

以大M法求解時，必須先進行標準型之轉換，目標列上較為複雜，不利於計算，且若解時，人造變數必須為 0，故有雙階法之發展，其運作程序乃於第一階時先行處理所有人造變數，導入所有人造變數和為新的目標函數，當極小化此目標函數後，以單形法求解，若該題有解，則目標值應為 0，若所得目標值不為 0，即原題無可行解。其次，以第一階所得之最佳解為原題之起始解進行第二階求解，以原題之目標函數為目標式，並刪去人造變數所對應之行，調整為標準型，再以單形法求解之。

例 4.22 以雙階法求解例 4.19。

解 第一階：

Min x_4(或 Max$-x_4$)

$$2x_1 + x_2 - x_3 + x_4 = 2$$
$$x_1 + 3x_2 + x_5 = 3$$
$$x_2 + x_6 = 4$$
$$x_1 , \cdots , x_6 \geq 0$$

以單形法得表 4.24。

表 4.24 例 4.22 之第一階之單形表

	x_1	x_2	x_3	x_4	x_5	x_6	z
	0	0	0	1	0	0	0
	2	1	-1	1	0	0	2
	1	3	0	0	1	0	3
	0	1	0	0	0	1	4
	-2	-1	1	0	0	0	-2
x_4	②	1	-1	1	0	0	2
x_5	1	3	0	0	1	0	3
x_6	0	1	0	0	0	1	4
	0	0	0	1	0	0	0
x_1	1	$\frac{1}{2}$	$-\frac{1}{2}$	$\frac{1}{2}$	0	0	1
x_5	0	$\frac{5}{2}$	$\frac{1}{2}$	$-\frac{1}{2}$	1	0	2
x_6	0	1	0	0	0	1	4

得第一階之最佳解 $x_1 = 1$，$x_2 = 0$，$z = 0$

第二階：刪去表 4.24 中 x_4 所對應之行，並加入原目標值，並經調整後得表 4.25。

表 4.25　例 4.22 第二階之單形表

	x_1	x_2	x_3	x_5	x_6	z
	-3	1	0	0	0	0
	1	$\frac{1}{2}$	$-\frac{1}{2}$	0	0	1
	0	$\frac{5}{2}$	$\frac{1}{2}$	1	0	2
	0	1	0	0	1	4
	0	$\frac{5}{2}$	$-\frac{3}{2}$	0	0	3
x_1	1	$\frac{1}{2}$	$-\frac{1}{2}$	0	0	1
x_5	0	$\frac{5}{2}$	$\boxed{\frac{1}{2}}$	1	0	2
x_6	0	1	0	0	1	4
	0	10	0	3	0	9
x_1	1	3	0	1	0	3
x_3	0	5	1	2	0	4
x_6	0	1	0	0	1	4

故得解 $x_1 = 3$，$x_2 = 0$，$x_3 = 4$，最佳值 $z = 9$

例 4.23　　解下列線性規劃問題

$$\text{Max} \quad z = x_1 + x_2 + 3x_3$$

$$\begin{aligned}
\text{s.t.} \quad & x_1 - x_2 + 2x_3 \geq 8 \\
& 3x_1 + 2x_2 \qquad\quad = 10 \\
& 2x_1 + x_2 + 3x_3 \leq 18 \\
& x_1, \quad x_2, \quad x_3 \geq 0
\end{aligned}$$

解　以雙階法求之，令 $x_4, \cdots, x_7$ 為所需之剩餘、人造及虛變數。

第一階

Max $\quad -x_5 - x_6$

$\qquad$ (或 Max $\quad z + x_5 + x_6 = 0$)

s.t. $\quad x_1 \ - \ x_2 + 2x_3 - x_4 + x_5 \qquad\qquad = \ 8$

$\qquad 3x_1 + 2x_2 \qquad\qquad\qquad + x_6 \qquad = 10$

$\qquad 2x_1 + \ x_2 + 3x_3 \qquad\qquad\qquad + x_7 = 18$

$\qquad x_1 , \cdots , x_7 \geq 0$

得表 4.26。

表 4.26　例 4.23 第一階之單形表

	x_1	x_2	x_3	x_4	x_5	x_6	x_7	
	0	0	0	0	1	1	0	0
	1	-1	2	-1	1	0	0	8
	3	2	0	0	0	1	0	10
	2	1	3	0	0	0	1	18
	-4	-1	-2	1	0	0	0	-18
x_5	1	-1	2	-1	1	0	0	8
x_6	③	2	0	0	0	1	0	10
x_7	2	1	3	0	0	0	1	18
	0	$\frac{5}{3}$	-2	1	0	$\frac{4}{3}$	0	$-\frac{14}{3}$
x_5	0	$-\frac{5}{3}$	②	-1	1	$-\frac{1}{3}$	0	$\frac{14}{3}$
x_1	1	$\frac{2}{3}$	0	0	0	$\frac{1}{3}$	0	$\frac{10}{3}$
x_7	0	$-\frac{1}{3}$	3	0	0	$-\frac{2}{3}$	1	$\frac{34}{3}$
	0	0	0	0	1	1	0	0
x_3	0	$-\frac{5}{6}$	1	$-\frac{1}{2}$	$\frac{1}{2}$	$-\frac{1}{6}$	0	$\frac{7}{3}$
x_1	1	$\frac{2}{3}$	0	0	0	$\frac{1}{3}$	0	$\frac{10}{3}$
x_7	0	$\frac{13}{6}$	0	$\frac{3}{2}$	$-\frac{3}{2}$	$-\frac{1}{6}$	1	$\frac{13}{3}$

$$x_1' + x_2' + x_3' \leq 1920$$

$$x_4' + x_5' \leq 479$$

$$x_6' \leq 55$$

$$x_7' \leq 33$$

$$2x_1' + 37x_2' + 43x_3' + 156x_4' + 68x_5' + 762x_6' + 352x_7' \leq 121216$$

$$x_1' \geq 0 \,,\, x_2' \geq 0 \,,\, x_3' \geq 0 \,,\, x_4' \geq 0 \,,\, x_5' \geq 0 \,,\, x_6' \geq 0 \,,\, x_7' \geq 0$$

最後，由於目標函數上有常數亦不符合標準型式，可令$z'=z-1232040994$後再求z。

4.7 對偶問題

在上述章節中我們討論了最大化和最小化的線性規劃問題等兩種不同類型的問題，但是事實上，每一個最大化問題總是存在一個相對應的最小化問題，相反的，每一個最小化問題也是存在一個相對應的最大化問題，為了區別上述之問題，我們稱前者為原始問題(primal problem)，相對應的問題稱為對偶問題(dual problem)。在結構上，它們具有對稱性，在數學求解結果，最佳化之原始問題，也就是最佳化之對偶問題，其目標值皆相同。其轉換過程之步驟如下：

1. 原始問題是最大化時，對偶問題為最小化，相反的，原始問題是最小化時，對偶問題為最大化。
2. 原始問題之限制式個數為對偶問題之變數個數，反之亦然。
3. 將原始問題限制式右側之值改變為對偶問題目標函數之係數。
4. 原始問題目標函數之係數改變為對偶問題限制式之右側值。
5. 原始問題限制式之係數矩陣之轉置矩陣改變為對偶問題限制式係數。
6. 原始問題限制式之不等式符號變號為對偶問題之變數符號，"≥"轉為"≤"，"≤"變成"≥"，"＝"則表該對偶變數不受非負限制。
7. 原始問題之變數符號為對偶問題之限制不等式符號，原始變數無非負限制時，其對偶問題之限制式為"＝"。

例示如下：

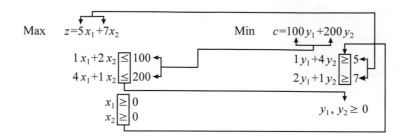

係數矩陣 $\begin{bmatrix} 1 & 2 \\ 4 & 1 \end{bmatrix}$ → 轉換矩陣係數為 $\begin{bmatrix} 1 & 4 \\ 2 & 1 \end{bmatrix}$

亦即,極大化問題

$$\text{Max} \quad z = c_1 x_1 + \cdots + c_n x_n$$
$$\text{s.t.} \quad a_{11} x_1 + \cdots + a_{1n} x_n \leq b_1$$
$$\vdots \qquad\qquad \vdots$$
$$a_{m1} x_1 + \cdots + a_{mn} x_n \leq b_m$$
$$x_1, x_2, \cdots, x_n \geq 0$$

其對偶問題為

$$\text{Min} \quad z = b_1 y_1 + \cdots + b_m y_m$$
$$\text{s.t.} \quad a_{11} y_1 + \cdots + a_{m1} y_m \geq c_1$$
$$\vdots \qquad\qquad \vdots$$
$$a_{1n} y_1 + \cdots + a_{mn} y_m \geq c_n$$
$$y_1, y_2, \cdots, y_m \geq 0$$

例 4.26

$$\text{Max} \quad z = 2x_1 + 3x_2$$
$$\text{s.t.} \quad 2x_1 + 2x_2 \leq 3$$
$$3x_1 + 2x_2 \leq 5$$
$$4x_1 + 5x_2 \leq 2$$
$$x_1, x_2 \geq 0$$

解 其對偶問題為

Min $z = 3y_1 + 5y_2 + 2y_3$

s.t. $2y_1 + 3y_2 + 4y_3 \geq 2$

$2y_1 + 2y_2 + 5y_3 \geq 3$

$y_1 , y_2 , y_3 \geq 0$

原始問題使用單形法求解時，最佳解之單形表內，虛變數所對應之目標列元素即為對偶問題之最佳解，也就是說，對偶問題變數y_i的值可在虛變數x_{n+i}所對應目標列中找到，現舉例說明之。

例 4.27

Min $z = 2y_1 + 5y_2$

s.t. $2y_1 + y_2 \geq 3$

$-5y_1 + y_2 \geq -2$

$y_1 + y_2 \geq 6$

$y_1 , y_2 \geq 0$

解 將之化為極大化問題如下：

Max $z = 3x_1 - 2x_2 + 6x_3$

s.t. $2x_1 - 5x_2 + x_3 \leq 2$

$x_1 + x_2 + x_3 \leq 5$

$x_1 , x_2 , x_3 \geq 0$

以單形法求解，經引入虛變數x_4，x_5後，可得起始表 4.28。

表 4.28　例 4.27 之起始表

	x_1	x_2	x_3	x_4	x_5	z
	-3	2	-6	0	0	0
x_4	2	-5	1	1	0	2
x_5	1	1	1	0	1	5

經過一連串之演算後，得到下面的單形表4.29。

表 4.29　例 4.27 之最佳表

	x_1	x_2	x_3	x_4	x_5	z
	$\dfrac{13}{3}$	0	0	$\dfrac{4}{3}$	$\dfrac{14}{3}$	26
x_3	$\dfrac{7}{6}$	0	1	$\dfrac{1}{6}$	$\dfrac{5}{6}$	$\dfrac{9}{2}$
x_2	$-\dfrac{1}{6}$	1	0	$-\dfrac{1}{6}$	$\dfrac{1}{6}$	$\dfrac{1}{2}$

最佳解 $x_1=0$，$x_2=\dfrac{1}{2}$，$x_3=\dfrac{9}{2}$，目標函數值 Max　$z=3(0)-2\left(\dfrac{1}{2}\right)+6\left(\dfrac{9}{2}\right)=26$，原始問題之最佳解 y_1、y_2 就是虛變數 x_4、x_5 對應之目標列的元素，即最佳解爲 $y_1=\dfrac{4}{3}$，$y_2=\dfrac{14}{3}$，而且原始問題之虛變數亦可自目標列中依序得到 $y_3=\dfrac{13}{3}$，$y_4=0$，$y_5=0$，目標函數值爲 Min　$z=2\left(\dfrac{4}{3}\right)+5\left(\dfrac{14}{3}\right)=26$，與極大化問題之最佳解相同。

因此，當原始問題的限制式個數較變數個數多很多時，將造成單形表較龐大而使得計算較困難，此時可將之轉成其對偶問題，改求解對偶問題，再反推回原始問題以得解。

例 4.28
Min　$z=3y_1+4y_2+10y_3$
s.t.　$y_1+2y_2+3y_3\geq 4$
　　　$2y_1+y_2+5y_3\geq 3$
　　　$y_2\geq 1$
　　　$y_1+3y_2\geq 6$
　　　y_1，$y_2\geq 0$

解 將之轉爲對偶之極大化問題

$$\text{Max} \quad z = 4x_1 + 3x_2 + x_3 + 6x_4$$

$$
\begin{aligned}
\text{s.t.} \quad & x_1 + 2x_2 \qquad\quad + x_4 \leq 3 \\
& 2x_1 + x_2 + x_3 + 3x_4 \leq 4 \\
& 3x_1 + 5x_2 \qquad\qquad\quad \leq 10 \\
& x_1 , \cdots , x_4 \geq 0
\end{aligned}
$$

加入虛變數 x_5、x_6、x_7 後得以下之起始表。

表 4.30　例 4.28 之單形表

	x_1	x_2	x_3	x_4	x_5	x_6	x_7	z
	-4	-3	-1	-6	0	0	0	0
x_5	1	2	0	1	1	0	0	3
x_6	2	1	1	$\boxed{3}$	0	1	0	4
x_7	3	5	0	0	0	0	1	10
	0	-1	1	0	0	2	0	8
x_5	$\frac{1}{3}$	$\boxed{\frac{5}{3}}$	$-\frac{1}{3}$	0	1	$-\frac{1}{3}$	0	$\frac{5}{3}$
x_4	$\frac{2}{3}$	$\frac{1}{3}$	$\frac{1}{3}$	1	0	$\frac{1}{3}$	0	$\frac{4}{3}$
x_7	3	5	0	0	0	0	1	10
	$\frac{1}{5}$	0	$\frac{4}{5}$	0	$\frac{3}{5}$	$\frac{9}{5}$	0	9
x_2	$\frac{1}{5}$	1	$-\frac{1}{5}$	0	$\frac{3}{5}$	$-\frac{1}{5}$	0	1
x_4	$\frac{3}{5}$	0	$\frac{2}{5}$	1	$-\frac{1}{5}$	$\frac{2}{5}$	0	1
x_7	2	0	1	0	-3	1	1	5

可得 $x_1 = 0$，$x_2 = 1$，$x_3 = 0$，$x_4 = 1$，最佳值 $z = 9$

而原題之解為 $y_1 = \frac{3}{5}$，$y_2 = \frac{9}{5}$，$y_3 = 0$，最佳值 $z = 9$

例 4.29　試建立例 4.11 及例 4.23 之對偶問題。

解　(1)將例 4.11 轉為對偶問題得

Min $\quad z = 2y_1 + 3y_2 + 2y_3$

s.t. $\quad y_1 + y_2 + 2y_3 \geq 2$

$\qquad 2y_1 + y_2 + \quad y_3 \geq 3$

$\qquad y_1 \geq 0 \text{，} y_2 \leq 0 \text{，} y_3 \geq 0$

(2)將例 4.23 轉為對偶問題得

Min $\quad z = 8y_1 + 10y_2 + 18y_3$

s.t. $\quad y_1 + 3y_2 + 2y_3 \geq 1$

$\qquad -y_1 + 2y_2 + \quad y_3 \geq 1$

$\qquad 2y_1 \qquad\quad + 3y_3 \geq 3$

$\qquad y_1 \leq 0 \text{，} y_2 \in R \text{，} y_3 \geq 0$

例 4.30 試建立下列各題之對偶問題。

(1) Min $\quad z_1 = 2x_1 + 3x_2 + 4x_3 + x_4$

s.t. $\quad 3x_1 + 2x_2 + \quad x_3 \qquad\qquad = 3$

$\qquad 4x_1 - \quad x_2 + 3x_3 + 2x_4 \geq 2$

$\qquad 2x_1 + \quad x_2 + 5x_3 - 2x_4 \leq 1$

$\qquad 2x_1 + \quad x_2 \qquad\qquad\qquad \geq 1$

$\qquad x_1 \geq 0 \text{，} x_2 \leq 0 \text{，} x_3 \geq 0 \text{，} x_4 \in R$

(2) Max $\quad z_2 = -2x_1 - 3x_2 - 4x_3 - x_4$

s.t. $\quad 3x_1 + 2x_2 + \quad x_3 \qquad\qquad = 3$

$\qquad 4x_1 - \quad x_2 + 3x_3 + 2x_4 \geq 2$

$\qquad 2x_1 + \quad x_2 + 5x_3 - 2x_4 \leq 1$

$\qquad 2x_1 + \quad x_2 \qquad\qquad\qquad \geq 1$

$\qquad x_1 \geq 0 \text{，} x_2 \leq 0 \text{，} x_3 \geq 0 \text{，} x_4 \in R$

解 (1) Max $\quad z_1 = 3y_1 + 2y_2 + y_3 + y_4$

s.t. $\quad 3y_1 + 4y_2 + 2y_3 + 2y_4 \leq 2$

$\qquad 2y_1 - \quad y_2 + \quad y_3 + \quad y_4 \geq 3$

$\qquad y_1 + 3y_2 + 5y_3 \qquad\quad \leq 4$

$\qquad\qquad 2y_2 - 2y_3 \qquad\quad = 1$

$\qquad y_1 \in R \text{，} y_2 \geq 0 \text{，} y_3 \leq 0 \text{，} y_4 \geq 0$

(2) Min　$z_2 = 3y_1 + 2y_2 + y_3 + y_4$

s.t.　$3y_1 + 4y_2 + 2y_3 + 2y_4 \geq -2$

　　　$2y_1 - y_2 + y_3 + y_4 \leq -3$

　　　$y_1 + 3y_2 + 5y_3 \qquad \geq -4$

　　　　　$2y_2 - 2y_3 \qquad = -1$

　　　$y_1 \in R$，$y_2 \leq 0$，$y_3 \geq 0$，$y_4 \leq 0$

本例中，題(1)與題(2)之限制相同，而且目標函數值 $z_1 = -z_2$，實為同一問題，但最佳值為相反數，將題(2)中之變數 y_i 以 $-y_i'$ 代入可得

Min　$z_2 = -3y_1' - 2y_2' - y_3' - y_4'$

s.t.　$-3y_1' - 4y_2' - 2y_3' - 2y_4' \geq -2$

　　　$-2y_1' + y_2' - y_3' - y_4' \leq -3$

　　　$-y_1' - 3y_2' - 5y_3' \qquad \geq -4$

　　　　　$-2y_2' + 2y_3' \qquad = -1$

　　　$y_1' \in R$，$-y_2' \leq 0$，$-y_3' \geq 0$，$-y_4' \leq 0$

經整理可得

Min　$z_2 = -(3y_1' + 2y_2' + y_3' + y_4')$

s.t.　$3y_1' + 4y_2' + 2y_3' + 2y_4' \leq 2$

　　　$2y_1' - y_2' + y_3' + y_4' \geq 3$

　　　$y_1' + 3y_2' + 5y_3' \qquad \leq 4$

　　　　　$2y_2' - 2y_3' \qquad = 1$

　　　$y_1' \in R$，$y_2' \geq 0$，$y_3' \leq 0$，$y_4' \geq 0$

再將目標函數式轉為乘以 (-1) 極大化後即得題(1)。

例 4.31　　試求解例 4.6 養雞問題。

解　將例 4.6 改為其對偶問題

Max $z = 160y_1 + 140y_2 + 200y_3$

s.t. $25y_1 + 15y_2 + 5y_3 \leq 12$

$15y_1 + 30y_2 + 12y_3 \leq 18$

$25y_1 + 20y_3 + 8y_3 \leq 10$

$$y_1 , y_2 , y_3 \geq 0$$

以單形法求解

表 4.31　例 4.31 之單形表

	y_1	y_2	y_3	y_4	y_5	y_6	z
	-160	-140	-200	0	0	0	0
y_4	25	15	5	1	0	0	12
y_5	15	30	12	0	1	0	18
y_6	25	20	8	0	0	1	10
	465	360	0	0	0	25	250
y_4	$\frac{75}{8}$	$\frac{5}{2}$	0	1	0	$-\frac{5}{8}$	$\frac{23}{4}$
y_5	$-\frac{45}{2}$	0	0	0	1	$-\frac{3}{2}$	3
y_3	$\frac{25}{8}$	$\frac{5}{2}$	1	0	0	$\frac{1}{8}$	$\frac{5}{4}$

即最佳解為 $y_1 = 0$，$y_2 = 0$，$y_3 = \frac{5}{4}$，$y_4 = \frac{23}{4}$，$y_5 = 3$，$y_6 = 0$

故原題之最佳解為 $x_1 = 0$，$x_2 = 0$，$x_3 = 25$，最佳值為 250 元。

習題四

1. 求解下列不等式 xy 平面上可行解區域：

   (1) $x + y \leq 10$

   (2) $x + 2y \leq 20$

   (3) $5x + 15y \leq 45$

   (4) $-x + y \geq 5$

   (5) $x - y \leq 5$

2. 求解滿足下列線性系統不等式之可行解區域：

   (1) $2x + 4y \leq 8$

   　$4x + 3y \leq 12$

   　$x , y \geq 0$

   (2) $4x + 5y \geq 20$

   　$3x + 2y \geq 12$

   　$x , y \geq 0$

3. 以圖解法求解線性規劃問題。

   (1) Max　$z = 2x + 4y$

   　s.t.　$3x + 5y \leq 15$

   　　　　$10x + 5y \leq 20$

   　　　　$x , y \geq 0$

   (2) Max　$z = 2x + y$

   　s.t.　$x + 10y \leq 100$

   　　　　$x + y \leq 10$

   　　　　$10x + y \leq 100$

   　　　　$x , y \geq 0$

   (3) Max　$z = 2x + 3y$

   　s.t.　$2x + 3y \geq 6$

   　　　　$x + 2y \leq 4$

   　　　　$x , y \geq 0$

(4) Max $z = 3x_1 + 2x_2$

    s.t. $2x_1 + 3x_2 \leq 6$

           $2x_1 - x_2 \geq 0$

           $x_1 \leq 2$

           $x_2 \leq 1$

           $x_1 , x_2 \geq 0$

(5) Min $f(x) = 3x_1 + 5x_2$

    s.t. $6x_1 + 2x_2 \geq 18$

           $2x_1 + 4x_2 \leq 16$

           $2x_1 + 10x_2 \geq 20$

           $x_1 , x_2 \geq 0$

(6) Min $z = 2x + 4y$

    s.t. $2x + y \geq 1$

           $x + y \geq 1$

           $2x + 5y \leq 10$

           $x , y \geq 0$

(7) Min $z = x + y$

    s.t. $4x + y \geq 4$

           $x + y \geq 3$

           $x , y \geq 0$

(8) Min $z = 2x_1 + x_2$

    s.t. $3x_1 + x_2 \geq 3$

           $4x_1 + 3x_2 \geq 6$

           $x_1 + 2x_2 \geq 2$

           $x_1 , x_2 \geq 0$

(9) Max $z = 2x_1 - 6x_2$

    s.t. $x_1 - 3x_2 \leq 6$

           $2x_1 + 4x_2 \geq 8$

           $x_1 - 3x_2 \geq 6$

$$x_1 \,,\, x_2 \geq 0$$

(10) Max $\quad z = 3x_1 + 2x_2$

s.t. $\quad 3x_1 + 2x_2 \leq 6$

$\quad\quad x_1 - 2x_2 \leq -1$

$\quad\quad -x_1 - 2x_2 \geq 1$

$\quad\quad x_1 \,,\, x_2 \geq 0$

4. 精益公司生產 A，B 二種產品，使用二類機器，而機器可用時間及分別加工所需時間如下表，生產利潤分別為 A 件利潤 8 元，B 件利潤 6 元，要獲得最大利潤，試以線性規劃求解。

機器	生產產品一件所需時間		可用時間
	A	B	
M-I	2	3	60
M-II	4	2	80
利潤	8	6	

5. 某人餵食狗，有二種品牌 A，B，每罐其可提供之營養成分單位及狗每日最低需求如表，如果 A 牌每罐 5 元，B 牌 6 元，試以線性規劃求解在最低需求下餵食 A，B 罐頭，各需多少罐才能使成本最低？

成份	A牌	B牌	每日需求
碳水	2	3	6
蛋白質	8	4	12
脂肪	6	3	12

6. 明誠公司製造產品分三個等級，A型、B型及C型，產品製造過程所需加工時間的資料如下：

作業時間　　　型號	A型	B型	C型	可使用時間
機械	20	4	4	6,000
人工	8	8	4	10,000
包裝	8	4	2	4,000
利潤（元／單位）	4	8	6	

若所生產的產品均能如期出售，試寫出線性規劃模式，並利用單形法求A型、B型及C型各應生產多少單位，可使該公司利潤最大？

7. 大祥貨運公司承運A、B兩公司之貨箱。A公司之貨箱每個重 40 磅，體積 2 立方呎。B公司之貨箱每個重 50 磅，體積 3 立方呎。貨運公司向A公司收費為每箱25元，向B公司收費為每箱30元。若大祥貨運公司每輛車之最大載重為 37,000 磅，最大空間為 2,000 立方呎，試問應各載多少箱可使其利益最大？試列出其線性規劃模式。

8. 試以單形法求下列問題

(1) Max　$z = 4x_1 + 8x_2$

　　s.t.　　$2x_1 + 3x_2 \leq 6$

　　　　　$5x_1 + 2x_2 \leq 10$

　　　　　$x_1 , x_2 \geq 0$

(2) Max　$2x_1 + x_2 + 2x_3$

　　s.t.　　$2x_1 + 2x_2 + x_3 \leq 7$

　　　　　$2x_1 + x_2 + 4x_3 \leq 13$

　　　　　$x_1 + 3x_2 + 2x_3 \leq 14$

　　　　　$x_1 , x_2 , x_3 \geq 0$

(3) Max　$2x_1 + x_2 + 2x_3 + x_4$

　　s.t.　　$x_1 + x_2 + 3x_3 + x_4 \leq 4$

　　　　　$x_2 + x_3 + 2x_4 \leq 6$

　　　　　$x_1 + x_3 \leq 2$

　　　　　$x_1 , x_2 , x_3 \geq 0$

(4) Max $z = x_1 - x_2 + 2x_3$

s.t. $2x_1 - 2x_2 + 3x_3 \leq 5$

$x_1 + x_2 - x_3 \leq 3$

$x_1 - x_2 + x_3 \leq 2$

$x_1 , x_2 , x_3 \geq 0$

(5) Max $z = 4x_1 + 3x_2 + 6x_3$

s.t. $3x_1 + x_2 + 3x_3 \leq 30$

$2x_1 + 2x_2 + 3x_3 \leq 40$

$x_1 , x_2 , x_3 \geq 0$

(6) Max $z = 5x_1 + x_2 + 4x_3$

s.t. $3x_1 - 2x_2 + 2x_3 \leq 50$

$x_1 + x_2 + x_3 \leq 20$

$x_1 - x_2 + x_3 \leq 10$

$x_1 , x_2 , x_3 \geq 0$

9. 試建立下列各題之對偶問題

(1) Max $z = 5x_1 - 2x_2 + 7x_3$

s.t. $3x_1 - x_2 + 3x_3 \leq 20$

$x_1 - 2x_2 + 5x_3 \leq 25$

$5x_1 + x_2 + x_3 \leq 35$

$x_1 + x_2 + 5x_3 \leq 90$

$x_1 , x_2 , x_3 \geq 0$

(2) Min $z = 30y_1 + 10y_2$

s.t. $5y_1 + 2y_2 \geq 12$

$2y_1 + 5y_2 \geq 9$

$y_1 , y_2 \geq 0$

(3) Min $z = 2x_1 + 3x_2 + x_3$

s.t. $x_1 + x_2 = 7$

$x_1 + 3x_2 + x_3 \geq 10$

$x_1 , x_2 , x_3 \geq 0$

(4) Max $z = 2x_1 - 6x_2 - x_3 + x_4$

    s.t. $x_1 + x_2 + 3x_3 + x_4 = 4$

                   $x_2 + x_3 + 2x_4 \geq 6$

           $x_1 + x_3 \leq 2$

           $x_1 \geq 0$，$x_3 \leq 0$，$x_2 \in R$，$x_4 \in R$

(5) Min $z = 5x_1 + x_2 + 15x_3$

    s.t. $x_1 - x_2 = 100$

                $x_2 + x_3 = 1000$

           $x_1 \leq 150$

           x_1，$x_2 \geq 0$，$x_3 \in R$

10. 試求下列各題之對偶問題的最佳解

  (1) Max $z = 2x_1 + 3x_2 + 3x_3$

    s.t. $5x_1 + 2x_2 + x_3 \leq 5$

          $3x_1 + 2x_2 + 3x_3 \leq 10$

          x_1，x_2，$x_3 \geq 0$

  (2) Max $z = 2x_1 + x_2$

    s.t. $x_1 + 10x_2 \leq 100$

          $x_1 + x_2 \leq 10$

          $10x_1 + x_2 \leq 100$

          x_1，$x_2 \geq 0$

11. 試以大 M 法求解(雙階法求解)

  (1) Max $z = 7x_1 + 8x_2$

    s.t. $x_1 + 2x_2 \geq 10$

          $3x_1 + 2x_2 = 18$

          x_1，$x_2 \geq 0$

  (2) Min $z = 2x_1 + 3x_2 + x_3$

    s.t. $x_1 + x_2 = 7$

          $x_1 + 3x_2 + x_3 \geq 10$

          x_1，x_2，$x_3 \geq 0$

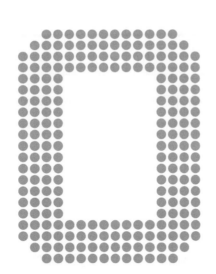
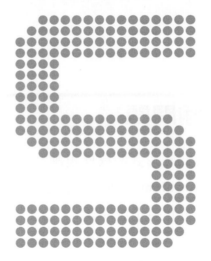

特殊形式的線性
規劃問題

5.1 運輸問題

5.2 指派問題

5.1 運輸問題

本章介紹兩類特殊形式的線性規劃問題，運輸問題(transpotation problem)與指派問題(assignment problem)。而指派問題可視爲運輸問題之特殊解法，首先介紹運輸問題，俟有所瞭解後再介紹指派問題。

5.1-1 運輸模式

運輸模式係由不同的供應廠提供貨物給不同地區的需求點，此類問題之目標乃在於如何使總運輸成本最低，如圖 5.1，在 m 個不同供應量的供應廠中，如何運輸使貨物能以最小的經費，供應至不同的 n 個倉庫。其次一個運輸模式，可提供新設工廠之地點，倉庫之所在地及銷售點等之選擇，使得滿足供應與需求量時，其運輸系統總成本最低。

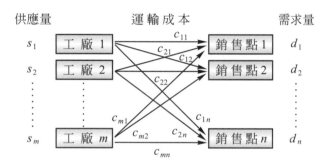

圖 5.1 運輸問題模型

由以上之論述，在數字模式上之構建爲一極小化問題

$$\text{Min} \quad z = c_{11}x_{11} + c_{12}x_{12} + \cdots + c_{mn}x_{mn} \tag{5.1}$$

$$\text{s.t.} \quad \sum_{j=1}^{n} x_{ij} \le s_i \quad i = 1, \cdots, m \tag{5.2}$$

$$\sum_{j=1}^{n} x_{ij} \le d_j \quad j = 1, \cdots, n \tag{5.3}$$

$$x_{ij} \ge 0 \quad i = 1, \cdots, m , j = 1, \cdots, n$$

其中，x_{ij} 表由工廠 i 運至經銷點 j 之個數，而 c_{ij} 表示由工廠 i 至經銷點 j 間每單位所需成本，而 s_i 表示各工廠之供給量，d_j 表各經銷商之需求量，故其目標式(5.1)即總成本之最

小化，而(5.2)，(5.3)式分別表示供給與需求間之限制式，因此我們亦可將以上之數學模式表達為表格之形式如表 5.1：

表 5.1　運輸問題數學模式

	銷　售　　　點				供給量
	1	2	………	n	
1	x_{11} ⌐c_{11}	x_{12} ⌐c_{12}		x_{1n} ⌐c_{1n}	s_1
2	x_{21} ⌐c_{21}	x_{22} ⌐c_{22}		x_{2n} ⌐c_{2n}	s_2
⋮	⋮	⋮		⋮	⋮
m	x_{m1} ⌐c_{m1}	x_{m2} ⌐c_{m2}		x_{mn} ⌐c_{mn}	s_m
需求量	d_1	d_2	……	d_n	$\sum\limits_{j=1}^{n} d_j$ ╱ $\sum\limits_{i=1}^{m} s_i$

如果總供應量與總需求量相等，即 $\sum\limits_{i=1}^{m} s_i = \sum\limits_{j=1}^{n} d_j$，則此類問題稱為「平衡型」運輸問題(balanced problem)，此問題方可能有最佳解。

例 5.1　某公司有 3 間工廠，一廠之產量為 100 個，二廠之產量為 90 個，三廠之產量為 110 個，而其產品均運至 A、B、C 三個倉庫存放，而三倉庫之容量分別為 90 個、80 個及 130 個，由一廠運至三倉庫間之運費分別每單位為 3 元、7 元、5 元，由二廠運至三倉庫間之運費分別每單位為 4 元、8 元、6 元。由三廠運至三倉庫間之運費分別每單位為 5 元、6 元、7 元。試問如何分配可使成本最小。

解　令 x_{ij} 表示由工廠 i 運至第 j 個倉庫之單位，則依題意可得其數學模式為

Min　$z = 3x_{11} + 7x_{12} + 5x_{13} + 4x_{21} + 8x_{22} + 6x_{23} + 5x_{31} + 6x_{32} + 7x_{33}$

s.t.　$x_{11} + x_{12} + x_{13} = 100$

　　　$x_{21} + x_{22} + x_{23} = 90$

　　　$x_{31} + x_{32} + x_{33} = 110$

　　　$x_{11} + x_{21} + x_{31} = 90$

$$x_{12} + x_{22} + x_{32} = 80$$

$$x_{13} + x_{23} + x_{33} = 130$$

$$x_{11} , x_{12} , x_{13} , x_{21} , x_{22} , x_{23} , x_{31} , x_{32} , x_{33} \geq 0$$

或以表格表示可得

表 5.2　例 5.1 之表格表示

From \ To	A 倉		B 倉		C 倉		供應量
一廠	x_{11}	3	x_{12}	7	x_{13}	5	100
二廠	x_{21}	4	x_{22}	8	x_{23}	6	90
三廠	x_{31}	5	x_{32}	6	x_{33}	7	110
需求量	90		80		130		300 / 300

5.1-2　運輸問題求解

求解運輸問題，首先應發展初始解法，本章介紹三種方法求解，依次介紹如下：

1. 西北角法

此種方法由左上角(西北角)決定 x_{ij} 之值，它能很快得到初始解，而且很容易，但大多不是最佳解。其步驟如下：

⑴ 左上角(西北)開始給予可行之最大分配單位，例如例 5.1 中，一廠供應 100 單位，但 A 倉需 90 單位，則在方格 1-A 分配 90 單位，以充分滿足 A 倉需求。參考表 5.3。

⑵ 一廠尚餘 10 單位，則右移至 1-B 給 B 倉，但 B 倉需 80 單位，則由二廠再提供 70 單位，以滿足 B 倉需求。故在 2-B 方格填入 70 單位。

⑶ 二廠此時尚餘 20 個，則分配於 C 倉，故在 2-C 方格填入 20 單位，由於 C 倉需求 130 單位，則三廠之 110 單位全部供應於 C 倉，故在 3-C 方格填入。則此問題之初始解可以西北角法予以滿足，但通常並非最佳解，稍後我們在由此初始解，進一步改進求解，以取得最佳解(運輸成本最低)，然而，此時之運輸總成本為表 5.4。

表 5.3　西北角法求解運輸問題

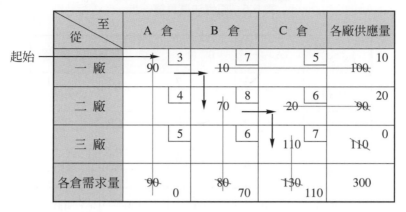

表 5.4　運輸問題初始解總成本

從	至	數　量	單位成本	總　成　本
一　廠	A 倉	90	3	270
一　廠	B 倉	10	7	70
二　廠	B 倉	70	8	560
二　廠	C 倉	20	6	120
三　廠	C 倉	110	7	770

總成本：<u>1790</u>元

2.　直覺法

　　由於西北角法的運輸指派方式完全未將成本列入考量，因此若以成本最小為優先考慮，必將可得較佳之初始值，所以，此種方法又稱最小成本法，其作法如下：

⑴　先尋找最低成本方格，將最大運輸量分配該方格，並劃掉該行或列，如表 5.5，A-1 方格成本 3 元最低其需求量 90 單位由一廠全數供應，再劃去該行，並將第一列之供應量減去已分配之 90 改成 10。

表 5.5　直覺法運算第一步

從＼至	A 倉	B 倉	C 倉	供應量
一 廠	90 ⌐3	⌐7	⌐5	10 ~~100~~
二 廠	⌐4	⌐8	⌐6	90
三 廠	⌐5	⌐6	⌐7	110
需 求 量	~~90~~ 0	80	130	300

(2)　再由可行方格中找次最低成本之方格反覆分配，以本題而言，是 1-C 最低成本 5 元，將 一廠剩餘 10 單位填入，並劃去第一列，並將 C 倉之需求量改 120，如表 5.6。

表 5.6　直覺法運算第二步

從＼至	A 倉	B 倉	C 倉	供應量
一 廠	90 ⌐3	⌐7	10 ⌐5	~~10~~ 0
二 廠	⌐4	⌐8	⌐6	90
三 廠	⌐5	⌐6	⌐7	110
需 求 量	~~90~~ 0	80	~~130~~ 120	300

(3)　其次以本題而言，剩餘表格中成本最低為 2-C 及 3-B，運輸單位成本均為 6 元，任取其中一方格，以 2-C 而言，將二廠之 90 單位，全數分配給 C 倉後，仍需 30 單位，再予劃去該第二列，如表 5.7。

表 5.7 直覺法運算第三步

從＼至	A 倉	B 倉	C 倉	供應量
一廠	90 〔3〕	〔7〕	10 〔5〕	~~10~~ 0 ~~100~~
二廠	〔4〕	〔8〕	90 〔6〕	~~90~~
三廠	〔5〕	〔6〕	〔7〕	110
需求量	~~90~~ 0	80	30 ~~120~~ ~~130~~	300

⑷ 在所剩 3-B，3-C方格中，將三廠之80單位分配至B倉，故可劃去第二行得表5.8。

表 5.8 直覺法運算第四步

從＼至	A 倉	B 倉	C 倉	供應量
一廠	90 〔3〕	〔7〕	10 〔5〕	~~100~~
二廠	〔4〕	〔8〕	90 〔6〕	~~90~~
三廠	〔5〕	80 〔6〕	〔7〕	30 ~~110~~
需求量	90	80	30 ~~120~~ ~~130~~	300

⑸ 最後將三廠所剩之30單位分配至C倉則完成分配，如表 5.9。

表 5.9 直覺法運算第五步

從＼至	A 倉	B 倉	C 倉	供應量
一廠	90 〔3〕	〔7〕	10 〔5〕	100
二廠	〔4〕	〔8〕	90 〔6〕	90
三廠	〔5〕	80 〔6〕	30 〔7〕	110
需求量	90	80	130	300

(6) 經多次循環作業後，得知改進之最小成本爲 1550 元，如表 5.10。

表 5.10　直覺法運算之匯整

從	至	數　量	單位成本	總 成 本
一　廠	A	90	3	270
一　廠	C	10	5	50
二　廠	C	90	6	540
三　廠	B	80	6	480
三　廠	C	30	7	210

總 成 本：1550 元

此成本較以西北角法而言已獲改善。

3. 踏石法

　　無論是西北角法或是直覺法，不一定爲最佳解(運輸成本最低)，因此，爲了獲得最佳解，我們在此提出一個方法稱之爲踏石法，而踏石法就是對任何一個初解進行測試，先對每一個未分配的方格加以分析，在其餘已分配方格中轉移一單位，並注意是否對成本有降低，若有改進則分配之。因 1-C 尚未分配，以西北角法起始解進行 1-C 方格評估，如表 5.11。

表 5.11　踏石法運算 1-C 方格之分配

從＼至	A 倉	B 倉	C 倉	供應量
一　廠	90　〔3〕	10　〔7〕	＋　〔5〕	100
二　廠	〔4〕	70　〔8〕	20　〔6〕	90
三　廠	〔5〕	〔6〕	110　〔7〕	110
需求量	90	80	130	300

假定在 1-*C*方格中分配一單位至此，因此在此方格裡註明「＋」號，相對的 1-*B*方格必須減少一單位，則註明「－」號，而 1-*B*因此減少了一個單位為求均衡故必須由2-*C*移轉一單位至2-*B*，由於1-*C*增加一單位，使得*C*倉之總需求量成為 131 單位，故在 2-*C*需減少一單位至 2-*B*，2-*B*移轉一單位至 1-*B*，如此構成一迴路滿足供需，並在方格上註明"＋"或"－"號，由表5.11中移轉運輸量1-*B*，1-*C*，2-*C*，2-*B*等四方格造成運費之改變為：

$$+5-6+8-7=0$$

故此改變未能使總成本減少，因而不必考慮。

再則評估 3-*B*，如表 5.12，再由 3-*B*之增加將造成 3-*C*及 2-*B*之減少及 2-*C*之增加，造成運輸費用改變為

$$+6-8+6-7=-3$$

表 5.12 踏石法運算 3-*B*方格之分配

從＼至	A 倉	B 倉	C 倉	供應量
一 廠	90 〔3〕	10 〔7〕	〔5〕	100
二 廠	〔4〕	−70 〔8〕	+20 〔6〕	90
三 廠	〔5〕	+ 〔6〕	110− 〔7〕	110
需 求 量	90	80	130	300

因而，由上式可知，運輸一單位可節省3元，故應儘量滿足其需求量，所以由2-*B*中分配70單位至2-*C*，其餘方格依＋，－符號增減70單位，可得表5.13。

再對1-*C*方格評估，由表5.13可得行1-*C*，3-*C*，3-*B*，1-*B*所造成運費改變為

$$+5-7+6-7=-3$$

表 5.13 踏石法運算 1-C方格之分配

至 從	A 倉	B 倉	C 倉	供應量
一 廠	90 ³	10 ⁻ ⁷	+ ⁵	100
二 廠	⁴	⁸ 90	⁶	90
三 廠	⁵	70 + ⁶	⁻ 40 ⁷	110
需 求 量	90	80	130	300

由上式可知,運輸一單位於 1-C可節省 3 元,故由 1-B中移轉 10 單位於 1-C,並將 3-C10 個單位推移至 2-B,才可平衡供需,如表 5.14。

表 5.14 踏石法運算結果

至 從	A 倉	B 倉	C 倉	供應量
一 廠	90 ³	⁷	10 ⁵	100
二 廠	⁴	⁸	90 ⁶	90
三 廠	⁵	80 ⁶	30 ⁷	110
需 求 量	90	80	130	300

此時再測試各空白格子如下:

$(1\text{-}B)$ $+7-5+7-6=3$ $1\text{-}B \rightarrow 1\text{-}C \rightarrow 3\text{-}C \rightarrow 3\text{-}B$

$(2\text{-}A)$ $+4-3+5-6=0$ $2\text{-}A \rightarrow 1\text{-}A \rightarrow 1\text{-}C \rightarrow 2\text{-}C$

$(2\text{-}B)$ $+8-6+7-6=3$ $2\text{-}B \rightarrow 2\text{-}C \rightarrow 3\text{-}C \rightarrow 3\text{-}B$

$(3\text{-}A)$ $+5-3+5-7=0$ $3\text{-}A \rightarrow 1\text{-}A \rightarrow 1\text{-}C \rightarrow 3\text{-}C$

由於空方格經評估皆為正或 0,表示若經過移轉只會使成本增加或不變,故已是最佳解,此解恰與用直覺法所得解相同,然而運輸總成本也由表 5.4 所花費之 1790 元,減少為表 5.10,僅花用成本 1550 元成本。但直覺法不一定是最佳解,亦可用踏石法去評估至各空白格子為正或 0。

5.1-3 不平衡運輸問題

由於現實情況常非供需平衡之運輸問題，若為供給大於需求，則此時要虛擬一需求，且其運輸之單位成本為0，如表5.15中，供給大於需求20單位，則可加入一虛擬之目的地，其需求為不足之20單位，既是虛擬目的地，則其單位運輸成本為0，如表5.16。此時則形成平衡問題，可依一般方式求解，獲得之最佳解如表 5.17，即此時一廠將 20 單位之產品成為存貨。

表 5.15　供過於求之運輸問題

從＼至	A 倉	B 倉	供應量
一 廠	7	8	80
二 廠	6	5	100
需 求 量	70	90	180 / 160

表 5.16　增加一虛擬倉庫以達供需平衡

從＼至	A 倉	B 倉	虛 擬	供應量
一 廠	7	8	0	80
二 廠	6	5	0	100
需 求 量	70	90	20	180

表 5.17　最佳配置

從＼至	A 倉	B 倉	虛 擬	供應量
一 廠	60　7	0　8	20　0	80
二 廠	10　6	90　5	0　0	100
需 求 量	70	90	20	180

另一種不平衡問題是需求大於供給，也就是產能不足之問題，同理，此時加入一虛擬供應廠，且運輸之單位成本爲 0，如表 5.18 中，需求大於供應量，則可加入一虛擬廠，其供應量爲不足之 30 個單位，既是虛擬廠，則其單位運輸成本亦爲 0，如表 5.19，則此問題平衡可依一般方式求解，獲得之最佳解如表 5.20 及表 5.21，此時，B 倉之需求將有 30 個單位無法滿足。

表 5.18　供不應求之運輸問題

從＼至	A 倉	B 倉	C 倉	供應量
一 廠	5	5	3	80
二 廠	7	7	5	90
三 廠	5	6	4	100
需 求 量	70	150	80	270 / 300

表 5.19　增加一虛擬來源以達供需平衡

從＼至	A 倉	B 倉	C 倉	供應量
一 廠	5	5	3	80
二 廠	7	7	5	90
三 廠	5	6	4	100
虛 擬 廠	0	0	0	30
需 求 量	70	150	80	300

表 5.20　最佳配置一

從＼至	A 倉	B 倉	C 倉	供應量
一 廠	5	5	3 80	80
二 廠	7	7 90	5	90
三 廠	5 70	6 30	4 0	100
虛擬廠	0	0 30	0	30
需 求 量	70	150	80	300

或

表 5.21　最佳配置二

從＼至	A 倉	B 倉	C 倉	供應量
一 廠	5	5 30	3 50	80
二 廠	7	7 90	5	90
三 廠	5 70	6	4 30	100
虛擬廠	0	0 30	0	30
需 求 量	70	150	80	300

5.2　指派問題

　　指派問題可常見於企業決策管理過程中指派工作給機器或個人，其需求特性是一個工作只能指派給一部機器或一個人，但目標是達成最低成本，最少工時或最大利潤，它可說是運輸問題的一種特殊形式。其數學模式如下：

$$\text{Min} \quad z = \sum_{i,j} c_{ij} x_{ij}$$

$$\text{s.t.} \quad \sum_{j=1}^{n} x_{ij} = 1 \text{ , } i = 1 \text{ , } \cdots \text{ , } n$$

$$\sum_{i=1}^{n} x_{ij} = 1 \text{ , } j = 1 \text{ , } \cdots \text{ , } n$$

$$x_{ij} \geq 0 \text{ , } i = 1 \text{ , } \cdots \text{ , } n \text{ , } j = 1 \text{ , } \cdots \text{ , } n$$

5.2-1 指派問題之模式

指派問題之常見模式為工作指派予機器或個人,因機器之效率或個人之能力皆有不同,使得效用亦有所不同,績效也不同,為了達到符合企業或個人的要求,故有指派問題之模式,今舉例說明如下:

若一家公司總經理有 3 位秘書,其專長各有不同,所以,對三件性質相異之工作完成時間也都不相同,今為了要達到快速完成之目標,總經理應如何指派三項工作?為回答此一問題,總經理必須將三人及工作時間估計如表 5.22。

表 5.22 指派題示例一

秘書 \ 工作	一	二	三
甲	12	10	14
乙	18	14	12
丙	13	12	14

上表中若任意指派秘書甲完成工作一需 12 小時,乙完成工作二需 14 小時,丙完成工作三需 14 小時等等。為指派此一問題有 n 種組合,也就是 $3! = 6$ 種不同的組合,在其中選擇時間最少的一種方法指派,則為最佳之模式。再舉一例子。四個工作指派由四部機器完成,其成本如表 5.23,則此種情形則 $4! = 24$ 種不同的組合。為解決此種問題,我們將在下一節介紹。

表 5.23　指派問題示例二

機器＼工作	一	二	三	四
A	9	7	2	5
B	7	6	10	8
C	4	5	7	7
D	6	10	11	12

■ 5.2-2　指派問題之求解

　　指派問題是一種特殊形式之運輸問題，我們可以用運輸問題模式去解，或是利用電腦軟體規劃求解，兩種問題最主要差別在於指派問題中供應者與需求者數目相同且供應量與虛求量分別為 1，且各行列內之係數非 1 即 0，兩種問題利用規劃求解都很輕易得知解答。在此利用美國學者庫恩(K. W. Kuhn)所得出的匈牙利(Hungarian Method)法，以獲得最佳解之求法，其步驟如下：

1. 將每一列中數字減去該列最小數值，以獲得一新表。
2. 在每一行中之每一數值減去該行最小數值。
3. 檢視是否可將已為 0 的工作加以指派完成分配，如是則為最佳解。選元素為 0 者作一對一指派，則代表成本最低或績效最佳。
4. 若非步驟 3 之情形，則以最少的直線通過所有出現為零之方格，此時，直線數目少於列數，則在未通過直線之數值中減去最小的數值，並在兩線交叉之位置加上該最小值。重複本步驟直至每一行或列均各有一個(含)以上之零。

　　上節中第一個模式，總經理指派工作求解步驟，如表 5.24 與表 5.25，為經步驟一減每列之最小值，表 5.26 為在每一行中減去最小值，並得到各行或列皆有 0 者，加以分派工作。

表 5.24　示例一

秘書＼工作	一	二	三
甲	12	10	14
乙	18	14	12
丙	13	12	14

表 5.25　示例一之步驟一所得結果

秘書＼工作	一	二	三
甲	2	0	4
乙	6	2	0
丙	1	0	2

表 5.26　示例一之步驟二所得結果

秘書＼工作	一	二	三
甲	1	0*	4
乙	5	2	0*
丙	0*	0	2

獲得之工作指派為秘書甲工作二，秘書乙工作三，秘書丙工作一。

　　總工時為 10 ＋ 12 ＋ 13 ＝ 35 小時

　　求解第二模式，機器工作指派其過程如表 5.23，表 5.27 為減去每列最小值，表 5.28 為再減去每行最小值，並檢視已為 0 之工作分配。

表 5.27　示例二之步驟一所得結果

秘書＼工作	一	二	三	四
A	7	5	0	3
B	1	0	4	2
C	0	1	3	3
D	0	4	5	6

表 5.28　示例二之步驟二所得結果

機器＼工作	一	二	三	四
A	7	5	0	1
B	1	0	4	0
C	0	1	3	1
D	0	4	5	4

　　在表 5.28 中，將工作三分派給 A，工作二分派給 B，工作一分派給 C，則工作四無法分配，故未達最佳值，應進行步驟 4，分別在第一、二列及第 1 行以直線通過，此為直線數最小的方式，在所剩之方格中，減去未被直線覆蓋的最小值 1，並在交叉處加上 1，其餘不變，得表 5.29。

表 5.29　示例二之最佳配置

機器＼工作	一	二	三	四
A	8	5	$0^*_\checkmark$	1
B	2	0^*	4	$0_\checkmark$
C	0	$0_\checkmark$	2	0^*
D	$0^*_\checkmark$	3	4	3

由表 5.29 可獲得兩個最佳解分別為

1. 機器 A 為工作三，機器 B 為工作二，機器 C 為工作四。
   機器 D 為工作一，總成本為 $2 + 6 + 7 + 6 = 21$ 元。
2. 機器 A 為工作三，機器 B 為工作四，機器 C 為工作二。
   機器 D 為工作一，總成本為 $2 + 8 + 5 + 6 = 21$ 元。

習題五

1. 利用西北角法、直覺法、踏石法求解下列運輸問題：

(1)

從＼至	A 倉	B 倉	C 倉	供應量
一 廠	3	5	3	40
二 廠	5	2	6	50
三 廠	8	7	4	70
需 求 量	30	80	50	160

(2)

從＼至	A 倉	B 倉	C 倉	D 倉	供應量
一 廠	6	8	10	11	200
二 廠	10	12	8	9	300
三 廠	13	11	7	10	250
需 求 量	150	200	300	400	750 / 1050

(3)

從＼至	A 倉	B 倉	C 倉	供應量
一 廠	5	1	8	12
二 廠	2	4	2	14
三 廠	3	6	7	4
需 求 量	9	10	11	30

(4)

從＼至	A 倉	B 倉	C 倉	D 倉	E 倉	供應量
一 廠	9	16	4	9	15	7
二 廠	8	7	8	12	7	10
三 廠	2	12	5	2	6	15
需 求 量	8	6	7	9	10	40 ＼ 32

(5)

從＼至	A 倉	B 倉	C 倉	D 倉	E 倉	供 應 量
一 廠	9	10	4	9	15	10
二 廠	8	7	8	12	7	13
三 廠	2	12	5	2	6	17
需 求 量	8	6	7	9	10	

(6)

從＼至	A 倉	B 倉	C 倉	D 倉	供 應 量
一 廠	8	6	3	7	20
二 廠	5	8	4	7	30
三 廠	6	3	9	6	45
四 廠	5	7	8	4	20
需 求 量	25	25	30	25	

2. 求解指派問題，五位經理為完成五項計劃，需要日數如下表，請問如何分配時間最少。

經理＼計劃	I	II	III	IV	V
一	4	3	6	5	2
二	6	7	8	4	6
三	5	6	7	3	4
四	4	2	3	6	5
五	3	4	3	6	7

3. 求解下列指派問題

(1)

人＼工作	1	2	3	4
A	85	99	87	87
B	76	88	84	80
C	89	96	91	95
D	98	96	97	98

(2)

人＼工作	1	2	3	4
A	3	8	2	10
B	8	7	2	9
C	8	4	4	3
D	9	10	6	9

(3)

人＼工作	1	2	3	4
A	8	6	5	7
B	9	5	4	5
C	6	8	4	4
D	7	7	3	6

(4)

工作＼人	A	B	C	D
1	15	13	14	18
2	18	15	17	－
3	13	18	15	12

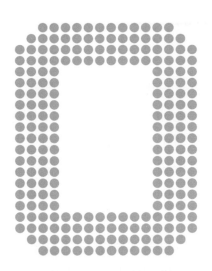
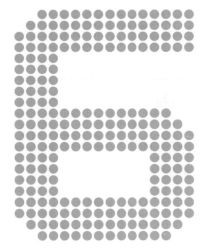

機率論

● 6.1 緒 論

　　人們常說「明日降雨機率 80 ％」，而明天對今天而言，是否一定會下雨，通常不可預知，因此有大部分的人在出門前會帶著雨具。此即我們在日常生活中經常面對的不確定問題，為處理這些對未來不可知之困擾，因此衍生了許多科學方法。「統計學」即其中之一，透過蒐集、整理、分析、陳示等步驟分析統計資料，解釋統計資料，而能在不確定的情況下幫助人們擬定決策。其中「機率論」則是為衡量某一事件可能發生程度的一門學問，此理論乃統計學上推論統計之基礎。

　　在從事各種經濟的、生物的或社會的現象等關於結果不能確定的科學研究時，我們都必須用到機率(probability)的概念。例如：投擲一枚硬幣時，在投擲之前我們並不能確定所出現的一定是「正面」或「反面」，但如果長期丟擲此硬幣，若非特殊打造之硬幣，「正面」、「反面」出現的次數應該大致相等，換句話說，出現「正面」的比例為 $\frac{1}{2}$，亦即，出現正面的機率為 0.5。而下次再投擲此硬幣時，應可推論出現正、反面的可能相等。反之，若此硬幣為特殊打造處理過的，在連續丟擲下，10 次中出現 7 次為正面，我們說此硬幣出現「正面」的機率為 0.7，若這是一場賭博遊戲，則投擲者將選擇「正面」押注，因為「正面」出現的可能較反面為大。因此，「機率」不再只是日常生活中的一個習慣用語，它將成為人們在不確定情況下進行決策的一種工具。

　　本章中將使用部分集合論之定義及法則，請讀者自習。

● 6.2 基本概念

　　機率論將不確定性事件發生的可能性以一數值加以表示，因此其值將介於 0 與 1 之間。值接近 0 代表發生的可能性極低，或接近不可能發生；反之，機率值接近 1 則表示此事件非常可能發生。在研究機率論之前，首先必須了解以下幾個名詞之意義，以為基礎。

1. 出象(outcome)：一事件可能發生的結果。
2. 隨機試驗(random experiment)：一個試驗中有多個可能的出象，但其中只有一個會發生，而在試驗前並無法預知此結果，這種試驗過程，即稱為隨機試驗。

| 例 6.1 | 擲一骰子，可能發生的結果(即「出象」)有 1、2、3、4、5、6 等 6 種，但每一次丟擲並不能預知所丟出的點數為何，每一次的丟擲即進行了一次「隨機試驗」。|

3. 樣本空間(sample space)：一個隨機試驗可能發生的結果所成之集合即稱為此試驗之樣本空間，通常以大寫英文字母 S 表示之。

| 例 6.2 | 在擲骰子的實驗中，可能的出象有 6 種，其樣本空間即

$S = \{1，2，3，4，5，6\}$ |

4. 樣本點(sample point)：樣本空間中的任一個元素皆稱為一個樣本點。

| 例 6.3 | 在例 6.1、例 6.2 中，1，2，3，4，5，6 等此 6 點均各為樣本點。|

5. 離散樣本空間(discrete sample space)：當樣本空間中樣本點的個數有限多個、或為可數個時，稱此樣本空間為有限或離散樣本空間。

| 例 6.4 | 擲骰子實驗之樣本空間為離散的。|

| 例 6.5 | 調查某一 45 名學生的班級中有近視眼的學生人數之實驗，樣本空間

$S = \{1，2，3，4，\cdots，45\}$

亦為一離散樣本空間。|

6. 連續樣本空間(continuous sample space)：當樣本空間中樣本點的個數為無限多個時，稱之為無限或連續樣本空間。

| 例 6.6 | 觀察燈泡之壽命，其值可能由 0 到某一正數且其數與數之間可做無限分割，亦即，若令 t 為燈泡壽命則其樣本空間

$S = \{t \mid t \geq 0\}$

此樣本空間為無限或連續樣本空間。|

7. 事件(event)：樣本空間之子集合稱為事件，通常以大寫英文字母A、B、C、…表示之。

例 6.7　在擲骰子實驗中，$S = \{1，2，3，4，5，6\}$，其中，$E_1 = \{1\}$，$A = \{1，2\}$，$B = \{1，2，3，4，5，6\} = S$等均為一事件。

---

8. 簡單事件(simple event)：一事件中僅含有一元素則稱為簡單事件，反之則稱之為複合事件(compound event)。簡單事件通常以大寫英文字母E_1，E_2，…，E_n表示之。

例 6.8　在上例中，E_1為一簡單事件，而A、B二事件均為複合事件。事件A由簡單事件E_1及$E_2 = \{2\}$所組成。

---

9. 互斥事件(disjoint event)：當二事件無共同的元素時稱此二事件為互斥事件。

● 6.3　機率測度方法

機率論為測度一事件發生程度的工具，隨機試驗中之一事件A發生的可能程度即稱為此事件A發生的機率(probability)，以$P(A)$表示之，而賦予一事件之機率值的方法有以下三種：

■ 6.3-1　古典方法

一離散樣本空間S中，每一樣本點有相同發生的可能性，例如擲一骰子時，出現一點和其它點的機會相同，則此事件發生的機率應該是事件大小和樣本空間大小之比值，亦即若$|A|$，$|S|$分別表示事件A和樣本空間S之元素個數時，A發生的機率可定義為$P(A) = \dfrac{|A|}{|S|}$。若為一連續樣本空間則$|A|$和$|S|$將可定義為事件A及樣本空間S之大小。

例 6.9　擲骰子實驗中，$P(E_1) = \dfrac{1}{6} = P(E_2) = P(E_3) = P(E_4) = P(E_5) = P(E_6)$，事件$A = $出現點數為1或2的事件，故$A = \{1，2\}$，則$P(A) = \dfrac{2}{6} = \dfrac{1}{3}$。

例 6.10	在燈泡壽命之實驗中，若已知燈泡之壽命將不超過 1000 小時，而一事件 A 為壽命不超過 450 小時之事件，則其機率將可以寫為

$$P(A) = |\{t \mid 0 \leq t \leq 450\}| / |\{t \mid 0 \leq t \leq 1000\}|$$
$$= 450/1000 = 0.45$$

6.3-2　相對次數方法

使用古典機率必須先將其樣本空間明確寫出來，但若某一試驗並無法確切地建立出其樣本空間時，便無法使用古典方法來測度機率。例如：調查愛滋病患者比例，我們必須長期地進行此項調查，此時樣本空間將不斷地擴大；再者，當一枚使用已久而發生變形的硬幣被投擲時，我們再也無法相信每一面出現的機率會是相同的，此時古典方法不能使用。當連續進行此種試驗時，事件發生的次數佔總試驗次數的比例，即定義為此事件發生的機率，即若令 n_A 表事件 A 發生的次數，n 表示截至計算之同時總試驗次數則 $P(A) = \dfrac{n_A}{n}$。

例 6.11	欲分析人們血型類別，對 100 人做血型類別統計，其中有 35 人為 O 型人，則可宣稱下次再碰到 O 型人的機率是 0.35。

6.3-3　主觀方法

主觀方法乃根據個人對一事件主觀認定的看法來決定此事件 A 發生的機率，即

$P(A) =$ 相信事件 A 會發生的程度

例 6.12	連續投擲一骰子數次，可以相信出現偶數的機率為 $\dfrac{1}{2}$。

不論用何種方法測度，由以上之定義中可以得以下之基本性質：

▶ 公理 6.1

1.　任一事件的機率必大於等於 0，但小於等於 1。即

$$0 \leq P(A) \leq 1$$

2. 令樣本空間為S則$P(S)=1$。

3. 若事件A_1，A_2，$\cdots$，A_n為樣本空間中之n個互斥事件，即對任意$i \neq j$，$1 \leq i$，$j \leq n$，$A_i \cap A_j = \phi$，則

$$P(A_1 \cup A_2 \cup \cdots \cup A_n) = P(A_1) + P(A_2) + \cdots + P(A_n)$$

由以上之公理可看出幾個機率特性：

▶ 定理 6.1

1. $P(\phi)=0$，ϕ表空集合。

2. A，B為互斥事件則$P(A \cap B)=0$，$P(A \cup B)=P(A)+P(B)$。

3. $P(\overline{A})=1-P(A)$，$\overline{A}$表示A之補集合。

4. 若A，B，C為樣本空間中之三事件，則事件$A \cup B$之機率為

$$P(A \cup B) = P(A) + P(B) - P(A \cap B)$$

此性質可用文氏圖形(venn diagram)來解釋：

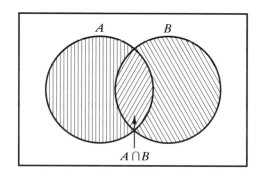

圖 6.1　$A \cup B$之文氏圖形

$A \cup B$之機率將為A的機率和B機率的和扣除重覆計算的$A \cap B$部分的機率。故

$$P(A \cup B \cup C) = P(A) + P(B) + P(C) - P(A \cap B) - P(A \cap C) - P(B \cap C)$$
$$+ P(A \cap B \cap C)$$

同理類推，因此有

5. 若A_1，A_2，$\cdots$，A_n為樣本空間中之n個事件，則事件$A_1 \cup A_2 \cup \cdots \cup A_n$之機率為

$$P(A_1 \cup A_2 \cup \cdots \cup A_n) = \sum_{i=1}^{n} P(A_i) - \sum_{\substack{i \ i<j}} \sum_{j} P(A_i \cap A_j) + \sum_{\substack{i \ i<j<k}} \sum_{j} \sum_{k} P(A_i \cap A_j \cap A_k)$$

$$+ \cdots + (-1)^{n+1} P(A_1 \cap A_2 \cap \cdots \cap A_n)$$

例 6.13 設三事件 A，B，C 已知 $P(A) = 0.3$，$P(B) = 0.6$，$P(C) = 0.4$，$P(A \cap B) = 0.25$，$P(B \cap C) = 0.3$，$P(A \cap C) = 0.2$，$P(A \cap B \cap C) = 0.15$，試求 (1)$P(\overline{A})$ (2)$P(A \cup B)$ (3)$P(A \cap \overline{C})$ (4)$P(\overline{B} \cap \overline{C})$ (5)$P(A \cup B \cup C)$

解
(1)$P(\overline{A}) = 1 - P(A) = 1 - 0.3 = 0.7$

(2)$P(A \cup B) = P(A) + P(B) - P(A \cap B)$
$\qquad = 0.3 + 0.6 - 0.25 = 0.65$

(3)$P(A \cap \overline{C}) = P(A) - P(A \cap C)$
$\qquad = 0.3 - 0.2 = 0.1$

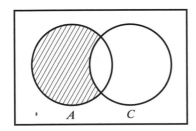 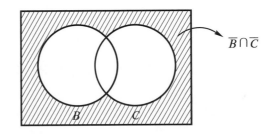

圖 6.2　$A \cap \overline{C}$ 及 $\overline{B} \cap \overline{C}$ 之文氏圖形

(4)$P(\overline{B} \cap \overline{C}) = 1 - P(B \cup C)$
$\qquad = 1 - [P(B) + P(C) - P(B \cap C)]$
$\qquad = 1 - (0.6 + 0.4 - 0.3)$
$\qquad = 0.3$

(5)$P(A \cup B \cup C) = P(A) + P(B) + P(C) - P(A \cap B)$
$\qquad\qquad - P(A \cap C) - P(B \cap C) + P(A \cap B \cap C)$
$\qquad = 0.3 + 0.6 + 0.4 - 0.25 - 0.3 - 0.2 + 0.15$
$\qquad = 0.7$

<table>
<tr><td>例 6.14</td><td>擲一枚硬幣二次，令事件A為至少一個正面的集合，B為二次出現相同的事件，C表沒有出現正面的事件，則樣本空間S = {(正，正)，(正，反)，(反，正)，(反，反)}</td></tr>
</table>

E_1 = {(正，正)}，E_2 = {(正，反)}，E_3 = {(反，正)}

E_4 = {(反，反)}

簡單事件間彼此互斥，且$P(E_1) = \frac{1}{4} = P(E_2) = P(E_3) = P(E_4)$。事件

$A = E_1 \cup E_2 \cup E_3$

$B = E_1 \cup E_4$

$C = E_4$

(1)$P(A \cup B) = P(A) + P(B) - P(A \cap B)$

$$= P(E_1) + P(E_2) + P(E_3) + P(E_1) + P(E_4) - P(E_1)$$

$$= P(E_1) + P(E_2) + P(E_3) + P(E_4)$$

$$= \frac{1}{4} + \frac{1}{4} + \frac{1}{4} + \frac{1}{4} = 1$$

(2)$P(A \cap C) = P(\phi) = 0$

(3)事件C和事件A為互補事件$P(\overline{A}) = 1 - P(A) = 1 - \frac{3}{4} = \frac{1}{4} = P(C)$

又$P(\overline{A}) = P(E_4) = \frac{1}{4}$ 兩者相等。

● 6.4 條件機率

　　許多事件的發生常會受到其他事件的影響，例如：推銷產品的成交率常受景氣的影響，明日降雨機率常受今日雲量分佈的影響，亦即已知B事件的發生，則A事件發生的機率即稱為條件機率(conditional probability)，以$P(A|B)$表示之，而定義為

$$P(A|B) = \frac{P(A \cap B)}{P(B)}$$

| 例 6.15 | 試求例 6.13 中之 $P(B\mid A)$ 及 $P(C\mid A\cap B)$ |

解

$$P(B\mid A)=\frac{P(A\cap B)}{P(A)}=\frac{0.25}{0.3}=\frac{5}{6}$$

$$P(C\mid A\cap B)=\frac{P(A\cap B\cap C)}{P(A\cap B)}=\frac{0.15}{0.25}=\frac{3}{5}$$

| 例 6.16 | 在擲硬幣的實驗中，連續丟擲此硬幣二次，已知至少出現了一次正面，則全部均爲正面的機率由原來的 $\frac{1}{4}$ 增加爲 $\frac{1}{3}$，即 |

$$E_1=\{(\text{正，正})\},\ E_2=\{(\text{正，反})\},\ E_3=\{(\text{反，正})\}$$

$$E_4=\{(\text{反，反})\}$$

P(均爲正面｜出現至少一次正面)

$$=\frac{P(\text{出現至少一次正面且均爲正面})}{P(\text{至少一次正面})}$$

$$=\frac{P(E_1)}{P(E_1)+P(E_2)+P(E_3)}$$

$$=\frac{\frac{1}{4}}{\frac{1}{4}+\frac{1}{4}+\frac{1}{4}}=\frac{1}{3}$$

同理，$P(B\mid A)=$ 已知事件 A 發生後，事件 B 發生的機率

$$=\frac{P(A\cap B)}{P(A)}$$

綜合以上兩個條件機率之公式，可推演出以下之法則：

▶ 定理 6.2　機率乘法法則(multiplicative law of probability)

1.　$P(A\cap B)=P(A)P(B\mid A)=P(B)P(A\mid B)$

2.　$P(A_1\cap A_2\cap...\cap A_k)=P(A_1)P(A_2\mid A_1)P(A_3\mid A_1\cap A_2)......P(A_k\mid A_1\cap A_2\cap...\cap A_{k-1})$

| 例 6.17 | 某生參加升學考試，已知該生數學達到高標準的機率爲 0.45，又該生數學能通過高標準後再能通過物理高標準的機率爲 0.9，試問兩科同時達到高標準以上的機率爲何？ |

解 令 A 表通過數學高標準之事件

B 表通過物理高標準之事件

則由題意知 $P(A) = 0.45$

$P(B \mid A) = 0.9$

故 $P(A \cap B) = P($ 兩科均通過高標準 $)$

$= P(A)P(B \mid A)$

$= 0.45 \times 0.9 = 0.405$

例 6.18 某公司的員工計有 300 人，依其性別、婚姻狀況及交通工具統計如下表，試問：

(1)女性已婚人員中有車階級的機率為多少？

(2)女性未婚有車階級之機率為何？

表 6.1 例 6.18 之資料表

		有車	無車	小計
男	已婚	95	25	120
	未婚	45	15	60
女	已婚	60	25	85
	未婚	15	20	35

合計 300

解 令 A 表女性之事件，B 表已婚之事件，C 表有車之事件，則所求

(1) $P($ 女性已婚人員中有車子 $) = P($ 有車 | 女性且已婚 $)$

$= P(C \mid A \cap B)$

$= \dfrac{P(C \cap A \cap B)}{P(A \cap B)} = \dfrac{\dfrac{60}{300}}{\dfrac{85}{300}} = \dfrac{60}{85}$

(2) $P($ 女性、未婚、有車子 $) = P(A \cap \bar{B} \cap C)$

$P($ 女性 $)P($ 未婚 | 女性 $)P($ 有車 | 女性且未婚 $)$

$= \dfrac{120}{300} \times \dfrac{35}{120} \times \dfrac{15}{35} = \dfrac{15}{300} = \dfrac{1}{20}$

6.5　獨立事件

當事件 A 的發生與事件 B 是否發生不受影響時，稱事件 A 對事件 B 為獨立，此時條件機率 $P(A \mid B) = P(A)$，故有以下之定義：

定義 6.1

若 $P(A \cap B) = P(A)P(B)$ 則稱二事件 A，B 為獨立事件(independent event)。反之，則稱之為相依事件(dependent event)。

例 6.19　投擲一骰子，令事件 A 表偶數點向上的事件，事件 B 表出現為 4 點以上的事件，問二事件是否獨立？

解　$P(A) = P(出現為 2，4 或 6 點) = \dfrac{1}{2}$

$P(B) = P(出現為 4，5 或 6 點) = \dfrac{3}{6} = \dfrac{1}{2}$

$P(A \cap B) = P(出現為 4 或 6 點) = \dfrac{2}{6} = \dfrac{1}{3}$

$P(A) \times P(B) = \dfrac{1}{2} \times \dfrac{1}{2} = \dfrac{1}{4} \neq \dfrac{1}{3}$

故 A，B 事件不獨立。

▶ 定理 6.3

三個以上之事件若彼此之間均能滿足獨立事件之定義時，方能稱這些事件彼此獨立。如：三事件 A，B，C 必須滿足

1.　$P(A \cap B) = P(A)P(B)$。
2.　$P(A \cap C) = P(A)P(C)$。
3.　$P(B \cap C) = P(B)P(C)$。
4.　$P(A \cap B \cap C) = P(A)P(B)P(C)$。

此四個條件，才可稱 A，B，C 三事件之獨立。

| 例 6.20 | 擲一硬幣二次並記錄所出現之正、反面，令事件A表第一次擲出正面的事件，B表第二次擲出正面的事件，C表二次擲出相同面事件，問A，B，C三事件是否獨立？ |

解 令 $E_1 = \{(正，正)\}$，$E_2 = \{(正，反)\}$，$E_3 = \{(反，正)\}$，$E_4 = \{(反，反)\}$，則

$$P(A) = P(E_1) + P(E_2) = \frac{1}{4} + \frac{1}{4} = \frac{1}{2}$$

$$P(B) = P(E_1) + P(E_3) = \frac{1}{4} + \frac{1}{4} = \frac{1}{2}$$

$$P(C) = P(E_1) + P(E_4) = \frac{1}{4} + \frac{1}{4} = \frac{1}{2}$$

$$P(A \cap B) = P(E_1) = \frac{1}{4} = P(A)P(B)$$

$$P(A \cap C) = P(E_1) = \frac{1}{4} = P(A)P(C)$$

$$P(B \cap C) = P(E_1) = \frac{1}{4} = P(B)P(C)$$

但 $P(A \cap B \cap C) = P(E_1) = \frac{1}{4} \neq P(A)P(B)P(C)$

故只能說A，B二事件獨立，B，C二事件獨立，A，C二事件亦獨立，但A，B，C三事件並不獨立。

獨立事件並不相當於互斥事件，以上例中A，B二事件為例，A，B二事件獨立，但 $A \cap B \neq \phi$，即 $P(A \cap B) \neq 0$，二事件並不互斥，讀者須注意。

| 例 6.21 | 例6.18中女性購車和其是否已婚有無相關？ |

解 $P(女性) = \frac{120}{300} = \frac{2}{5}$，$P(有車) = \frac{215}{300}$

$P(女性 \cap 有車) = \frac{75}{300} = \frac{1}{4} \neq \frac{2}{5} \times \frac{215}{300}$ 故有相關性。

● 6.6　貝氏定理

任一樣本空間可以不同的標準化分成不同類型的子空間組合，例如：依事件A來做劃分，則樣本空間可分成A和A的補集合$\overline{A}$兩個子空間，且A與$\overline{A}$爲互斥，因此對另一事件B而言，其發生可能來自子空間A之樣本與$\overline{A}$子空間之樣本所組合而成，故B事件可以寫成

$$B = (B \cap A) \cup (B \cap \overline{A})$$

且$B \cap A$與$B \cap \overline{A}$爲二互斥集合，其文氏圖形如圖6.3所示。

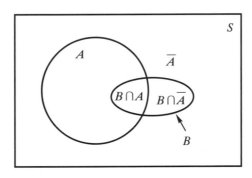

圖6.3　事件B對事件A之分割文氏圖

故事件B之機率可寫成

$$P(B) = P(B \cap A) + P(B \cap \overline{A})$$

依此類推，若將樣本空間劃分成k個互斥的子空間A_1，$\cdots$，A_k，則事件B之機率可用以下之總機率法則表出：

▶ 定理6.4　總機率法則

令A_1，A_2，$\cdots$，A_k爲樣本空間S中之k個互斥事件且滿足$A_1 \cup A_2 \cup \cdots \cup A_k = S$，$B$爲任一事件。則

$$P(B) = P(B \cap A_1) + P(B \cap A_2) + \cdots + P(B \cap A_k)$$

其文氏圖形如圖6.4所示。

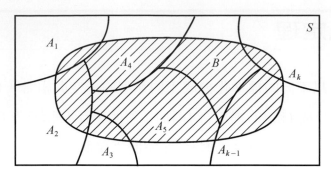

圖 6.4　總機率法則之文氏圖解

利用定理 6.2 機率乘法法則與總機率法則，可將已知事件 B 發生下事件 A_i 發生的條件機率改寫為

$$P(A_i \mid B) = \frac{P(A_i \cap B)}{P(B)}$$

$$= \frac{P(A_i \cap B)}{P(B \cap A_1) + P(B \cap A_2) + \cdots + P(B \cap A_k)} \text{（總機率法則）}$$

$$= \frac{P(A_i)P(B \mid A_i)}{P(A_1)P(B \mid A_1) + \cdots + P(A_k)P(B \mid A_k)} \text{（機率乘法法則）}$$

$$= \frac{P(A_i)P(B \mid A_i)}{\sum\limits_{j=1}^{k} P(A_j)P(B \mid A_j)}$$

此即有名之貝氏定理。

▶ 定理 6.5　貝氏定理(Bayes Theorem)

若一樣本空間依某一標準分割為 A_1，$\cdots$，A_k 等 k 個互斥之子空間，則已知另一事件 B 發生下，事件 A_i 之條件機率為

$$P(A_i \mid B) = \frac{P(A_i)P(B \mid A_i)}{\sum\limits_{j=1}^{k} P(A_j)P(B \mid A_j)}$$

例 6.22　某遙控車製造商所使用之馬達由三個不同的外包廠商所提供，甲公司供應其中 3 成馬達，乙公司則供應 4 成的馬達，丙公司佔其餘的百分之三十。由過去經驗中，得知甲供應商所提供之產品有百分之五的不良品，乙供應商則有百分之四的不良品，丙公司亦有百分之四的不良品，現今在一批馬達進料檢驗中發現有一個故障的馬達，試問此馬達是來自甲公司的機率多少？

解 令事件 B 表有不良品之事件

事件 A_1 表甲公司產品的事件

事件 A_2 表乙公司產品的事件

事件 A_3 表丙公司產品的事件

則依題意，樣本空間為此批進料的馬達，依其生產來源可區分成 A_1，A_2，A_3 三個互斥之子空間，且

$P(A_1) = 0.3$，$P(A_2) = 0.4$，$P(A_3) = 0.3$

$P(B \mid A_1) = 0.05$，$P(B \mid A_2) = 0.04$，$P(B \mid A_3) = 0.04$

故所求為

$$P(A_1 \mid B) = \frac{P(A_1 \cap B)}{P(B)}$$

$$= \frac{P(A_1)P(B \mid A_1)}{P(A_1)P(B \mid A_1) + P(A_2)P(B \mid A_2) + P(A_3)P(B \mid A_3)}$$

$$= \frac{0.05 \times 0.3}{0.05 \times 0.3 + 0.04 \times 0.4 + 0.04 \times 0.3}$$

$$= \frac{15}{43}$$

　　在貝氏定理中，$P(A_1)$，$\cdots$，$P(A_k)$ 等稱為 A_1，$\cdots$，A_k 等事件之事前機率(prior probability)，而 $P(A_i \mid B)$ 則稱為事件 A_i 之事後機率(posterior probability)。貝氏定理可應用於決策分析(decision analysis)上作為決策的工具，將於第七章中介紹。

● 6.7 機率分配

　　隨機變數(random variable)為定義在樣本空間之實數函數，通常以大寫英文字母X表示之，而以小寫字母x表示隨機變數X所有可能的值，x即為一變量。

例 6.23　擲一骰子之隨機試驗中，樣本空間為$S = \{1，2，3，4，5，6\}$，隨機變數X為擲出點數為奇數的函數，則樣本空間中之 1，2，3，4，5，6 均為變量x，而有

$X(1) = 1，X(2) = 0$

$X(3) = 1，X(4) = 0$

$X(5) = 1，X(6) = 0$

則出現奇數點的機率可寫成

$$P(\{1，3，5\}) = P(X = 1) = \frac{1}{2}$$

出現偶數點的機率可寫成

$$P = (\{2，4，6\}) = P(X = 0) = \frac{1}{2}$$

　　將隨機變數之各變量x的發生機率，以$f(x)$表示之，按照變量與其相對機率順序排列即稱為此隨機變數X之機率分配(probability distribution)機率分配可以透過表格，式子或圖形來表達。

例 6.24　擲骰子之隨機試驗中其機率分配為何？

解 (1)表格：

表 6.2　例 6.24 之機率分配表格表示

x	1	2	3	4	5	6	和
$f(x)$	$\frac{1}{6}$	$\frac{1}{6}$	$\frac{1}{6}$	$\frac{1}{6}$	$\frac{1}{6}$	$\frac{1}{6}$	1

(2)式子：$f(x) = \begin{cases} \dfrac{1}{6} & x = 1，2，3，4，5，6 \\ 0 & 其他 \end{cases}$

(3)圖形：

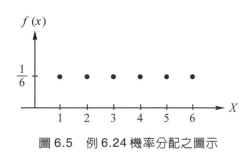

圖 6.5　例 6.24 機率分配之圖示

　　當隨機變數之變量為有限多個或可數個時，此隨機變數稱為離散隨機變數(discrete random variable)，則其機率分配函數稱為不連續函數，稱之為機率結集函數(probability mass function)。機率結集函數必須符合以下條件：

定義 6.2

　　若離散隨機變數 X 的每一變量 x 均滿足以下條件

1.　$0 \leq f(x) \leq 1$。

2.　$\sum\limits_{所有 x} f(x) = 1$。

而變量 x 的機率可寫成 $P(X = x) = f(x)$。

例 6.25　　在擲骰子實驗中

$$f(x) = \frac{1}{6} , x = 1,2,3,4,5,6$$

而 $\sum\limits_{x=1}^{6} f(x) = f(1) + f(2) + f(3) + f(4) + f(5) + f(6)$

$$= \frac{1}{6} + \frac{1}{6} + \frac{1}{6} + \frac{1}{6} + \frac{1}{6} + \frac{1}{6} = 1$$

故 $f(x)$ 確為 X 之機率結集函數。

　　當隨機變量 X 之變量 x 為無限多個時，則稱 X 為連續隨機變數(continuous random variable)，其機率分配函數為連續函數，以機率密度函數(probability density function)命名之以茲區別。同樣地，機率密度函數必須滿足以下之條件：

定義 6.3

若一函數 $f(x)$ 滿足

1. $f(x)$ 爲 x 之連續函數。

2. $f(x) \geq 0$，$x \in (-\infty, \infty)$。

3. $\int_{-\infty}^{\infty} f(x)\,dx = 1$。

則稱此 $f(x)$ 爲 X 之隨機密度函數。並定義事件 A 之機率爲

$$P(A) = P(x \in A) = \int_{x \in A} f(x)\,dx$$

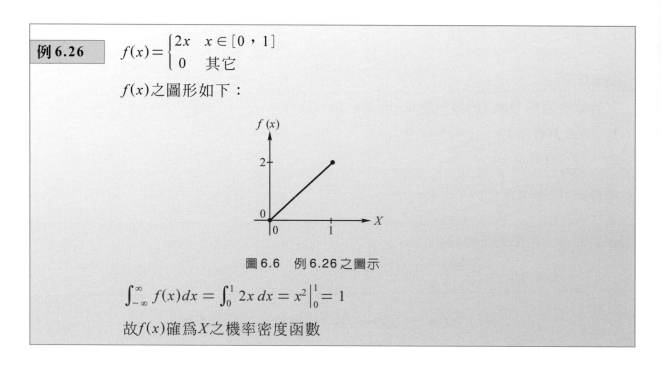

例 6.26

$$f(x) = \begin{cases} 2x & x \in [0, 1] \\ 0 & \text{其它} \end{cases}$$

$f(x)$ 之圖形如下：

圖 6.6　例 6.26 之圖示

$$\int_{-\infty}^{\infty} f(x)\,dx = \int_{0}^{1} 2x\,dx = x^2 \Big|_{0}^{1} = 1$$

故 $f(x)$ 確爲 X 之機率密度函數

　　值得注意的是，離散機率分配之各機率值集中在各變量所對應的值上，故單點 x 之機率值即所對應的 $f(x)$ 值，然而，在連續機率分配中，其機率值以面積的形式來表示，變量 x 所在之區間之機率值即所對應之機率密度函數與此區間所圍成之區域面積，此點可由其機率定義於積分公式中得到，因此，任一單點 x 的機率值均爲 0，在計算一組區間之機率值時，在離散分配中，舉例而言，在擲骰子的例子裡

$$P(1 \leq x \leq 5) = P(x=1) + P(x=2) + P(x=3) + P(x=4) + P(x=5) = \frac{5}{6}$$

而 $\qquad P(1 < x < 5) = P(x=2) + P(x=3) + P(x=4) = \dfrac{1}{2}$

二者並不相同，而在連續分配中，如例 6.26 中

$$P(0.5 \le x \le 0.75) = \int_{0.5}^{0.75} 2x\, dx = \frac{5}{16} = P(0.5 < x < 0.75)$$

二者是相等的。

例 6.27　　下列函數均為機率分配，試求 $c = $？

(1) 表 6.3

x	-1	0	1	2
$f(x)$	0.2	c	0.25	0.35

(2) $f(x) = ce^{-\frac{x}{2}}$，$x > 0$

解　(1) 由定義 6.2 知 $f(-1) + f(0) + f(1) + f(2) = 1$

即 $0.2 + c + 0.25 + 0.35 = 1$

故 $c = 0.2$

(2) 由定義 6.3 知

$$\int_{-\infty}^{\infty} f(x)dx = \int_{0}^{\infty} ce^{-\frac{x}{2}}dx = 1$$

得 $-2ce^{-\frac{x}{2}}\Big|_{0}^{\infty} = 1$

即 $2c = 1$

故 $c = 0.5$

● 6.8　分配函數

　　將機率函數 $f(x)$ 於變數 $x = a$ 以下累加，即得 $x = a$ 之分配函數(distribution function)，通常以大寫英文字母 F 表示之。

定義 6.4

若$F(x)$為隨機變數x之分配函數，則$F(x)$滿足以下之性質

1. 若$a \geq b$，則$F(a) \geq F(b)$。
2. 若$F(-\infty) = 0$，$F(\infty) = 1$。
3. 任意一數a，$0 \leq F(a) \leq 1$。

離散隨機變數之分配函數寫為

$$F(a) = P(x \leq a) = \sum_{x \leq a} P(X = x)$$

連續隨機變數之分配函數寫成

$$F(a) = P(x \leq a) = \int_{-\infty}^{a} f(x)\, dx$$

亦即在連續變數，累積到$x = a$之面積值即其分配函數值。

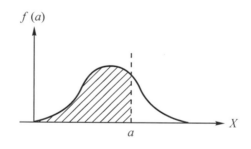

圖 6.7　陰影部分面積即$F(a)$

例 6.28　　在擲骰子的例中

$$F(1) = P(x \leq 1) = P(x = 1) = \frac{1}{6}$$

同理$F(2) = P(x \leq 2) = P(x = 1) + P(x = 2) = \frac{2}{6} = \frac{1}{3}$

$$F(3) = P(x \leq 3) = P(x = 1) + P(x = 2) + P(x = 3) = \frac{3}{6} = \frac{1}{2}$$

$$F(4) = P(x \leq 4) = P(x = 1) + P(x = 2) + P(x = 3) + P(x = 4)$$

$$= \frac{4}{6} = \frac{2}{3}$$

$$F(5) = P(x \leq 5) = P(x=1) + P(x=2) + P(x=3) + P(x=4) + P(x=5)$$

$$= \frac{5}{6}$$

$$F(6) = P(x \leq 6) = P(x=1) + P(x=2) + P(x=3) + P(x=4) + P(x=5)$$

$$+ P(x=6) = \frac{6}{6} = 1$$

$$F(-\infty) = P(x \leq -\infty) = P(\phi) = 0$$

$$F(\infty) = P(x \leq \infty) = P(x \leq 6) = 1$$

滿足以上之三性質。

例 6.29　例 6.26 中

$$F(0.5) = \int_0^{0.5} 2x \, dx = x^2 \Big|_0^{0.5} = 0.25$$

$$F(0.7) = \int_0^{0.7} 2x \, dx = x^2 \Big|_0^{0.7} = 0.49$$

$$F(0.5) < F(0.7)$$

$$F(-\infty) = \int_{-\infty}^{-\infty} 2x \, dx = 0$$

$$F(\infty) = \int_{-\infty}^{\infty} 2x \, dx = \int_0^1 2x \, dx = 1$$

$$F(t) = \int_0^t 2x \, dx = x^2 \Big|_0^t = t^2 \qquad 0 \leq t \leq 1$$

故 $0 \leq F(t) \leq 1$，$\forall \ 0 \leq t \leq 1$

滿足以上三性質。

例 6.30　試求例 6.27 (2) 中，$F(4)$ 及 $P(2 \leq x \leq 10)$

解　$F(4) = \int_0^4 \frac{1}{2} e^{-\frac{x}{2}} dx = \frac{1}{2} \times (-2) e^{-\frac{x}{2}} \Big|_0^4 = -(e^{-2} - 1)$

$$= 1 - e^{-2} \doteqdot 0.865$$

又 $P(2 \leq x \leq 10)$

$$= \int_2^{10} \frac{1}{2} e^{-\frac{x}{2}} dx = -e^{-\frac{x}{2}} \Big|_2^{10} = e^{-1} - e^{-5} \doteqdot 0.361$$

6.9 期望值與變異數

　　機率分配為母體分配的理論模型，因而可定義數個參數來對母體狀況作一詮釋，其中期望值(mean)和變異數(variance)為最常見，亦是用途最廣之二個。

定義 6.5

　　若X為一隨機變數，其機率函數為$f(x)$，定義X之期望值(mean)$=\mu=E(X)$為

$$\mu=E(X)=\begin{cases} \sum_{\text{所有}\,x} xf(x)，若 X 為離散隨機變數 \\ \int_{-\infty}^{\infty} xf(x)dx，若 X 為連續隨機變數 \end{cases}$$

事實上，期望值即隨機變數之各可能值和其相對機率之加權平均值，換言之，期望值可視為母體之平均數，可用來測度其集中趨勢。

　　由期望值之定義可得以下之基本特性：

▶ 定理 6.6

1. 常數值a之期望值為a，即$E(a)=a$。
2. 若a，b為二常數，X，Y為二隨機變數，則

$$E(aX+bY)=aE(X)+bE(Y)$$

例 6.31　　二隨機變數X，Y之機率函數如下：

表 6.4　例 6.31 X 之機率分配

x	1	2	3	4
$f(x)$	0.2	0.3	0.3	0.2

表 6.5　例 6.31 Y 之機率分配

y	-2	-1	0	1	2
$f(y)$	0.2	0.2	0.3	0.2	0.1

問(1)$E(2X+3Y)=$？　　(2)$E(X-Y)=$？　　(3)$E(2X+5)=$？

解 $E(X) = \Sigma\, xf(x) = 1 \times 0.2 + 2 \times 0.3 + 3 \times 0.3 + 4 \times 0.2 = 2.5$

$E(Y) = \Sigma\, yf(y) = (-2) \times 0.2 + (-1) \times 0.2 + 0 \times 0.3 + 1 \times 0.2 + 2 \times 0.1$

$\qquad = -0.2$

則 (1) $E(2X + 3Y) = 2E(X) + 3E(Y) = 2 \times 2.5 + 3 \times (-0.2) = 4.4$

(2) $E(X - Y) = E(X) - 1\,E(Y) = 2.5 + (-1) \times (-0.2) = 2.7$

(3) $E(2X + 5) = 2E(X) + 5 = 2 \times 2.5 + 5 = 10$

例 6.32 令 X，Y 二連續隨機變數，其機率函數分別為

$$f(x) = \begin{cases} 3x^2 & , \ 0 \le x \le 1 \\ 0 & , \ 其他 \end{cases}, \ f(y) = \begin{cases} 2y & , \ 0 \le y \le 1 \\ 0 & , \ 其他 \end{cases}$$

試求 (1) $E(5X - 3Y) = ?$ (2) $E(2Y + 4) = ?$

解 $E(X) = \int_{-\infty}^{\infty} x \cdot 3x^2 dx = \int_0^1 3x^3 dx = \frac{3}{4}x^4 \Big|_0^1 = \frac{3}{4}$

$E(Y) = \int_{-\infty}^{\infty} y\, 2y\, dy = \int_0^1 2y^2\, dy = \frac{2}{3}y^3 \Big|_0^1 = \frac{2}{3}$

故 (1) $E(5X - 3Y) = 5E(X) - 3E(Y) = 5 \times \frac{3}{4} - 3 \times \frac{2}{3} = \frac{7}{4}$

(2) $E(2Y + 4) = 2E(Y) + 4 = 2 \times \frac{2}{3} + 4 = \frac{16}{3}$

另一重要參數為變異數，變異數乃衡量變數值分佈狀況之量數，其定義如下：

定義 6.6

隨機變數 X 之變異數(variance)為

$$\sigma^2 = V_{ar}(X) = E(X - E(X))^2$$

$$= \begin{cases} \sum\limits_{所有\, x} (x - \mu)^2 f(x)，若 X 為離散隨機變數 \\ \int_{-\infty}^{\infty} (x - \mu)^2 f(x) dx，若 X 為連續隨機變數 \end{cases}$$

變異數之平方根稱之為標準差(standard deviation)，亦即標準差 $\sigma = \sqrt{V_{ar}(X)}$。

由期望值之基本性質可得變異數之基本特性如下：

► 定理 6.7

1. a 為一常數則 $V_{ar}(a) = 0$。

2. a、b 為二常數，X、Y 為二獨立隨機變數，則

    $$V_{ar}(aX + bY) = a^2 V_{ar}(X) + b^2 V_{ar}(Y)$$

3. $V_{ar}(X) = E(X^2) - (E(X))^2$。

例 6.33　例 6.31 中，試求 (1) $V_{ar}(2X + 3Y) = ?$　(2) $V_{ar}(2X - 3Y) = ?$

解
$$V_{ar}(X) = \sum_{x = 1,2,3,4} (x - 2.5)^2 f(x)$$

$$= (1 - 2.5)^2 \times 0.2 + (2 - 2.5)^2 \times 0.3 + (3 - 2.5)^2 \times 0.3$$

$$+ (4 - 2.5)^2 \times 0.2$$

$$= 1.05$$

或 $E(X^2) = \sum_{x = 1,2,3,4} x^2 f(x)$

$$= 1^2 \times 0.2 + 2^2 \times 0.3 + 3^2 \times 0.3 + 4^2 \times 0.2 = 7.3$$

則 $V_{ar}(X) = E(X^2) - (E(X))^2 = 7.3 - 2.5^2 = 1.05$

又 $V_{ar}(Y) = (-2 + 0.2)^2 \times 0.2 + (-1 + 0.2)^2 \times 0.2 + (0 + 0.2)^2$

$$\times 0.3 + (1 + 0.2)^2 \times 0.2 + (2 + 0.2)^2 \times 0.1$$

$$= 1.56$$

故 (1) $V_{ar}(2X + 3Y) = 4 V_{ar}(X) + 9 V_{ar}(Y) = 4 \times 1.05 + 9 \times 1.56 = 18.24$

(2) $V_{ar}(2X - 3Y) = 4 V_{ar}(X) + 9 V_{ar}(Y) = 18.24$

例 6.34　例 6.32 中，試求 $V_{ar}(5X - 3Y) = ?$

解
$$V_{ar}(X) = \int_0^1 \left(x - \frac{3}{4}\right)^2 3x^2 \, dx$$

$$= 3 \int_0^1 x^4 \, dx - \frac{9}{2} \int_0^1 x^3 \, dx + \frac{27}{16} \int_0^1 x^2 \, dx = \frac{3}{80}$$

$$V_{ar}(Y) = E(Y^2) - E(Y)^2 = \int_0^1 y^2 \, 2y \, dy - \left(\frac{2}{3}\right)^2 = \frac{1}{18}$$

$$\therefore V_{ar}(5X - 3Y) = 25 V_{ar}(X) + 9 V_{ar}(Y) = \frac{23}{16}$$

6.10 柴比雪夫不等式

期望值與變異數爲統計學上最常被使用的二個參數，當期望值與變異數爲已知時，即可對所研究的母體下一個簡單的推論，柴比雪夫(Chebyshev)提出以下之不等式可計算出某一有意義的區間內之近似機率。

▶ 定理 6.8　柴比雪夫不等式(Chebyshev inequality)

令 X 爲一隨機變數其期望值爲μ，變異數爲σ^2，則對任一正數k

$$P(\mid X-\mu \mid \leq k\sigma) \geq 1-\frac{1}{k^2}$$

或

$$P(\mid X-\mu \mid > k\sigma) < \frac{1}{k^2}$$

隨機變數X落在平均數左右k倍標準差的範圍內的機率將至少等於$1-\frac{1}{k^2}$或X落在平均數左右k倍標準差外的機率將小於$\frac{1}{k^2}$。

| 例 6.35 | 調查某超商內一貨品之每日銷售狀況後，發現平均每日可售出 20 件該貨品，標準差是 2 件，而其分配仍未知，試問某日售出件數在 16 至 24 之間之機率爲多少？ |

解　令X表示售出件數之事件，則所求爲$P(16 \leq x \leq 24)$。已知期望值 $\mu=20$，標準差 $\sigma=2$，可推知當$k=2$，$\mu-2\sigma=16$，而$\mu+2\sigma=24$，　故依柴比雪夫不等式可得

$$P(16 \leq x \leq 24) = P(16-20 \leq x-20 \leq 24-20)$$
$$= P(-4 \leq x-20 \leq 4)$$
$$= P(\mid x-20 \mid \leq 4 = 2 \times 2) \geq 1-\frac{1}{2^2} = \frac{3}{4}$$

亦即，該日售出 16 件至 24 件之機率至少爲 0.75。

● **6.11 常用離散分配**

☐ 6.11-1 均等分配(uniform distribution)

　　顧名思義，「均等分配」指的是隨機變數變量之機率值均相等，其定義為：

定義 6.7

　　若隨機變數 X 之所有可能變量 x_1，$\cdots$，x_k 有相等的機率，則稱之為均等分配(uniform distribution)，其機率函數記為 $f(x) = \dfrac{1}{k}$，$x = x_1$，x_2，$\cdots$，x_k。

例 6.36　　擲骰子實驗中，
(1)丟出偶數點的機率為何？
(2)分配函數 $F(4) = ?$，$F(5) = ?$，$F(6) = ?$

解　令 x 為投擲出之點數，則 $f(x) = \dfrac{1}{6}$，$x = 1$，2，3，4，5，6 為一均等分配

(1) $P(x = 偶數點) = P(x = 2) + P(x = 4) + P(x = 6) = f(2) + f(4) + f(6)$

$$= \frac{3}{6} = \frac{1}{2}$$

(2) $F(4) = P(1 \leq x \leq 4) = P(x = 1) + P(x = 2) + P(x = 3) + P(x = 4)$

$$= f(1) + f(2) + f(3) + f(4) = \frac{4}{6} = \frac{2}{3}$$

$$F(5) = P(1 \leq x \leq 5) = P(1 \leq x \leq 4) + P(x = 5) = \frac{4}{6} + \frac{1}{6} = \frac{5}{6}$$

$$F(6) = P(1 \leq x \leq 6) = P(1 \leq x \leq 5) + P(x = 6) = \frac{5}{6} + \frac{1}{6} = 1$$

　　在上例中我們可發現均等分配之分配函數隨所要求之變量值遞增而且等量遞增，事實上，均等分配之分配函數為一階梯函數(step function)，變量值加大一碼則分配函數將增加一固定之機率值，例 6.36 之分配函數圖形如圖 6.8 所示。

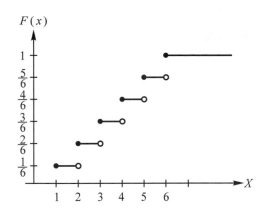

圖 6.8　例 6.36 之分配函數

▶ 定理 6.9

均等分配之期望值為 $\mu = \dfrac{\sum\limits_{i=1}^{k} x_i}{k}$，變異數為 $\dfrac{\sum\limits_{i=1}^{k} (x_i - \mu)^2}{k}$。

例 6.37　擲骰子例中(1)期望值＝？　(2)變異數＝？

解

(1) $\mu = \sum\limits_{i=1}^{6} x_i f(x_i)$

$= 1 \times \dfrac{1}{6} + 2 \times \dfrac{1}{6} + 3 \times \dfrac{1}{6} + 4 \times \dfrac{1}{6} + 5 \times \dfrac{1}{6} + 6 \times \dfrac{1}{6}$

$= \dfrac{21}{6} = \dfrac{7}{2} = \dfrac{1 + 2 + \ldots + 6}{6}$

(2) 變異數

$= \sum\limits_{i=1}^{6} (x_i - 3.5)^2 \times \dfrac{1}{6}$

$= \dfrac{(1-3.5)^2 + (2-3.5)^2 + (3-3.5)^2 + (4-3.5)^2 + (5-3.5)^2 + (6-3.5)^2}{6}$

$= \dfrac{35}{12}$

6.11-2　二項分配(Binomial distribution)

隨機試驗之結果常可用二分法分成二種，如：成功、不成功或良品、不良品等，而 X 為離散隨機變數將此二種不同的結果分別映至 0 與 1 二數，$x = 1$ 代表試驗結果為「成

功」或「良品」，其機率值為p，而$x = 0$，則表示試驗結果為「不成功」或「不良品」，其機率值為$1-p$，則定義此隨機變數X服從白努力分配(Bernoulli distribution)，記為

$$P(x = 1) = p$$
$$P(x = 0) = 1-p$$

二項分配(binomial distribution)是由白努力分配衍生而來的。

定義 6.8

當試行白努力實驗n次，每次試驗均獨立，每次實驗仍只分為成功、不成功二種結果，成功機率均為p，而不成功的機率均為$1-p$，若定義隨機變數X為此實驗成功的次數，則稱隨機變數X符合二項分配，記作$X \sim B(n，p)$，其機率函數為$P(X = x) = f(x) = \binom{n}{x} p^x (1-p)^{n-x}$，其中$\binom{n}{x}$為$n$次中取$x$次組合之記號，其分配函數值可由附表一中查出。

由以上的定義可知白努力分配可視為實驗次數為1次的二項分配。

例 6.38　某公司之良率為0.9，今自其成品中抽10個，問有7個為良品的機率為何？

解　由題意知本題應服從$n = 10$，$p = 0.9$之二項分配，故其機率函數為

$$f(x) = P(X = x) = \binom{10}{x} 0.9^x (1-0.9)^{10-x}$$

$$= \binom{10}{x} (0.9)^x (0.1)^{10-x}$$

則$P(x = 7) = \binom{10}{7} (0.9)^7 (0.1)^3 = 0.0574$

或由附表一中查得

$$P(x = 7) = P(x \leq 7) - P(x \leq 6) = 0.07 - 0.013 = 0.057$$

▶ 定理 6.10

二項分配之期望值為$\mu = np$，變異數為$np(1-p)$。

例 6.39 續例 6.38，若該公司本批產品已下線 10,000 件，問成品預計有多少個？標準差為何？

解 當 $n = 10000$，$\mu = 10000 \times 0.9 = 9000$，故應可產出 9000 件

又標準差 $= \sqrt{10000 \times 0.9 \times 0.1} = 30$

6.11-3 卜瓦松分配(Poisson distribution)

卜瓦松分配(Poisson distribntion)為日常生活中常用到的離散機率分配，例如：某交通路口每週所發生的意外事故件數，某工廠每月機台當機台數等均為卜瓦松分配之應用。

定義 6.9

於一段時間或一特定區域內進行實驗，記錄其成功或某一事件發生的次數，若 X 表示成功或發生的次數則其分配即服從卜瓦松分配，並具有以下之機率函數 $f(x) = \dfrac{e^{-\mu} \mu^x}{x!}$，$x = 0，1，\cdots$，其中 μ 為此實驗成功或發生次數之期望值，以 $X \sim P(\mu)$ 表之。其分配函數值亦可由附表二中查出。

例 6.40 某路口每週平均有 2 件車禍發生，試問本週僅會發生一件車禍的機率為何？

解 令 X 為車禍件數之事件，則 $X \sim P(2)$，即 $f(x) = \dfrac{e^{-2} 2^x}{x!}$，由附表二可查得所求為

$$P(X = 1) = f(1) = \frac{e^{-2} 2^1}{1!} = P(X \leq 1) - P(X \leq 0) = 0.2707$$

卜瓦松分配具有以下的特質：

1. 特定時間或區域與另一段不重疊的時間或區域，成功或發生次數為互相獨立。例如：今、明二天某一十字路口車禍次數為互相獨立，不相關的。

2. 特定時間或區域實驗成功或發生次數的期望值已知為 μ，則所觀察之另一段時間或區域之期望值會隨其時間長短或區域面積大小與已知之期望值之時間，區域大小成比例增減。

3. 在極短的時間或極小的區域內發生超過一次的機率接近 0。

► 定理 6.11

卜瓦松分配之平均數為 μ，變異數亦為 μ。

| 例 6.41 | 續例 6.40，每月(以 4 週計)有 10 件車禍發生的機率為何？ |

解 每月發生車禍次數之期望值＝ 4 週 × 2 次／週＝ 8(次)

故若 Y 表示每月發生車禍次數之事件，則 $Y \sim P(8)$，而

$$f(y) = \frac{e^{-8} 8^y}{y!} , \quad y = 0, 1, \cdots$$

故所求為

$$P(y = 10) = f(y) = \frac{e^{-8} 8^{10}}{10!} = 0.099$$

卜瓦松分配之另一功用為用來逼近二項分配，當所取的實驗次數 n 很大，而成功機率 p 很小時，卜瓦松分配可用來近似二項分配，一般而言，當 $n > 100$，$np < 5$ 時，$B(n, p)$ 之機率即可以 $P(\mu)$ 來取代，其中 $\mu = np$。

| 例 6.42 | 某公司之製成品每 1000 件中平均有 3 件為不良品，試求在 500 件製成品中，不多於 2 件不良品的機率為何？ |

解 此實驗原為二項分配，$n = 500$，$p = 3/1000 = 0.003$，則若令 X 為不良品件數，則所求之機率為

$$P(X \leq 2) = \sum_{x=0}^{2} \binom{500}{x} (0.003)^x (0.997)^{500-x}$$

然而，此值之計算極不容易亦無法由表中查出，現因 $n = 500$ 極大，而 $p = 0.003$ 夠小，故可以卜瓦松分配取代之，因此所求之機率為

$$P(x \leq 2) = \sum_{x=0}^{2} \frac{e^{-1.5} 1.5^x}{x!} = 0.809$$

● 6.12　常態分配

常態分配(normal distribution)為連續性分配中最重要者，其定義如下：

定義 6.10

若一連續隨機變數X之分配具有以下之機率密度函數，則稱之為常態分配，以$X \sim N(\mu, \sigma^2)$表之。

$$f(x) = \frac{1}{\sqrt{2\pi}\sigma} \exp^{-\frac{1}{2}\left(\frac{x-\mu}{\sigma}\right)^2}, \quad -\infty < x < \infty$$

▶ 定理 6.12

常態分配之圖形類似一鐘形曲線，中間較高而左右兩尾漸漸向 0 靠近但不相交，且左右對稱其期望值μ，圖形如圖 6.9 所示。

當μ，σ不同時，常態分配之圖形亦隨之改變，σ越小則圖形的中峰越高，而σ值越

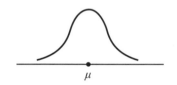

圖 6.9　常態分配密度函數圖形

大則圖形越趨扁平，在計算及應用上為求簡化，常常將之標準化，使之成為$\mu = 0$，$\sigma = 1$之標準常態分配(standard normal distribution)。

定義 6.11

當一常態分配之期望值為 0，標準差為 1 時，稱為標準常態分配，記作$X \sim N(0, 1)$其密度函數為

$$f(x) = \frac{1}{\sqrt{2\pi}} \exp^{-\frac{x^2}{2}} \quad -\infty < x < \infty$$

▶ 定理 6.13

若$X \sim N(\mu, \sigma^2)$，則$Z = \dfrac{X-\mu}{\sigma} \sim N(0, 1)$

定理 6.10 即為一標準化的過程，透過變數變換的步驟，可使各種各樣的μ及σ組合所產生的不同分配，轉換成標準常態分配，對於分析、比較及計算上頗有助益。因而，在求某一隨機變數X，$X \sim N(\mu, \sigma^2)$，在區間(a, b)間發生機率時，可透過轉換成為

$$P(a \leq X \leq b) = P\left(\frac{a-\mu}{\sigma} \leq \frac{X-\mu}{\sigma} \leq \frac{b-\mu}{\sigma}\right)$$

$$= P\left(\frac{a-\mu}{\sigma} \leq Z \leq \frac{b-\mu}{\sigma}\right)$$

$$= P(c \leq Z \leq d) \text{，其中} c = \frac{a-\mu}{\sigma} \text{，} d = \frac{b-\mu}{\sigma}$$

而此機率值即標準常態分配中點 c 到點 d 間之面積。

常態分配本身為一對稱分配，以期望值為中心，左右對稱，故左、右二邊之面積各為 $\frac{1}{2}$，即 $P(Z \geq 0) = P(Z \leq 0) = 0.5$，任意一點 $c(c > 0)$ 到 0 點間之機率與 0 點 $-c$ 點的機率相等，且可由附表三中查出所對應之值。

例 6.43 　求下列各機率值：

(1) $P(Z \leq 2.22) = ?$ 　　(2) $P(Z > -1.86) = ?$

(3) $P(|Z| < 1.5) = ?$ 　　(4) $P(-2.8 \leq Z \leq 1.93) = ?$

解 (1) $P(Z \leq 2.22) = 0.9868$

所求即圖中之陰影面積，由附表三中可直接查出。

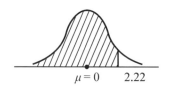

圖 6.10 　$P(Z \leq 2.22)$ 之圖示

(2) $P(Z > -1.86) = 1 - P(Z \leq -1.86) = 1 - 0.0314 = 0.9686$

附表中所給的是累積至 $Z = -1.86$ 之值，故所求的值為全部的機率 1 扣除白色部分所佔機率。

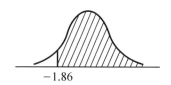

圖 6.11 　$P(Z > -1.86)$ 之圖示

事實上，由於常態分配具有對稱性，故所求

$P(Z>-1.86)=P(Z<1.86)$，亦可由表中直接查出答案。

(3) $P(|Z|<1.5)=P(-1.5<Z<1.5)=1-P(Z>1.5)-P(Z<-1.5)$

$$=1-2P(Z<-1.5)=1-2\times 0.0668=0.8664$$

由圖中可發現所求為全機率，扣除白色部分機率，故可再利用其對稱性，便能求出。

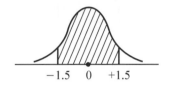

圖 6.12　$P(|Z|<1.5)$之圖示

(4) $P(-2.8\leq Z\leq 1.93)=1-P(Z<-2.8)-P(Z>1.93)$

$$=1-P(Z<-2.8)-P(Z<-1.93)$$

$$=1-0.0026-0.0268$$

$$=0.9706$$

同第(3)小題，透過繪圖可幫助求解。

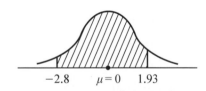

圖 6.13　$P(-2.8\leq Z\leq 1.93)$之圖示

反之，亦可透過附表中之機率值可求出相對應之z值。

例 6.44　求滿足以下機率之z值：

(1) $P(Z<z)=0.9772$　(2) $P(-z\leq Z\leq z)=0.95$　(3) $P(Z>z)=0.015$

解 (1)透過圖形可減少錯誤

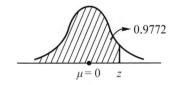

圖 6.14　$P(Z>z)=0.9772$ 之圖示

由附表中可直接查出此 z 值應為 2.0。

(2)由圖形可知，若 $P(-z \leq Z \leq z) = 0.95$，則 $1 - P(-z \leq Z \leq z) = 0.05$，亦即 $P(Z > z)$ $+ P(Z < -z) = 0.05$，再由對稱性可得 $2P(Z \leq -z) = 0.05$，故 $P(Z \leq -z) = 0.025$，由附表中可查出 $-z = -1.96$，故 $z = 1.96$。

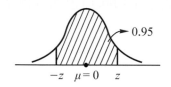

圖 6.15　$P(-z \leq Z \leq z) = 0.95$ 之圖示

(3)即求 $P(Z > z) = 0.015$，即 $P(Z < z) = 1 - 0.015 = 0.985$，故由表中可查出 $z = 2.17$。

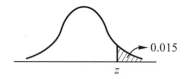

圖 6.16　$P(Z > z) = 0.015$ 之圖示

在熟悉標準常態分配及附表之使用後，我們再將焦點轉回一般常態分配上，利用標準常態分配即可查出所求之各區間之機率。

例 6.45　某校學生之微積分測驗成績服從期望值為 55，變異數為 16 之常態分配，問成績在 50 到 60 分之間的學生佔多少比例？

解　令 X 為微積分成績之事件，則 $X \sim N(55，4^2)$，依題意即求

$P(50 < X < 60)$

$= P(50-55 < X-55 < 60-55)$

$= P\left(\dfrac{50-55}{4} < \dfrac{X-55}{4} < \dfrac{60-55}{4}\right)$

$= P(-1.25 < Z < 1.25)$

$= 1 - 2 \times P(Z < -1.25)$

$= 1 - 2 \times 0.1056$

$= 0.7888$

　　如同卜瓦松分配一樣，常態分配之另一功用亦可用來逼近二項分配，當樣本數n很大時，二項分配之機率不易求出，若p值亦小則我們可用卜瓦松分配來逼近二項分配，但當p值很小時，則卜瓦松分配之逼近狀況不佳，一般而言，當$np \geq 5$ 時，可使用常態分配來求取二項分配之近似值，亦即，若X為一服從二項分配之隨機變數，其機率函數為$B(n，p)$，則當n夠大時，X將可視為常態分配，亦即隨機變數$Z = \dfrac{X-np}{\sqrt{np(1-p)}}$ 將服從標準常態分配。

| 例 6.46 | 某工廠不良率為 0.1，今隨機抽取 900 件產品做檢驗，試求(1)其中有至少 100 件不合格品之機率為何？(2)其中恰有 90 件為不良品的機率為何？ |

解　依題意$n = 900$，$p = 0.1$，可利用常態分配求逼近二項分配之機率，故可知

$\mu = 900 \times 0.1 = 90$，$\sigma^2 = 900 \times 0.1 \times 0.9 = 81$，則若令$X$為不良品件數之事件

(1) $P(X \geq 100)$

$= P(X \geq 99.5) = P(x - 90 \geq 99.5 - 90)$

$= P\left(\dfrac{X-90}{\sqrt{81}} \geq \dfrac{99.5-90}{\sqrt{81}}\right) = P(Z \geq 1.056)$

$= 1 - 0.85448 = 0.14552$

(2) $P(X = 90)$

$= P(89.5 \leq X \leq 90.5)$

$= P(89.5 - 90 \leq X - 90 \leq 90.5 - 90)$

$= P\left(\dfrac{89.5-90}{\sqrt{81}} \leq \dfrac{X-90}{\sqrt{81}} \leq \dfrac{90.5-90}{\sqrt{81}}\right)$

$= P(-0.056 \leq Z \leq 0.056)$

$= 1 - 2 \times P(Z \leq -0.056)$

$= 1 - 2 \times 0.4777 = 0.0446$

　　在上例中，讀者必須注意兩件事，其一為在二小題中，我們在求取$X \geq 100$及$X = 90$之機率時所計算的範圍分別為$X \geq 99.5$ 及 $89.5 \geq X \geq 90.5$，此乃因為在連續分配中任一點機率均為 0，故在第(1)小題中$X = 100$於離散分配中是有其機率值，但以常態分配來逼近時卻沒有機率，同理在第(2)小題中x恰等於 90 在二項分配中確有其意義，故在計算時，

我們必須加上一個連續修正量，此修正量即可能誤差也就是最末數值的半個單位，才能得到所求之機率。

其二為例中 $Z \geq 1.056$ 及 $Z \leq -0.056$ 之機率在附表中無法查到，此時讀者可利用內插法來幫助求解。

由表中知

$$P(Z \leq 1.05) = 0.8531$$
$$P(Z \leq 1.06) = 0.8554$$

故若令 $P(Z \leq 1.056) = x$，則依內插法有

$$\frac{0.8554 - 0.8531}{1.06 - 1.05} = \frac{0.8554 - x}{1.06 - 1.056}$$

可得

$$x = 0.85448$$

習題六

1. 何謂隨機試驗？試舉例說明之。

2. 何謂樣本空間？

3. 何謂獨立事件？何謂相依事件？試舉例說明之。

4. 投擲一骰子二次，並記錄所出現之點數，(1)請列出本實驗所有簡單事件，(2)令A表示出現點數均為偶數之事件，試列出A之所有樣本點，(3)試對A中之樣本點加上機率。

5. 由 52 張牌中隨機抽出一張，問(1)抽到人頭的機率為何？(2)抽到紅心 5 的機率為何？

6. 擲一骰子二次並記錄出現的點數，定義事件A，B，C如下：

   A：丟出點數和小於 7

   B：丟出點數和小於等於 4

   C：丟出點數和大於 5

   試求下列各事件之機率：

   (1)A，(2)B，(3)$A \cap B$，(4)$A \cap B \cap C$，(5)$A \mid B$，(6)$A \cap (B \cup C)$

7. 某房屋仲介其業務狀況加以分析，發現若未來半年經濟好轉的話，其房屋成交率將達成 0.8，若景氣持續低迷則成交率僅達 4 成，現依據相關經濟指標預測出景氣轉好的機率為 70 ％，問該公司下半年之房屋成交率為何？

8. 在習題 6.中，(1)事件A與事件B為獨立事件？或為互斥事件？抑或均不是？(2)事件A與事件C之間的關係又如何？

9. 根據統計已婚男子收看電視新聞的機率為 0.7，而已婚女子收看之機率則為 0.6，若已知先生收看新聞則太太也看新聞的機率是 0.8，試求(1)夫婦二人均看新聞的機率？(2)已知太太看新聞，先生也看的機率為何？(3)夫婦中至少有一人看新聞的機率為多少？(4)兩人均看新聞的事件是否為獨立事件？或為互斥事件？

10. 令隨機變數X之機率函數如下：

$X = x$	0	1	2	3	4	5
$P(x)$	0.15	0.2	$P(2)$	0.2	0.1	0.1

問(1)$P(2) = ?$ (2)$P(X \geq 2) = ?$ (3)$E(X) = ?$ (4)$V_{ar}(X) = ?$ (5)$E(5X + 3) = ?$

(6)$V_{ar}(5X + 3) = ?$

11. 函數 $f(Y = y) = \begin{cases} \dfrac{y}{2} & 0 \leq y \leq 2 \\ 0 & \text{其他} \end{cases}$，問

(1)f是否為一個機率密度函數？(2)令Y為以上函數之隨機變數，則Y之分配函數為

何？(3)$E(Y) = ?$ (4)$V_{ar}(Y) = ?$ (5)$P(1 \leq Y \leq 1.5) = ?$ (6)$E\left(\dfrac{Y + 1}{Y}\right) = ?$

12. 一桶中有 25 顆號碼球，由 1 編至 25 號，自桶中隨機抽取一顆並記錄其號碼，問
(1)此事件之分配為何？(2)抽出號碼球小於 10 的機率為何？

13. 某公司之良率為 0.9，某日產出共 25 件成品，問其中(1)有 3 件不良品之機率為何？
(2)良品至少有 21 件的機率為何？

14. 某交通路口上經過的車輛中有 10 ％的車輛來自外縣市，問(1)在 5 輛車經過時，最
多有 2 輛是外縣市車輛的機率為何？(2)在經過的 100 輛車中，本縣市車輛有 84 輛
至 96 輛的機率為何？(3)利用柴比雪夫不等式計算的結果與(2)之結果是否一致？

15. 令隨機變數X服從$\mu = 2.5$ 的卜瓦松分配，試求(1)$P(X = 0) = ?$ (2)$P(X \geq 3) = ?$ (3)
$P(X < 5) = ?$

16. 某 24 小時營業之超級市場，在每 30 分鐘內光顧的客人數目為$\mu = 4$ 的卜瓦松分
配，問(1)在 1 小時內，有 10 位客人的機率為何？(2)每天客人數目不超過 150 人的
機率為何？(3)每 3 小時客人數目的期望值為何？變異數為何？

17. 假設因得到呼吸道疾病而致死的機率為 0.015，問在一批 2500 人的呼吸道疾病患
者中，有 40 人以下死亡的機率為何？

18. 某市有居民 200 戶，警局配備警車 3 輛，而平日之報案率為 0.01，問某日警局疲
於奔命之機率為何？

19. 求以下標準常態變數Z之機率值：

    (1)$P(Z > -0.75) = ?$

    (2)$P(Z < -1.0) = ?$

    (3)$P(-2.05 \leq Z \leq -1.8) = ?$

    (4)$P(-1.625 < Z < 0.375) = ?$

20. 求滿足以下機率之z值：

    (1)$P(-z < Z < z) = 0.95$

    (2)$P(-z < Z < z) = 0.99$

    (3)$P(-z < Z < z) = 0.67$

21. X為常態分配之隨機變數，期望值為8，標準差為2，試求以下之機率(1)$x > 9$，(2) $x < 7.2$，(3)$6 < x < 11$。

22. 某一常態分配之隨機變數X，變異數為4，若X超過9.5的機率為0.975，問其期望值為何？

23. 擲一硬幣1000次，試求：

    (1)出現正面次數在480到525之間的機率。

    (2)出現正面次數恰為530次之機率。

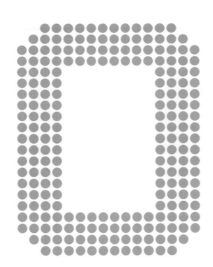
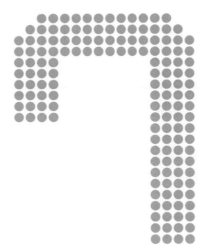

決策理論

● 7.1 緒 論

日常生活中人們經常面對抉擇，尤其企業經營者在瞬息萬變的生活經濟中，常常必須對重大投資方案作出決策(decision making)，訂定此一決策通常影響深遠不可不慎。而良好的決策將可爲企業帶來利潤，亦是成功管理的不二法門。然而現實社會充滿不確定性的因素，在決策的過程中通常牽涉許多主觀、客觀的因素，依個人的經驗法則或主觀判斷將可能因思慮之不夠周全而有所遺憾，因而建立一套科學的、客觀的決策方法以爲企業決策之依循漸形重要。而一個經驗豐富的決策者(decision maker)將可依其豐富的經驗縮短決策過程，避免錯誤。是故經驗爲一決策者之個人資產，在推理過程之中，加上適當的科學方法，正確的邏輯推理過程以及可靠的最新資訊，將可進行一個良好的決策推演。

此種科學方法所衍生之學理謂之決策分析(decision analysis)，在此科學理論上，有二大原則爲必須遵循的，其一爲理性原則，亦即在做決策時，個人的主觀判斷必須是和客觀事實相容的，例如：企業所提出的商品是消費大眾所需要的；其二是趨利原則，亦即決策之準則不外乎爲自己或爲企業本身獲得最大利益或將損失減到最小，例如：在各種方案中，能以最少的投入獲致最大產出者即爲決策者所應做的選擇。此二原則事實上爲人們做出決策時之基本本能，所爲的不過是獲得自己或企業的最大滿足。然而有許多社會現象似乎不合此二原則，此種狀況已牽涉到非科學的角度，因此將非本章研究的對象。

許多重大決策通常會影響企業之存活，故影響極爲重大，然而，所謂決策不外乎在許多可行的方案中求取最佳的(optimal)決策，例如：在數個投資方案中選擇獲利最大者，或是對某個尚未發生的事件下一判斷。因此，決策所面對的是一個不確定的狀況，例如：新產品推出時，投資金額大小的判斷中，所面對的將是市場需求的不確定性，而決策者必須承擔不同程度的風險(risk)，以爲經營政策的指標。是故，決策分析中所探討的主題可依各種未來事件瞭解程度分成確定型決策及不確定型決策。而其中在面對不確定型決策時，又可依對方案本身之瞭解狀況區分爲風險性決策、完全情報下決策及完全不確定性決策等三種。

● **7.2** 決策償付表

在進入各種不同狀況之決策方法討論前,首先,必須先定義幾個重要的名詞,以及將決策方案以列表方式表現出來,以便決策者更容易擬定決策之決策償付表(pay-off table)。

決策者在做選擇時之各種選擇對象稱之為方案(alternative)或對策(action),而所有的方案或對策所成的集合以英文字母大寫 A 來代表。再者,決策時所面對的未來事件稱為自然狀態(state of nature),以小寫希臘字母 θ 表示之,所有自然狀態的集合則以大寫希臘字母 Θ 表之,因此,Θ 中必須包含所有可能發生的狀況且不相重疊,此亦即符合周延與互斥二原則。將所有的可行(feasible)策略及自然狀態列出於一表之行、列標題中,再將各種方案被採行被各種自然狀態所對應之報酬列於相對的位置上,則形成一張決策償付表。即,若可行方案 a_1,…,a_k 等 k 個,而自然狀態 θ_1,θ_2,… θ_n 等 n 個,採行方案 a_i,在 θ_j 之自然狀態下得到的報酬為 $V(a_i, \theta_j)$,則其償付表為

表 7.1 決策償付表

自然狀態 可行方案	θ_1	θ_2	…	θ_n
a_1	$V(a_1, \theta_1)$	$V(a_2, \theta_2)$	…	$V(a_1, \theta_n)$
a_2				⋮
⋮				⋮
a_k	$V(a_k, \theta_1)$	$V(a_k, \theta_2)$	…	$V(a_k, \theta_n)$

決策償付表為 A 和 Θ 之函數。

例 7.1 老王最近花了一百萬元買了一輛車,正傷腦筋是否該為其車投保全險,保費為 5 萬元,只知若不幸失竊了,保險公司可因投保全險而理賠 80 萬元,試作出其決策償付表。

解 在此例中,老王的可行方案為 a_1 投保或 a_2 不投保等二種,而所面對的自然狀態亦有二種,一為 θ_1 失竊,另為 θ_2 不失竊。

若老王為其新車投保,則一旦失竊,老王的損失將包括保費 5 萬元,車 100 萬元,但可得理賠 80 萬元,故其總損失為 25 萬元,亦即其報酬 $V(a_1, \theta_1) = -25$ 萬元,

同理，若投保後未失竊，則老王之報酬爲 $V(a_1, \theta_2) = -5$ 萬元，不投保但遭竊則報酬值 $V(a_1, \theta_2) = -100$ 萬元，反之，不投保亦不失竊則報酬值 $= 0$，故其償付表如下：

表 7.2　例 7.1 之償付表　　單位：萬元

自然狀態 可行方案	失竊	不失竊
投　保	− 25	− 5
不投保	− 100	0

● 7.3　確定型決策

　　確定型決策即決策者已知所能採取的每一種策略所導致的結果，在此狀況下，執行某一可行方案其自然狀態僅有一種，如下：

表 7.3　確定決策之償付表

可行方案	自然狀態
a_1	$V(a_1, \theta_1)$
⋮	
a_k	$V(a_k, \theta_1)$

故其決策過程則可依趨利原則，選擇各方案中報酬值最大或依其需要自行取捨即可。

例 7.2　　阿紅有 1000 元，可買衣服、鞋子或大吃一頓，買衣服花 990 元，買鞋子要花 960 元，而大吃一頓需要 800 元，故此時之償付表爲

表 7.4　例 7.2 之償付表

可行方案	自然狀態
買 衣 服	− 990
買 鞋 子	− 960
大吃一頓	− 800

如此，在 −990，−960，及 −800 中尋找最大值，選擇大吃一頓所需支付的代價最小，爲其最佳選擇。

| 例 7.3 | 老李欲自台北至高雄洽商,可選擇搭乘國光號、搭火車或搭飛機,其償付 |

表如下:

表 7.5　例 7.3 之償付表

自然狀態 可行方案	所需旅費,所需時間
國光號	500,5 小時
火車	893,4 小時
飛機	1900,1 小時

如此,老李可自行於所需旅費或所需時間中加以取捨,若欲儘快到達則應
選擇搭飛機,若欲省錢則應選擇搭國光號或折衷搭自強號火車。

7.4　完全不確定性決策

在確定性決策中一切資訊已明確,所面對的問題極為簡化,在日常生活中經常面對
決策問題通常不會如此單純,是故決策分析主要探討的對象為不確定性決策問題。

不確定型決策又可依對自然狀態的了解程度加以區分,本節所要探討的是對可行方
案不完全了解且對自然狀態並不熟悉的一種極端型態。在此種對未來茫然無知或過去經
驗已不可信的狀況,事實上接近一般的社會現象,因此有大部分的決策問題皆屬之。處
理此類不確定型決策問題的方法有小中取大、賀威茲準則、拉普拉斯準則、大中取大等
四種方法。

7.4-1　小中取大準則

小中取大準則(maxmin criterion)為一保守作法,故又稱為悲觀準則(criterion of
pessimism)。由於對自然狀態的無知,而生性保守的人通常會以最壞狀況(worst case)
來考量,當每一方案若處在最不利的狀況下,會獲致的最小的利益或遭受到最大的損
失,在這些報酬中選取帶來最大報酬或損失最小者,所對應的方案即為所求的最佳方
案。亦即,在最惡劣的狀況下尋找最大利益的策略。

例 7.4	試以小中取大原則求解例 7.1？

解 在老王的新車保險與否例題中，老王不知其新車是否會遭竊，因此屬於完全不確定性決策問題，以小中取大準則處理之。其步驟如下：首先，求取各種策略下的最壞結果，由償付表中可得，若保全險則最大損失為失竊時之 25 萬元；反之，若不投保，則最大損失將發生在失竊時之 100 萬元，在此情況下選擇投保將較明智，因其損失較小。

若以償付表來幫求解，可在原償付表中加一列極小行，接著在列極小行中選出具最大值之列則為所求之最佳決策。

表 7.6　以小中取大準則進行決策

單位：萬元

自然狀態 可行方案	失 竊	不失竊	列極小	
投 保	−25	−5	−25	⎤ → max=−25
不投保	−100	0	−100	⎦

◻ 7.4-2　大中取大準則

大中取大準則(maxmax criterion)顧名思義即在各方案中選取每一方案中具有最大報酬的自然狀態，再在這些自然狀態中找出具有最大利益之方案為其最佳選擇，此選擇方式於初期恰與小中取大準則相反，為一樂天派的作法，採取此準則之心態是認為每一方案會以最佳的結果呈現，而非最差的狀況，因此又稱為樂觀準則(criterion of optimism)。

例 7.5	續例 7.1，若老王天性樂觀，則其決策又為如何？

解 因老王是樂天派，因此，他認為他的愛車不會不幸失竊，如此，他若投保，則他必須支付 5 萬元保費；反之，他若不投保，他則不須支付任何費用，在此情況下，他自然選擇不投保。

同理可以償付表幫助求解，當方案及自然狀態眾多時，償付表可輕易地幫助求解。

表 7.7　以大中取大準則進行決策

單位：萬元

自然狀態 可行方案	失 竊	不失竊	列極大	
投 保	−25	−5	−5	┐max
不投保	−100	0	0	┘→ 0

不論是以小中取大或大中取大準則來作決策，決策者對自然狀態之發生概況不清楚，憑藉對事物看法之保守或冒險心態來取捨，因此，因人而有不同抉擇。

7.4-3　賀威茲準則

前二種方法爲二個極端的作法，因此可以賀威茲準則(Hurwitz criterion)，於最樂觀與悲觀中，取一樂觀係數α，$0 \le \alpha \le 1$作爲取捨，再進行加權平均後取最大利益的策略，即計算 $\alpha \max\limits_{i=1,\cdots,n} V(a_j , \theta_i) + (1-\alpha) \min\limits_{i=1,\cdots,n} V(a_j , \theta_i)$ 後再取有最大加權平均值爲所求。

例 7.6　　續例 7.1，若老王的樂觀係數爲 0.6，則其決策又爲如何？

解　此例中老王爲中庸偏向樂觀心態者，以償付表進行求解得下表：

表 7.8　例 7.1 以賀威茲準則進行決策

單位：萬元

自然狀態 可行方案	失 竊	不失竊	列極大	列極小	賀威茲準則	
投 保	−25	−5	−5	−25	0.6(−5)+(0.4)(−25)=−13	┐max
不投保	−100	0	0	−100	0.6(0)+(0.4)(−100)=−40	┘→ −13

故老王應選擇投保。若老王之樂觀係數爲 95％，則應選擇不投保，不同樂觀係數可能得不同的答案。

7.4-4　拉普拉斯準則

若一決策者無法決定其樂觀係數爲何，則可以取各償付值之平均數爲依據，再從中取有最大利益者爲其最佳決策，此即拉普拉斯準則(Laplace criterion)。

例 7.7	續例 7.1 以拉普拉斯準則求最佳策略。

解 將各種策略之償付值取其平均值後得下表

表 7.9　例 7.1 以拉普拉斯準則進行決策

單位：萬元

自然狀態 可行方案	失竊	不失竊	平均值
投保	−25	−5	$\frac{-25+(-5)}{2}=-15$
不投保	−100	0	$\frac{-100+0}{2}=-50$

max ⟶ −15

故應選擇投保。

● 7.5　風險性決策

　　風險性決策探討在面對未來的不確定狀況下，決策者憑本身豐富的經驗，事前已收集好的資訊或過去歷史資料，雖不確知某個自然狀態會發生，但對每一自然狀態發生的可能性已有概念，則決策者可藉由最大期望值法、最大概似法及最大效用理論來求取最佳方案。

■ 7.5-1　最大期望值準則

　　最大期望值準則(criterion af maximum expected value)即計算決策者對每一方案的期望值，再由其中選取最大值者為最佳方案。

　　在風險性決策中，決策者已知每一自然狀態的概況，因此，每一自然狀態之機率為已知，以$P(\theta_j)$，$j=1\cdots,n$，代表各自然狀態之發生機率，故$0 \le P(\theta_j) \le 1$，$j=1$，$\cdots$，n且$\sum_{j=1}^{n} P(\theta_j)=1$，則依機率論中期望值之定義可得方案$a_i$之期望報酬$E(a_i)$，即為各種不同之自然狀態$\theta_j$發生機率$P(\theta_j)$與所對應之報酬值$V(a_i，\theta_j)$之乘積和，亦即

$$E(a_i)= \sum_{j=1}^{n} P(\theta_j)V(a_i，\theta_j)，i=1，\cdots，k$$

而最佳決策則為具最大期望值之方案。

| 例 7.8 | 續例 7.1，若老王已知此款車在過去資料統計中失竊率為 0.1，則其決策 為何？ |

解 由題意知，$P(\theta_1 = 失竊) = 0.1$，故 $P(\theta_2 = 不失竊) = 1 - 0.1 = 0.9$，則投保之 期望值為

$$0.1 \times (-25) + 0.9 \times (-5) = -7(萬元)$$

則不投保之期望值為

$$0.1 \times (-100) + 0.9 \times (0) = -10(萬元)$$

投保後所發生的期望報酬較不保險為高，或者說所帶來的損失較小，因此投保將是最佳選擇。而老王所承擔的風險即若自然狀態之機率值不正確或有變動時，最佳決策是否仍為最佳之風險。

在上例中，若老王不願投保，除非投保的期望值較不投保之期望值低，亦即，若假設失竊率為 p，則

$$E(投保) = -25 \times p + (-5) \times (1-p) = -5 - 20p，$$

而

$$E(不投保) = -100 \times p + (0) \times (1-p) = -100p$$

故當 $-5 - 20p < -100p$ 時可選擇不投保，亦即，$p < 0.0625$，當失竊率小於 0.0625 時，老王不必投保。

7.5-2 最大概似法

當決策者對每一自然狀態發生的可能性已有概念，則若此資訊正確，可選擇最可能發生狀態中，對自己最有利的決策。

| 例 7.9 | 續 7.1 及 7.8，以最大概似法求解之。 |

解 因不失竊的機率為 0.9，而在此狀態下，不投保可得最佳利益。

◼ 7.5-3 最大效用準則

　　最大期望值準則(maximum utility criterion)乃假設決策者在任何方案所賦予之報酬或損失完全以金錢價值來衡量，然而有大多數的情況中，面對不同的外在環境下，人們對金錢的感受程度與金額大小並非呈等比例的關係，例如：給一個家徒四壁的乞丐一萬元，其高興將不在話下。然而，若將這筆錢拿給一個億萬富翁，則其財富增加自無不好，但如九牛一毛，心中可能沒有任何興奮的感覺了。其中「高興」即這一萬元所帶來的效用，前者「很高興」，亦即所帶來的效用很大，而後者則所帶來的效用不高，此即所謂之效用理論(utilily theory)。「效用」(utility)乃金錢價值外的另一個量測單位，用來測度金錢在決策者心中所引起的偏好程度(preference level)如何。故一般而言，效用值為 0 到 1 之間的數值，當決策者心中對某一價值所達到的偏好最高時，定義此時之效用值為 1，而其他事件之偏好程度則與之其比較，得出所作比例或百分比，即此事件之效用值，依金錢數值及其所對應之效用值所繪出的圖形即稱為一效用曲線(utility curve)。若能以函數的形式表示，則此函數即稱之為效用函數(utility function)。

　　效用理論亦正如人們明知保險不是個獲利的投資；或甚至大多時間而言，為一個只賠不賺的投資，但為了預防萬一發生意外時所帶來的困境，人們依然樂於投保，以金錢換來保障，此即為效用理論之最佳詮釋，至於效用函數或效用曲線的取得請讀者參閱效用理論之相關書籍，在此不贅述。

　　一般而言，效用曲線為一連續上升函數，亦即若所給予的金錢報酬越高則其效用值越大，但並非一定成正比方式而為一條直線。效用曲線可依決策者對風險的承受程度區分成保守型、中庸型及冒險型三種型態，如圖 7.1 所示。

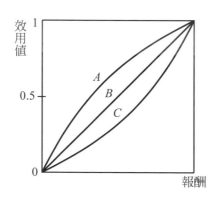

A：保守型
B：中庸型
C：冒險型

圖 7.1　效用曲線之三種型態

　　具有保守型此種型式效用曲線之決策者的最大特徵為當償付金額越高時，所得之效用值增量越小，故其行動將越趨保守避免冒險；反之，具有冒險型效用曲線之決策者和保守型決策者相形之下，要能獲得較大的報酬才能獲得與保守型決策者相同的滿足，故為了追求滿足，願意冒險嘗試；而中庸型效用曲線之決策者，其效用函數和金錢價值成正比，亦即其效用期望值將和以金錢報酬所得之期望值成一固定比例，故可視為尺度間之轉換而已。

例 7.10　　某公司正研究將一筆 100 萬元的資金投資，現有二方案待選擇，若投資甲方案則有 50 % 的機會可以成功且可獲得 300 萬元的利潤，若失敗了則可能血本無歸，公司將倒閉，若投資乙方案則有 80 % 的機會可以成功，但其獲利較低，只能得到 150 萬元的利潤，現該公司有 A、B 二位老闆，此二位經營者之經營理念不甚相同，分別將其效用曲線繪如圖 7.2 中，問各支持何者方案？

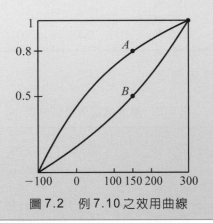

圖 7.2　例 7.10 之效用曲線

解　首先將此題之償付表列出：

表 7.10　例 7.10 之償付表

自然狀態 可行方案	成功	失敗
甲方案	300	− 100
乙方案	150	− 100

若依最大期望值準則來處理之，可得

$E(甲) = 0.5 \times 300 + 0.5(-100) = 100$

$E(乙) = 0.8 \times 150 + 0.2(-100) = 100$

如此，選擇甲、乙二方案之方案之任何一個均有 100 萬元之期望利潤可得到，因此二者均可為最佳方案。

在本題中，已給定二位老闆之效用曲線，由圖中可知 A 老闆為保守型經營者，而 B 老闆則為大膽嘗試型經營者，二人之效用值可分別列於以下之表中，其中，以 A 老闆之效用曲線為例，甲方案若成功可帶來 300 萬元之利潤，在其心中能獲得最大的滿足，效用值為 1，而乙方案所帶來的 150 萬元利潤亦可獲得 80 ％的滿足，故其效用償付表如下：

表 7.11　A 老闆之效用償付表

自然狀態 可行方案	成功	失敗
甲方案	1	0
乙方案	0.8	0

同理，B 老闆之效用償付表為：

表 7.12　B 老闆之效用償付表

自然狀態 可行方案	成功	失敗
甲方案	1	0
乙方案	0.5	0

因此，A 老闆的效用期望值為

$E_A{}'(甲) = 1 \times 0.5 + 0 \times 0.5 = 0.5$

$E_A{}'(乙) = 0.8 \times 0.8 + 0.2 \times 0 = 0.64$

故 A 老闆將選擇乙方案。而 B 老闆的效用期望值為

$E_B{}'(甲) = 1 \times 0.5 + 0 \times 0.5 = 0.5$

$E_B{}'(乙) = 0.5 \times 0.8 + 0.5 \times 0 = 0.4$

故 B 老闆將選擇甲方案。

在上例中，二種不同性格的經營者將選擇不同的決策方策，對A老闆而言寧可只冒20％失敗的危險來賺取150萬元的利潤，而B老闆則願意放手一博至少有50％的機會可為其公司賺進300萬元之利潤，此即效用理論在風險性決策上的應用。

● 7.6 決策樹

另一個常用來幫助決策分析之手法為繪製決策樹(decision tree)。決策樹乃將整個問題依其發生之順序及相互間的關係一一繪製於圖上，可提供決策者對問題全盤性的瞭解，有精簡問題的功用。

決策樹包含二個基本元件，一為結點(node)，另一為支幹(branch)。其中，結點又可依其型態分成兩種，若為決策結點(decision node)以"□"表之，若為機會結點(choice node)或終點(terminal node)，則以"○"表示之。而支幹則以直線表之，其作用為連結各結點。當決策者選擇某一決策結點則必須沿此結點所連接之支幹至下一結點，因之形成一個路徑。而若決策者之決策路徑行至機會結點則下一步所須經過的支幹及結點將取決於各機會點之機率值。因此，支幹上將標示出各結點之機率值，而各終點上應將各償付值標示出。

決策樹之決策方式為反推方式(backward)，由每一事件之終點方向向前反推至前一個機會結點，而此機會結點之期望值即由各種自然狀態之償付值及所對應之機率所加權而來，所選擇的即是具有最大期望值者，如此繼續向前反推至事件起點，則可推算出最佳決策，並在非最佳決策之支幹上作"X"之記號，表示其非最佳選擇。

| 例 7.11 | 續例 7.8，試以決策樹求解 |

解 未完成之決策樹

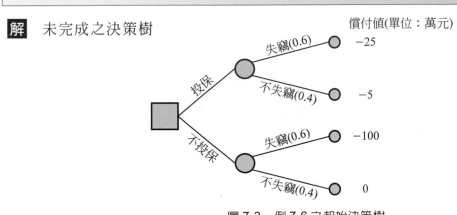

償付值(單位：萬元)

圖 7.3　例 7.6 之起始決策樹

完成之決策樹

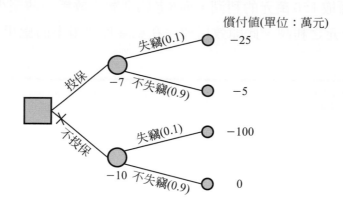

圖7.4 例7.6之完整決策樹

其中 $-7 = 0.1 \times (-25) + 0.9 \times (-5)$
$-10 = 0.1 \times (-100) + 0.9 \times 0$

例7.12	試繪例7.10中A老闆之決策樹

解

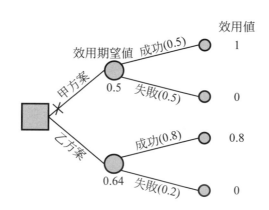

圖7.5 例7.10 A老闆之決策樹

　以決策樹來進行分析可幫助決策者以有系統的方式來求得心中的最佳方案，在複雜的求解過程中為不可或缺的工具。

7.7 貝氏決策理論

在前述的討論中，當決策者所面對的是完全不確定決策時，決策者可依趨利避害的原則來依小中取大或大中取大的準則選擇最佳方案。但是，一般而言，決策者對自然狀況不可能一無所知，因此我們願意相信現實社會中，即使在有風險的狀況下，決策者仍可依個人主觀判斷、經驗累積以及部分的客觀資訊，而可訂出各自然狀態的機率，並進而求出最佳決策。

在此資訊流通快速的時代中，決策者為降低風險，減少損失並增加利潤，自然願意透過科學的方法來尋找各種自然狀態更精確、更完整的資訊。由主觀判斷、經驗值或歷史資料所得之自然狀態機率值，即在第六章貝氏定理中所提及的事前機率，而透過貝氏定理，將事前機率和經由科學方法所獲得的最新資訊結合，可得到自然狀態的最新、最完整估計值，此種修訂後的機率值稱之為事後機率。藉由完整的事後機率，我們可依最大期望值準則來求出最佳決策方案，此種決策模式即稱之為貝氏決策理論，所做出的決策在決策當時已獲得最完整資訊，因此又可稱為完全情報(complete information)決策。以下將用二個例題來解釋此一決策過程。

例 7.13 續例 7.8，在老王新車保險案例中，若保險公司於最新的調查統計中指出，被竊的此種車中有 75％的人為其愛車投保全險，因而獲得理賠，而有 25％的人未投保而無法獲得賠償，而在其他未失竊的車主中，60％的人有保險，而其他 40％的人則未保全險，試求出此案例之事後機率。

解 令 X 為車子會失竊的事件，故 $\overline{X}$ 為新車不失竊的事件，A 為預測愛車可能失竊因而投保之事件，故 $\overline{A}$ 為預測愛車不會失竊故不投保之事件，則由題意知，在失竊的車主中，有 75％的人預測會失竊故投保險，因而有

$P(A\,|\,X) = 0.75$，$P(\overline{A}\,|\,X) = 0.25$

同理 $P(A\,|\,\overline{X}) = 0.6$，$P(\overline{A}\,|\,\overline{X}) = 0.4$

且由例 7.5 知 $P(X) = 0.1$，故預測愛車將失竊的機率為

$P(A) = P(A\,|\,X)P(X) + P(A\,|\,\overline{X})P(\overline{X})$

$= 0.75 \times 0.1 + 0.6 \times 0.9 = 0.615$

同理，預測愛車不失竊的機率為

$$P(\overline{A}) = P(\overline{A} \mid X)P(X) + P(\overline{A} \mid \overline{X})P(\overline{X})$$
$$= 0.25 \times 0.1 + 0.4 \times 0.9 = 0.385$$

或由$P(\overline{A}) = 1 - P(A) = 0.385$亦可求得，如此可修正事後機率如下：

預測愛車會失竊而果真失竊的機率為

$$P(X \mid A) = \frac{P(A \cap X)}{P(A)} = \frac{P(A \mid X)P(X)}{P(A)}$$

$$= \frac{0.75 \times 0.1}{0.615} = \frac{75}{615}$$

故，預測會失竊卻未失竊之機率為

$$P(\overline{X} \mid A) = \frac{540}{615}$$

同理，預測不會失竊卻失竊的機率為

$$P(X \mid \overline{A}) = \frac{P(X \cap \overline{A})}{P(\overline{A})} = \frac{P(\overline{A} \mid X)P(X)}{P(\overline{A})}$$

$$= \frac{0.25 \times 0.1}{0.385} = \frac{25}{385}$$

而預測不會失竊亦未失竊的機率為$P(\overline{X} \mid \overline{A}) = \frac{360}{385}$，以上即為事後機率。

　　讀者求事後機率的過程中，若感覺困難，則可以機率樹(probability tree)的方式，依序將事件發生之順序繪出後，再進行加總與各別機率之求解而得之。首先依乘法定理將各分支之機率相乘，記錄於各分支後，其次依總機率法則將所各項事件，分類相加，再各別相除即可得，如下所示：

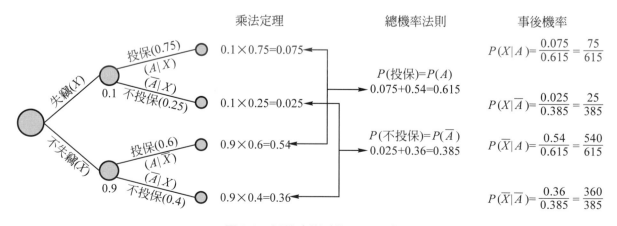

圖7.6　以機率樹計算事後機率

例 **7.14** 　某公司正研究在甲、乙、丙三種新產品中推出其中一種爲主力產品，根據
過去經驗該公司產品推出市場之成功率約爲7成，各方案推出後預估之損
益狀況如下：

表 7.13　例 7.14 之償付表

可行方案 ＼ 自然狀態	成功	失敗
甲	300	− 150
乙	150	− 50
丙	200	− 80

問，⑴該公司目前爲止應選擇何方案？⑵根據其行銷部門依過去經驗分析
出，若推出前看好的產品銷售成功的比例爲0.8，若推出前即預知市況可
能不佳的產品果如預期狀況的比例爲0.7，現因該公司之財務狀況不佳，
若投資失敗損失超過100萬元則可能面臨倒閉，因此高階經營者希望能透
過市調公司進行進一步調查確定市場狀況，若所需費用爲 10 萬元，問是
否有其價值？

解 ⑴至目前爲止該公司有的資訊爲各方案在各個自然狀態下之償付值及各自然狀態
之機率值，因此可利用最大期望值準則來求解。

$E(甲) = 300 \times 0.7 + (-150) \times 0.3 = 165$　　　　（單位：萬元）

$E(乙) = 150 \times 0.7 + (-50) \times 0.3 = 90$

$E(丙) = 200 \times 0.7 + (-80) \times 0.3 = 116$

因此，此時應選擇甲方案爲最佳決策，期望獲利165萬元。

⑵假設已做過市場調查，令A爲預測推出後成功的事件，X表示推出後成功的事
件，則依題意有

事前機率$P(X) = 0.7$　　　$P(\overline{X}) = 0.3$，

條件機率$P(A \mid X) = 0.8$　　$P(\overline{A} \mid X) = 0.2$

　　　　$P(A \mid \overline{X}) = 0.7$　　$P(A \mid \overline{X}) = 0.3$

故可求$P(A) = P(X)P(A \mid X) + P(\overline{X})P(A \mid \overline{X}) = 0.65$

$$P(\overline{A}) = 1 - P(A) = 0.35$$

事後機率為

$$P(X \mid A) = \frac{P(X \cap A)}{P(A)} = \frac{P(A \mid X)P(X)}{P(A)} = \frac{0.8 \times 0.7}{0.65} = \frac{56}{65}$$

$$P(\overline{X} \mid A) = 1 - P(X \mid A) = \frac{9}{65}$$

$$P(X \mid \overline{A}) = \frac{P(X \cap \overline{A})}{P(\overline{A})} = \frac{P(\overline{A} \mid X)P(X)}{P(\overline{A})} = \frac{0.2 \times 0.7}{0.35} = \frac{2}{5}$$

$$P(\overline{X} \mid \overline{A}) = 1 - P(X \mid \overline{A}) = \frac{3}{5}$$

或

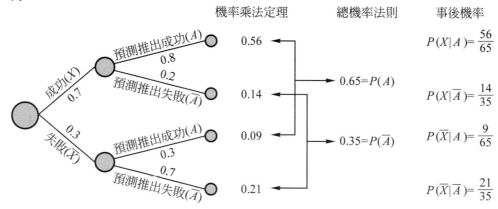

圖 7.7　例 7.14 之機率樹

茲將貝氏決策理論之決策過程配合決策樹分解為以下的步驟。首先將各結點編號，其中結點 1，2，3 為決策結點，結點 4 至 9 為機會結點，10 至 21 為終點。

步驟 0：填入各事後機率

步驟 1：計算各機會結點之期望償付值，並填入決策樹中。

$$E(4) = \frac{56}{65} \times 300 + \frac{9}{65} \times (-150) = \frac{15450}{65} \doteq 237.7$$

$$E(5) = \frac{56}{65} \times 150 + \frac{9}{65} \times (-50) = \frac{7950}{65} \doteq 122.31$$

$$E(6) = \frac{56}{65} \times 200 + \frac{9}{65} \times (-80) = \frac{10480}{65} \doteq 161.23$$

$$E(7) = \frac{2}{5} \times 300 + \frac{3}{5} \times (-150) = 30$$

$$E(8) = \frac{2}{5} \times 150 + \frac{3}{5} \times (-50) = 30$$

$$E(9) = \frac{2}{5} \times 200 + \frac{3}{5} \times (-80) = 32$$

步驟 2：選擇各決策結點之最佳方案。

　　結點 2 應選擇方案甲，方案乙，丙之支幹上劃上 "X" 記。

　　結點 3 應選擇方案丙，方案甲，乙之支幹上劃上 "X" 記。

步驟 3：最佳決策選定。

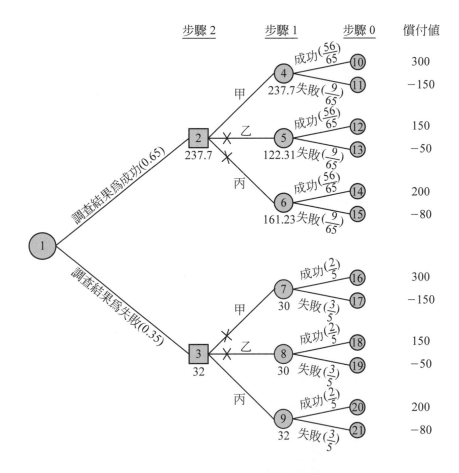

圖 7.8　例 7.14 之完整決策樹

若調查後之結果爲市場成功則應選擇方案甲，此時平均應有 237.7 萬元之獲利，反之，若調查後之結果爲不佳則應選擇方案丙，此時應有 32 萬元的獲利。

故市調之期望值爲

$237.7 \times 0.65 + 32 \times 0.35 = 165.75$

將上值與第 1 小題中期望值比較，二者之期望利益相差僅 7 仟元左右，因此，市調結果並無太大幫助且需多花費 10 萬元，故可不用市調。

 習題七

1. 某公司將推出新產品，其促銷手段分成以下三種：①電視與報紙搭配廣告②公車及看板搭配廣告③於各大人潮中心贈送試用品，而顧客之反應可分為佳，普通，及不好三種，估計各廣告手法之獲利狀況如下表，試以(1)小中取大準則，(2)大中取大準則，(3)$\alpha = 0.6$賀威茲準則，(4)拉普拉斯準則，判定分別應採取何種手段。

銷售狀況 手段	佳	普 通	不 好
電視、報紙	150	60	− 40
公車、看板	80	40	15
試 用	100	50	− 20

2. 某甲參加猜硬幣之賭博比賽，每次賭金為100元，他必須在十枚硬幣中猜出所丟者為何硬幣，第1種硬幣正面出現的機率為0.3，而第2種硬幣正面出現的機率為0.6，若10枚中有6枚為第1種硬幣，4枚為第2種硬幣，則(1)請列出此題目之償付表，(2)試問甲應如何選擇？

3. 某乙有農地一塊，想在上面種植蔬果，但每年雨量的多寡將影響其收成，若其收益狀況下：

雨量 種植	多	普 通	少
A	120	100	− 50
B	115	140	10
C	100	120	− 20

問(1)若乙生性保守，他應如何選擇？(2)若根據氣象報告，今年降雨量偏多的機率為0.4，普通為0.4，可能有乾旱現象的機率為0.2，問他應如何選擇？

4. 某丙為一棒球迷，今日已購得某熱門場次之職棒比賽門票，所費200元，但依今日之氣象報告指出今日降雨機率為 80 %，若比賽中下雨則可能淋濕，如此丙則願意在家看現場轉播，其效用償付表如下，問丙應如何選擇？

決策	下雨	不下雨
現場看球	0	100
家中看轉播	90	40

5. 在例題 7.10 中，若該公司經營者金錢之效用曲線如下，問他會如何選擇？(在未進行市調之前)

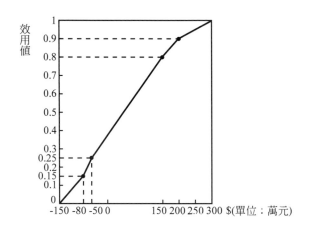

6. 試繪出⑴習題 1.之決策樹⑵習題 5.之決策樹。

7. 在習題 2.中，若甲可試丟一次，問⑴若丟出爲正面時他該如何選擇？⑵若丟出爲反面，又該如何選擇？

8. 某公司研發一種新產品其良率尙不穩定可能爲 0.95 或 0.8，此種產品爲批次生產，每一批量爲 100 件，而所製造之各批中良率 0.95 者佔 80 %，在出廠前若由品保部門負責一一檢驗，每一件之檢驗費用爲 15 元，如有不良品則予更換，若未加檢驗而有瑕疵品出現，必須賠客戶每件 6000 元。問⑴該工廠應選擇檢驗或不檢驗？⑵若其變通方式爲在出廠前作抽檢，費用爲 125 元，問是否有進行抽檢之必要？

9. 試以決策樹求解習題 7.及 8.之問題。

10. 某公司考慮擴大公司產能蓋一大型工廠或一小型工廠，當蓋大廠若該公司產品受歡迎則可淨賺 2000 萬元，若該公司產品不受歡迎則將損失 1000 萬元。當蓋小廠若該公司產品受歡迎則可淨賺 1500 萬元，若該公司產品不受歡迎則將損失 200 萬元。⑴作出償付表，⑵以小中取大求最佳決策，⑶以大中取大求最佳決策，⑷以賀威茲準則 $\alpha = 0.4$ 求最佳決策，⑸以拉普拉斯準則求最佳決策。

11. 續題 10.，根據經驗指出該公司產品受歡迎的機率為 0.6。(1)以最大概似準則求最佳決策，(2)以最大期望值準則求最佳決策。

12. 續題 11.，若委託顧問公司作市場調查，根據該公司之歷史資料顯示，若顧問公司調查結果為推出後受歡迎而調查結果為肯定的機率為 80 ％，而推出後失敗而顧問公司調查結果為不佳的機率為 70 ％，而調查費用為 20 萬元，請畫出其決策樹並做出是否應做調查及蓋大小工廠之決策。

13. 續題 11.，若該公司主管的效用值如下表：(1)繪出其效用？(2)以最大期望值準則求最佳決策。

$	U($)	$	U($)
−1020	0	1200	0.65
−1000	0.2	1480	0.7
−220	0.45	1500	0.75
−200	0.5	1980	0.95
0	0.6	2000	1

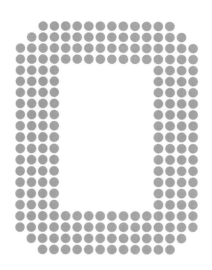
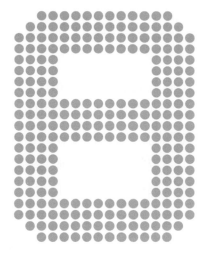

競賽理論

在現實生活裏充滿著人與人、公司與公司間為爭奪更大的利益而彼此競爭，依自己的最大利益而作決策這就是所謂的競賽理論(game theory)。

競賽理論是由匈牙利人約翰伊曼(John Von Nevmaun)所發展出來的，在競賽理論中最經典的例子就是「囚犯的兩難」。假設張三和李四聯手到銀樓偷竊，兩人以共同嫌疑犯被捕，檢察官將兩人隔離偵訊，並且說：「如果你認罪的話將判你6個月的徒刑，另一人不認罪將被判7年的徒刑，如果兩人同時招供，每人各判3年的徒刑，但若兩人均不認罪判刑1年。」此時，張三和李四會招供嗎？

由以上例子中，我們可以將每個人可採行的策略組合成一個償付表(payoff table)：

表8.1 張三李四之償付表

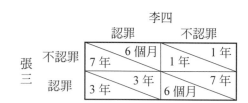

顯然地，「人不為己，天誅地滅」，這是人類的天性，在競賽理論中必須強調的是參與者都是理性的，也就是說每個人會以自己的最大利益來作決策。以前面的例子而言，對張三來說，最好的情況是俯首認罪，其原因有二：一為如果李四招供，我不招，我就完了，要吃7年的牢飯，所以一定要招供；二為如果李四不招，我招只會判6個月，何必跟李四講什麼義氣，跟他一起坐1年的牢，所以張三招認了，在隔壁的李四也有相同的想法，所以最後的結果是兩人都認罪，我們稱之為納西均衡(Nach equilibriam)。

所謂的納西均衡是指在某一方特定的選擇下，另一方的最佳選擇，在本例中，在張三一定招認之下，李四必然也會招認，也就是說納西均衡是兩人相互預期下的選擇組合，而在此預期選擇之後雙方都不願再改變選擇。亦即在對方的特定選擇之後，雙方都無法找到最佳的選擇，也就是2人都不認罪一起坐一年牢的情況不會出現。

8.1 零和與非零和競賽

競賽理論可以分為兩人競賽，三人競賽至n人競賽，而一般我們在簡化討論時會以兩人的競賽為主，因為獲得資訊較容易充分掌握。

0

因為競賽者有許多不同的策略可選擇，而每人獲利的狀況也有所不同，一般分為零和(zerosum)和非零和(nonzerosum)競賽兩種。

零和競賽是表示參與者彼此有完全利益的衝突，也就是說，某一方所賺的錢正好是另一方所虧的錢，兩個人相加起來的和為零。例如某項產品在市場上只有A、B兩種品牌，如果A品牌在市場多增加10％的佔有率時，B品牌則同時要減少10％的佔有率，也就是說市場的佔有率一定是100％。而在非零和競賽中，參與者競賽彼此的利益並不完全衝突，也就某一方的所得並不一定等於另一方所失。以飲料市場的競爭，A公司的銷售量增加，不一定是B公司所減少的銷售量，也許是整個市場的需求上升所引起的，也就是說，兩公司合計的銷售金額不再是固定的，有可能會增加，也有可能會減少。

8.2 兩人零和的競賽理論

本節將介紹當對象雙方達成零和時的競賽理論稱之為凌越理論(dominated strategy)，也就是說，對某人甲而言，不管對手選擇那一個方案，當甲選擇方案i都會比選另一個方案j來的好，則稱方案i凌越方案j，以方案i≫方案 j 表之。是故依趨利避害的原則，方案j自然不會被採用而為予以刪除，茲以下例來說明此策略之決策過程。

例 8.1　某地區有兩個建築工地正推出新房屋企劃案，A 公司將採的策略有(1)低房價(2)明星公演(3)日用品家電大特賣來吸引顧客，B公司將採的策略有(1)大坪數(2)明星公演(3)大摸彩等策略，若就A的損益而言，他們所形成的償付表如下：

表 8.2　例 8.1 之償付表

| | | B 公司 | | |
		(1) 大坪數	(2) 明星公演	(3) 大摸彩
A 公司	(1) 低房價	200 萬	60 萬	80 萬
	(2) 明星公演	150 萬	0 萬	200 萬
	(3) 家電持賣	10 萬	+50 萬	−20 萬

則雙方之最佳策略應為何？

解 本題之求解過程如下：

很明顯的以 A 公司為主採低房價的策略不管 B 公司採任何策略時他的收益都會比家電特賣來的好，因為

⑴在 B 公司採大坪數的策略下，對 A 公司而言，低房價策略可收益 200 萬元，而家電特賣僅可收益 10 萬元，故 A 公司會採低房價策略。

⑵在 B 公司採明星公演的策略下，對 A 公司而言，低房價策略可收益 60 萬元，而家電特賣僅可收益 50 萬元，故 A 公司會採低房價策略。

⑶在 B 公司採大摸彩的策略下，對 A 公司而言，採低房價策略可收益 80 萬元，而家電特賣卻虧了 20 萬元，故 A 公司會採低房價策略。

綜合以上⑴⑵⑶點，A 公司為追求最大利益下，必然會捨棄家電特賣的策略，亦即在收益矩陣中，就 A 公司而言，第一列之(200，60，80)中每一元素均較第三列之(10，50，−20)相對元素，故知(200，60，80)≫(10，50，−20)，第三列應予以刪除，故對 A 公司而言其償付表會變成

表 8.3　刪除 A 公司策略(3)之償付表

| | | B 公司 | |
	(1) 大坪數	(2) 明星公演	(3) 大摸彩
A 公司　(1) 低房價	200	60	80
(2) 明星公演	150	0	200

同理，若再次以 A 公司為主的策略因 200 萬 > 150 萬，60 萬 > 0 萬，80 萬 < 200 萬，因此，此二個策略對 A 而言無法分辨出優劣。

本題所探討的是兩人零和競賽，即 A 所賺的錢是 B 所賠的錢，所以若我們以 B 為中心則償付表會改變成

表 8.4　B 公司之償付表

| | | B 公司 | |
	(1) 大坪數	(2) 明星公演	(3) 大摸彩
(1) 低房價	−200	−60	−80
(2) 明星公演	−150	0	−200

對 B 公司，第二行之數值(−60，0)均較第一行之(−200，−150)佳，即(−60，0)≫(−200，−150)，所以對一個理性的競爭者 B 公司來說，他一定不會採取方案⑴大坪數的策略，故可將第一行予以刪除，而有以下之償付表：

表 8.5　刪除 B 公司策略(1)之償付表

		B 公司	
		(2) 明星公演	(3) 大摸彩
A 公司	(1) 低房價	−60	−80
	(2) 明星公演	0	−200

同理，對 B 公司來說由於(−60，0)≫(−80，−200)，所以 B 公司一定選擇方案⑵來作決策。

表 8.6　刪除 B 公司策略(3)之償付表

		(2) 明星公演
A 公司	(1) 低房價	−60
	(2) 明星公演	0

此時在 B 公司選方案⑵作決策下，A 公司一定會選擇方案⑴低房價來因應，因可獲利 60 萬元，所以在這個例題中的交集是A公司選擇方案⑴低房價的策略，B公司選擇⑵明星公演的方式達到交集，此時A公司會有60萬元的利潤，B公司會有60萬元的損失。

一般在分析時B公司的收益表是不會出現的，以此題為例，因為以A公司的收益為主，故對A公司的策略取收益愈大愈好，對於B公司的收益當然是要取損失愈小愈好，因此，在本題中對於B公司來說，當然是損失愈小愈好，因此當列向量已無法取捨時，應改由行向量來觀察，但此時取捨的原則以愈小的愈佳，故B公司一定會選擇方案⑵來作決策，在 A 公司知道 B 公司會選擇方案⑵的情況下，A公司必然會選方案⑴來做決策，此時收益最大為 60 萬，也是均衡值所在。

8.3　有鞍點的競賽

在競賽中，決策者在理性的判斷及追求最大利益的前提下，當策略者在風險的承受較差，他會在所能的決策中找尋自己最少所能獲得的利益，至於對手方面，也同樣採取此種模式，若二個所獲得利益(或損失)一致，這就是有鞍點(saddle point)的競賽，此時，對局的雙方均屬於保守型競賽者，故可依上一章所提及之小中取大及大中取小的原則來求解。

例 8.2	有兩家公司在產品市場上是寡佔的公司，即除此兩家外，沒有第 3 家公司，每家公司都想提高自己產品在市場上的佔有率，因此在行銷上尋找最佳的決策。甲公司認為好的包裝可以增加佔有率，他們便採用包裝策略，在包裝策略上他們有三項策略分別為綠色包裝、藍色包裝及黃色包裝，而乙公司則認為產品多在媒體上多多曝光可增加人們對產品的印象，便利用廣告行銷來增加銷售量的策略，廣告方式有雜誌、廣播、電視及報紙等4種。這兩家公司的策略組合的償付表如下表：

表 8.7　甲公司的償付表

乙公司

		(1) 雜誌	(2) 廣播	(3) 電視	(4) 報紙
甲	(1) 綠色包裝	55	90	32	35
公	(2) 藍色包裝	30	10	12	95
司	(3) 黃色包裝	60	40	20	25

問：二公司之最佳策略各為何？

解 在上表中，當甲公司採(1)綠色包裝時，若乙公司採(1)雜誌廣告的策下，甲公司的市場佔有率是 55 ％，乙公司的市場佔有率則為 45 ％(100 ％－55 ％＝45 ％)。現在根據上一章之小中取大原則下，我們可將甲、乙兩公司的策略分別來討論。以公司甲來說，他們在包裝策略下，各顏色至少可獲得的利益如下：

(1)綠色包裝　32 ％

(2)藍色包裝　10 ％

(3)黃色包裝　20 ％

在理性的判斷下，甲公司必然會採取綠色的包裝策略，因為至少可獲得32 ％的市場佔有率(此為在乙公司採電視廣告策略下的佔有率)。同理對乙公司來說他們採廣告媒體在市場上可獲得的佔有率償付表為：

表 8.8　乙公司的償付表

乙公司

		(1) 雜誌	(2) 廣播	(3) 電視	(4) 報紙
甲	(1) 綠色包裝	45	10	68	65
公	(2) 藍色包裝	70	90	88	5
司	(3) 黃色包裝	40	60	80	75

則乙公司在廣告促銷的情形下，他們採取的廣告策略至少可獲得的佔有率如下：

(1)雜誌廣告—40％

(2)廣播廣告—10％

(3)電視廣告—68％

(4)報紙廣告— 5％

在理性的判斷下，乙公司會採取電視廣告來當行銷策略，此時的佔有率至少有68％(此為甲公司採取綠色包裝策略下的佔有率)。

由以上的解說，可以得知最終的結果是在甲公司採(1)綠色包裝策略下，乙公司採(3)電視廣告策略，此時的佔有率分別為甲公司市場佔有率32％，乙公司市場佔有率68％。

一般我們為了分析方便，以乙公司為主的收益矩陣不需計算出來，而採取原先甲公司為主的收益矩陣，只是在分析上，改採最大損失的方式來解釋，以表8.6為例，乙公司在採取策略時最大的損失分別為

　　策略

(1)雜誌—60％

(2)廣播—90％

(3)電視—32％

(4)報紙—95％

在理性的判斷下，乙公司必然會選擇採用(3)電視廣告的策略，此時市場流失率為32％，正好為甲公司的市場佔有率32％達到均衡。即在有鞍點的策略下，甲方的策略在求取最大利潤，而其對手乙方乃追求最少損失，則最佳策略乃甲方採小中取大原則，先求各策略中至少可獲得的利益，再找其最大收益為策略，而乙方則採大中取小原則，即先求各策略中最大的損失再找損失最小的策略。即在償付表中分別加上一列行極大及一行列極小值，再求列極小中取最大與行極大之最小值，若兩值相等則二者之策略達成均衡為鞍點的競賽。

表 8.9 擴大的甲公司償付表

		乙公司			
	(1) 雜誌	(2) 廣播	(3) 電視	(4) 報紙	列極小值
策略 (1) 綠色包裝	55	90	㉜	35	32 ← 最大值
策略 (2) 藍色包裝	30	10	12	95	12
策略 (3) 黃色包裝	60	40	20	25	20
行極大值	60	90	32	95	

甲公司

最小值

8.4 兩人零和無鞍點的競賽理論 (混合策略競賽)

並不是所有的兩人零和競賽都有鞍點，也就是兩人的策略有一定交集達成均衡，有時會出現混合的策略，茲以下例說明之。

例 8.3　甲乙兩人玩猜拳的遊戲，遊戲規則為雙方只能出剪刀、石頭或布，他們的償付表(以甲為主)如下：

表 8.10　例 8.3 之償付表

		乙	
	剪刀	石頭	布
剪刀	2	−1	4
石頭	−3	3	−5
布	1	−2	3

甲

請求甲乙的策略各為何？

解　分別依小中取大及大中取小的原則，得下表

表 8.11　以小中取大及大中取小準則求雙方最佳策略

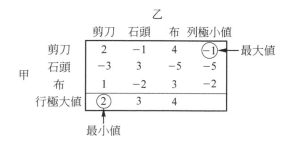

		乙			
	剪刀	石頭	布	列極小值	
剪刀	2	−1	4	⊝−1	← 最大值
石頭	−3	3	−5	−5	
布	1	−2	3	−2	
行極大值	②2	3	4		

甲

最小值

在此原則下，甲最多只損失一元時，他須出剪刀，此時乙應出石頭。而乙最多輸2 元時，乙須出剪刀而甲應出剪刀。兩者在策略的選擇上沒有交集，也就是在甲方會選擇出剪刀下，乙方會選擇出石頭，但是若雙方都知道彼此的償付表，所以甲也會知道乙會出石頭下，甲會改出石頭。同理，在甲會改出石頭之下，乙會改出布，同理在乙方出布下甲會改出剪刀，如此循環下去，而沒有交集，循環圖形如下：

圖 8.1　例 8.3 雙方策略之循環圖示

一般在解此類的問題時，由於雙方不能因以一單獨策略來因應，因此僅能依機率理論，建議各種策略之使用機率值，期望依此機率值之比例使用策略可使彼此在保守心態下能在期望值最利於自己下達成均衡。一般有圖解法及線性規劃法兩種。

8.4-1　圖解法

在使用圖解法時有一點需注意的，因為圖解法是平面，因此只適用於至少有一個競賽者僅剩 2 個策略的情況下，以前面的猜拳遊戲為例：

以凌略策略來說甲方是不可能出布的，因 $(2，-1，4) \gg (1，-2，3)$，所以甲方的策略剩下剪刀及石頭，則原先的償付表改變成

表 8.12　修正之甲方償付表

| | | 乙方 | |
	剪刀	石頭	布
甲方 剪刀	2	−1	4
石頭	−3	3	−5

設甲方出剪刀、石頭的機率為 x_1，x_2；乙方出剪刀、石頭、布的機率為 y_1，y_2，y_3。因為雙方出拳的機率和為 1，則 x_2 可用 $1-x_1$ 代替；同理，y_3 可用 $1-y_1-y_2$ 代替。則甲方出剪刀、石頭的機率變為 x_1，$(1-x_1)$。乙方出剪刀、石頭、布的機率為 y_1，y_2，$1-y_1-y_2$。

在已知甲方出剪刀、石頭的機率為x_1，$(1-x_1)$下，對甲方來說是希望不管乙的策略為何獲益則大，則甲方的期望收益如下：

表 8.13　甲方之期望收益

乙方策略	甲方期望收益
剪　　刀	$2x_1 - 3(1 - x_1) = -3 + 5x_1$
石　　頭	$-x_1 + 3(1 - x_1) = 3 - 4x_1$
布	$4x_1 - 5(1 - x_1) = -5 + 9x_1$

利用圖解可得以下圖形

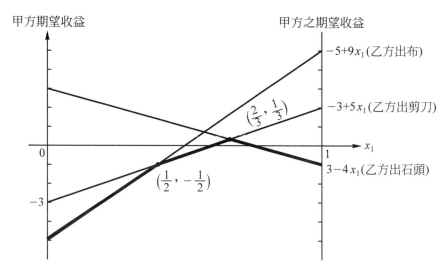

圖 8.2　甲方之期望收益

當甲出剪刀的機率由 0 漸次增加至$\frac{1}{2}$時，即$x_1 \in \left(0, \frac{1}{2}\right)$，可由上圖得知，當乙出石頭時，甲的期望收益會最大，而乙出布時，甲的收益最小，此時甲方至少的收益為$-5 + 9x_1$。同理，當$x_1 \in \left(\frac{1}{2}, \frac{2}{3}\right)$時，甲的至少收益為$-3 + 5x_1$；當$x_1 \in \left(\frac{2}{3}, 1\right)$時，甲的至少收益為$3 - 4x_1$；故可得上圖中之黑色折線，依據小中取大的原則，甲會選擇黑色線段之最高點，即選擇在$3 - 4x_1 = -3 + 5x_1$的狀況下，此時$x_1 = \frac{2}{3}$，也就是說甲有$\frac{2}{3}$的機率出剪刀而$\frac{1}{3}$的機率出石頭，則至少可獲得的收益為$-3 + 5x_1 = -3 + 5 \times \frac{2}{3} = \frac{1}{3}$，

也就是說若乙出剪刀或石頭的損失最少爲$\frac{1}{3}$，若出布的話損失會更多，即
$-5 + 9x_1 = -5 + 9 \times \frac{2}{3} = 1 > \frac{1}{3}$，換句話說，甲的策略，依小中取大的原則可將各期望
收益繪於圖上，圖形最下之折線即爲至少收益曲線，再在其中取最高點即爲所求。同
理，我們來考慮如何求乙方的最佳策略，因爲甲方最佳混合策略交點是由乙出石頭所得
之$(3-4x_1)$及出剪刀所得之收益$(-3 + 5x_2)$下所產生的，即此時乙方出布的機率爲0，所
以乙方出剪刀與出石頭的機率可用y_1及$1-y_1$代替，則此時乙方的期望損失如下：

表 8.14　乙方之期望損失

甲方策略	乙方期望損失
剪　　刀	$2y_1 - (1 - y_1) = -1 + 3y_1$
石　　頭	$-3y_1 + 3(1 - y_1) = 3 - 6y_1$

可得乙方的期望損失圖形如下：

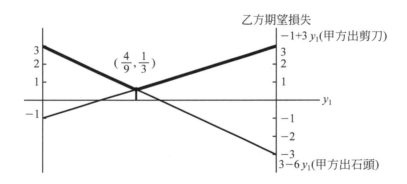

圖 8.3　乙方之期望損失

　　對乙來說當然是希望損失愈小愈好，會發生在$(-1 + 3y_1)$及$(3-6y_1)$的交點上，此時
解二線之交點可得$y_1 = \frac{4}{9}$，期望損失爲$\frac{1}{3}$，也就是說在乙方有$\frac{4}{9}$的機率出剪刀，$\frac{5}{9}$的機
率出石頭下，損失會最少爲$\frac{1}{3}$。同理，依大中取小的原則於圖形中取位置最高之折線即
損失最小曲線，再取其最低點即可。

　　所以本題之最佳解爲甲方有$\frac{2}{3}$的機率出剪刀，$\frac{1}{3}$的機率出石頭，乙方有$\frac{4}{9}$的機率出
剪刀，$\frac{5}{9}$的機率出石頭，雙方的均衡值爲$\frac{1}{3}$。

8.4-2 線性規劃法

當雙方競賽者的策略有 2 個以上時，圖解法已經無法解決問題，因為求解的變數大於 2，不是平面的方法可解決，必須用線性規劃法來解題。

假設甲、乙兩家公司的策略及以甲為中心說明之。

表 8.15　甲方之償付表

		乙　　　公　　　司			
		方案 1	方案 2	…………	方案 n
甲 公 司	方案 1 方案 2 ⋮ ⋮ m	p_{11} p_{21} ⋮ ⋮ p_{m1}	p_{12} p_{22} ⋮ ⋮ p_{m2}	………… …………	p_{1n} p_{2n} ⋮ ⋮ p_{mn}

以甲的觀點來看，他所求的是一個方案的使用機率，令方案 i 的使用機率為 x_i，即 $\sum_{i=1}^{m} x_i = 1$，$x_i \geq 0$，$i = 1 \sim m$，在已知甲公司各個決策的使用率下當乙公司選擇不同的方案時，甲公司的期望報酬為下表

表 8.16　甲方的期望報酬

乙公司的策略	甲 的 期 望 報 酬
方案 1 方案 2 ⋮ ⋮ 方案 m	$p_{11}x_1 + p_{21}x_2 + \cdots p_{m1}x_m$ $p_{12}x_1 + p_{22}x_2 + \cdots p_{m2}x_m$ ⋮ ⋮ $p_{1n}x_1 + p_{2n}x_2 + \cdots p_{mn}x_m$

對甲公司來說他希望這 n 個期望值的最小值能成為最大值，即小中取大策略。即至少可獲得的收益最大，則甲公司的線性規劃模式為令最小值之最大值為 W，即可得此 n 之個期望值均不會小於 W，而使得 W 能最大的解即為所求，故有以下之模式：

$$\text{Max} \quad W$$

$$\text{s. t.} \quad p_{11} x_1 + p_{21} x_2 + \cdots + p_{m1} x_m \geq W$$

$$p_{12} x_1 + p_{22} x_2 + \cdots + p_{m2} x_m \geq W$$

$$\vdots \qquad\qquad \vdots$$

$$p_{1n} x_1 + p_{2n} x_2 + \cdots + p_{mn} x_m \geq W$$

$$x_1 + x_2 + x_3 + \cdots + x_m = 1$$

$$x_i \geq 0 , i = 1 , \cdots , m$$

其中最後二條不等式分別為總機率為 1 及非負之自然限制式，而 W 則無非負限制，一般在求解時可令 $W = W^+ - W^-$，$W^+ > 0$，$W^- > 0$ 代換之，或我們可假設在收益矩陣內的各項策略的值均為正數，若有負數時，將每個數再加上一個最小的數使它成為正數，不會影響最後的判斷，只是均衡解必須是所求出的數再減去原先加上的數，以例題 8.1 為例，A 公司之償付表如下：

表 8.17　例 8.1 中 A 公司之擴大償付表

		B 公司			
		(1) 大坪數	(2) 明星公演	(3) 大摸彩	列極小值
A 公司	(1) 低房價	200 萬	60 萬	80 萬	60　←極大
	(2) 明星公演	150 萬	0 萬	200 萬	0
	(3) 家電持賣	10 萬	50 萬	−20 萬	50
	行極大值	200	60	200	

↑
極小

均衡點在 60 萬，A 公司採⑴低價策略，B 公司採⑵明星公演的方式。將原償付表中每個收益值加上償付表中之負數最大值的絕對值，即 20 萬，可得新的償付表為：

表 8.18　例 8.1 中 A 公司之修改擴大償付表

		B 公司			
		(1) 大坪數	(2) 明星公演	(3) 大摸彩	列極小值
A 公司	(1) 低房價	220	80	100	⑧⑩←
	(2) 明星公演	170	20	220	20
	(3) 家電持賣	30 萬	70	0	0
	行極大值	220	⑧⑩←	220	

不會影響甲、乙兩公司在策略上的決定，只是所求得的均衡值必須再減去 20，即 $80 - 20 = 60$，均衡值也不會改變。

因 $W > 0$ 故可將總機率為 1 之限制式

$$x_1 + x_2 + \cdots x_n = 1$$

改寫為

$$\frac{x_1}{W} + \frac{x_2}{W} + \cdots \frac{x_n}{W} = \frac{1}{W}$$

同，目標函數可轉成 Min $\frac{1}{W}$，令

$$\frac{x_i}{W} = x_i' \text{，} i = 1 \text{，} 2 \cdots m$$

則原線性規劃模式可改成

$$
\begin{aligned}
\text{Min} \quad & x_1' + x_2' + \cdots x_m' \\
\text{s.t.} \quad & p_{11} x_1' + p_{21} x_1' + \cdots p_{m1} x_m' \geq 1 \\
& p_{12} x_1' + p_{22} x_1' + \cdots p_{m2} x_m' \geq 1 \\
& \qquad\qquad \vdots \qquad\qquad\qquad \vdots \\
& p_{1n} x_1' + p_{2n} x_1' + \cdots p_{mn} x_m' \geq 1 \\
& x_i' \geq 0 \quad i = 1 \text{，} 2 \text{，} \cdots n
\end{aligned}
$$

成為標準的極小化問題而可用第四章的線性規劃法來求解。再依 $x_i = x_i' \cdot W = \dfrac{x_i'}{\sum\limits_{i=1}^{m} x_i'}$，可得原式最佳解為 x_i，$i = 1$，$\cdots m$ 且均衡值 $W = \dfrac{1}{\sum\limits_{i=1}^{m} x_i'}$。

同理對乙公司而言，他所想解亦是各方案的使用機率，令方案的使用機率為 y_j，即 $\sum\limits_{j=1}^{n} y_j = 1$，$y_j \geq 0$，$j = 1$，$2$，$\cdots$，$n$，在已知乙公司各個決策的使用率下，若甲公司選擇不同方案下乙公司的預期損失為：

表 8.19　乙公司的期望損失

甲公司的策略	乙公司的期望損失
方案 1	$p_{11}y_1 + p_{12}y_2 + \cdots + p_{1n}y_n$
方案 2	$p_{21}y_1 + p_{22}y_2 + \cdots + p_{2n}y_n$
⋮	⋮
⋮	⋮
方案 n	$p_{m1}y_1 + p_{m2}y_2 + \cdots + p_{mn}y_n$

　　對乙公司來說，損失當然是愈少愈好，他希望在這個期望值中的最大值來找出最小值，即大中取小策略，令最大值之最小值為 V，則乙公司的線性規劃模式為

Min　V

s.t.　$p_{11}y_1 + p_{12}y_2 + \cdots p_{1n}y_n \leq V$

$p_{21}y_1 + p_{22}y_2 + \cdots p_{2n}y_n \leq V$

⋮　　　　　⋮

$p_{m1}y_1 + p_{m2}y_2 + \cdots + p_{mn}y_n \leq V$

$\sum_{y=1}^{m} y_j = 1$

$y_j \geq 0$

同理，令 $y_j/V = y_j'$，$j = 1，2，\cdots，n$，則線性規劃模式可改成

Max　$\dfrac{1}{V} = y_1' + y_2' + \cdots + y_n'$

s.t.　$p_{11}y_1' + p_{12}y_2' + \cdots p_{1n}y_n' \leq 1$

$p_{21}y_1' + p_{22}y_2' + \cdots p_{2n}y_n' \leq 1$

⋮　　　　　⋮

$p_{m1}y_1' + p_{m2}y_2' + \cdots + p_{mn}y_n' \geq 1$

$y_j' \geq 0$　　　$j = 1，2，\cdots，n$

求解即可得y_j'，$j = 1$，$\cdots$，n，而爲始解$y_j = y_j' \cdot V = \dfrac{y_j'}{\sum\limits_{j=1}^{n} y_j'}$，$j = 1$，$\cdots$，$n$均衡值

爲$\dfrac{1}{\sum\limits_{j=1}^{n} y_j'}$，若甲乙兩公司爲零和競賽，因此均衡值應相等，即$W = V$，故甲公司的最大

報酬爲乙公司的最小損失。

| 例 8.4 | 以線性規劃法求解例 8.3。 |

解 已知甲之償付表如下

表 8.20　例 8.3 之償付表

		乙		
		剪 刀	石 頭	布
甲	剪 刀	2	− 1	4
	石 頭	− 3	3	− 5
	布	1	− 2	3

由於表中，最大負值爲−5，故在收益表中的每個數加上 5 所得新的收益表如下：

表 8.21　修正後之表 8.9

		乙		
		剪 刀	石 頭	布
甲	剪 刀	7	4	9
	石 頭	2	8	0
	布	6	3	8

令甲方出剪刀、石頭及布的機率爲x_1，x_2，x_3，

且$x_i' = \dfrac{x_1}{W}$，$x_2' = \dfrac{x_2}{W}$，$x_3' = \dfrac{x_3}{W}$

求 Max W，即在求 Min $\dfrac{1}{W}$

$$\text{Min} \quad \frac{1}{W} = x_1' + x_2' + x_3'$$

$$\text{s.t.} \quad 7x_1' + 2x_2' + 6x_3' \geq 1$$

$$4x_1' + 8x_2' + 3x_3' \geq 1$$

$$9x_1' + 8x_3' \geq 1$$

$$x_i' \geq 0 \qquad i = 1 \text{,} 2 \text{,} 3$$

讀者可利用第四章之線性規劃求解或利用電腦軟體來求解如 Excel 等可得下表

表 8.22　例 8.4 甲之計算結果

	A	B	C	D	E	F
1		x_1	x_2	x_3		
2		7	2	6	1	
3		4	8	3	1	
4		9	0	8	1	
5	wi	0.125	0.0625	0	0.1875	
6	S.T.1	0.875	0.125	0	1	
7	S.T.2	0.5	0.5	0	1	
8	S.T.3	1.125	0	0	1.125	
9	1/wi	8	16	#/V/0!	5.3333	

由表中之 B5，C5，D5 格位，可得知 x_1' 之最佳解為 0.125，x_2' 之最佳解為 0.0625，x_3' 之最佳解為 0，故最佳值

$$W = \frac{1}{\sum\limits_{i=1}^{3} x_i'} = \frac{1}{0.125 + 0.0625 + 0} = \frac{1}{0.1875}$$

$$= 5.3333 = \frac{16}{3} \quad (\text{即 E9 之位置值})$$

而原始解

$$x_i = Wx_i'$$

$$x_1 = 0.125 \times \frac{16}{3} = \frac{2}{3} \text{,} \ x_2 = 0.0625 \times \frac{16}{3} = \frac{1}{3} \text{,} \ x_3 = 0 \times \frac{16}{3} = 0$$

均衡值為

$$\frac{16}{3} - 5 = \frac{1}{3}$$

以上解均可在上表之 B5，C5，D5，BE9 中得到，利用電腦軟體來求解可節省計算的時間。

以 Excel 來求解之操作步驟，請見第十章，將有詳盡的介紹。

同理：令乙方出剪刀、石頭及布之機率爲 y_1，y_2，y_3

且 $y_1' = \dfrac{y_1}{V}$，$y_2' = \dfrac{y_2}{V}$，$y_3' = \dfrac{y_3}{V}$，求 Min V

即求 Max $\dfrac{1}{V}$

Max $\quad \dfrac{1}{V} = y_1' + y_2' + y_3'$

s.t. $\quad 7y_1' + 4y_2' + 9y_3' \leq 1$

$\quad\quad 2y_1' + 8y_2' \leq 1$

$\quad\quad 6y_1' + 3y_2' + 8y_3' \leq 1$

$\quad\quad y_1'$，y_2'，$y_3' \geq 0$

由 Excel 規劃求解可得

表 8.23　例 8.4 乙之計算結果

	A	B	C	D	E
1		x_1	x_2	x_3	
2		7	4	9	1
3		2	8	0	1
4		6	3	8	1
5	w_i	0.083333	0.104167	0	0.187467
6	S.T.1	0.58331	0.416668	0	0.999768
7	S.T.2	0.166666	0.833336	0	0.999936
8	S.T.3	0.49998	0.312501	0	0.812301
9	$\frac{1}{w_i}$	12	9.6	# V 0!	5.3333

由表中之 B5，C5，D5 格位，可得知 y_1' 之最佳解爲 0.08333，y_2' 之最佳解爲 0.104167，y_3' 之最佳解爲 0，故最佳解爲

$$V = \frac{1}{\sum\limits_{i=1}^{3} y_i'} = \frac{1}{0.08333 + 0.104167 + 0} = \frac{1}{0.1875}$$

$$= 5.3333 = \frac{16}{3} \quad (\text{即 E9 之位置值})$$

而原始解

$$y_1 = V y_1' = \frac{16}{3} \times \frac{1}{12} = \frac{4}{9}$$

$$y_2 = V y_2' = \frac{16}{3} \times \frac{1}{9.6} = \frac{5}{9}$$

$$y_3 = 0$$

均衡值為

$$\frac{16}{3} - 5 = \frac{1}{3}$$

則乙出剪刀、石頭、布之機率為$(0.4444，0.5556，0)$與先前圖解所得$\left(\frac{4}{9}，\frac{5}{9}，0\right)$一致，均衡解為$5.3333 - 5 = 1/3$，二者相同達成均衡。

習題八

1. 考慮下列的償付表，請利用凌越策略來決定出最佳的策略。

    (1)

		競　賽　者　II		
		方案①	方案②	方案③
競賽者 I	方案①	− 3	2	3
	方案②	2	3	2
	方案③	1	0	− 2

    (2)

		競　賽　者　II			
		方案①	方案②	方案③	方案④
競賽者 I	方案①	2	− 2	2	− 1
	方案②	4	− 1	3	− 1
	方案③	1	− 1	− 2	2

2. 利用有鞍點的方式求出最佳策略組合。

		乙　廠　商			
		策略①	策略②	策略③	策略④
甲廠商	策略①	1	2	− 2	− 3
	策略②	3	4	5	6
	策略③	2	0	6	3

3. 利用圖解法求解出雙方的最佳策略組合。

		乙廠商		
		策略①	策略②	策略③
甲廠商	策略①	2	3	1
	策略②	−1	−4	−2
	策略③	3	0	2

4. 甲、乙兩人玩猜拳遊戲，遊戲規則爲每人只能用一手出拳，可出 0 至 5 隻手指，若兩個人的和爲偶數，則甲贏 10 元，反之若兩人的和爲奇數，則乙贏 10 元。

   (1) 求此遊戲的償付表。

   (2) 甲、乙兩方的最佳策略組合爲何？

5. 利用線性規劃求甲、乙雙方的最佳策略組合。

		乙	廠	商	
		策略①	策略②	策略③	策略④
甲廠商	策略①	3	4	−2	2
	策略②	5	−2	4	−1
	策略③	0	3	1	4
	策略④	2	6	−1	0
	策略⑤	−2	2	5	−1

6. 試求下列各題之最佳策略組合：

(1)

		競 賽 者 II			
	策略	①	②	③	④
競賽者 I	①	2	0	3	1
	②	1	1	5	2
	③	−2	−2	3	−2

(2)

策略	競　賽　者　II			
	①	②	③	④
競賽者 I ①	−3	3	2	4
②	3	1	0	1
③	1	1	−2	0

(3)

策略	競　賽　者　II			
	①	②	③	④
競賽者 I ①	2	−3	−1	1
②	1	2	5	2
③	−2	2	3	−2

(4)

策略	競　賽　者　II			
	①	②	③	④
競賽者 I ①	−2	3	7	−1
②	−4	−4	1	2
③	2	−3	2	1

(5)

策略	競　賽　者　II		
	①	②	③
競賽者 I ①	10	−8	−2
②	2	7	−4
③	3	4	7
④	1	−4	6

(6)

	策略	競　賽　者　II			
		①	②	③	④
競賽者 I	①	3	−3	−2	2
	②	−4	−2	−1	1
	③	1	−1	2	0

(7)

	策略	競　賽　者　II		
		①	②	③
競賽者 I	①	3	1	5
	②	2	6	3
	③	5	0	7
	④	−1	8	0

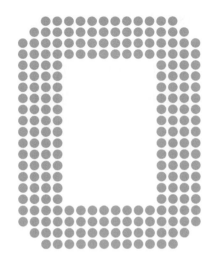

計劃評核術

計劃評核術(簡稱PERT)，是由美國海軍於1958年為了規劃和管制北極星飛彈而設計發展出來的。它最大的貢獻在於使原來需十年才可完工的計劃，縮短了兩年，在8年中即完成此項作業。因為一般的作業時間並不好估算，因此PERT便在這不確定作業多久可完工的情形下，發展出所謂的三時估計法，來計算出如期完工的機率。

在另一方面，美國杜邦(Du Pond Co.)公司也在1952年間，發展出一套對於複雜作業完工的成本計算方法，要徑法(Critical Path Method，CPM)主要是在工廠內對各項事物的掌控比較容易。如果說要提早完工的話，那麼成本必然會提高，也就是CPM要徑法在找尋最佳的成本與時間的均衡點(trade-off point)。

然而今日在專案管理的使用已將PERT與CPM的理念及技巧利用在計劃及管制上，不再加以分別，而在CPM及PERT基本步驟如下：

1. 定義專案及所有有關的活動及任務。
2. 決定這些活動的彼此關係及必須完工的先後順序。
3. 畫網路圖來連接各項活動。
4. 對各項活動或作業的指定時間及成本預估。
5. 計算最長的時間，在通過網路路徑最長的為要徑。
6. 利用網路來幫助專案的管理，包括策劃(plan)、日程安排(schedule)、監視(monitor)及控制(control)。

● 9.1　典型的例題

以某家房屋仲介公司想增加一分店為例，一般在簡單的專案管理上，我們常會利用甘特圖(Gantt chart)來分析：以這個例子來說，他所需的作業可簡單分成：(A)選擇店面、(B)開始招募新員工、(C)購買辦公室傢俱、(D)內部裝潢、(E)申請電話機、(F)裝設電話機、(G)人員的訓練、(H)開張大吉等，畫成甘特圖的圖形如下：

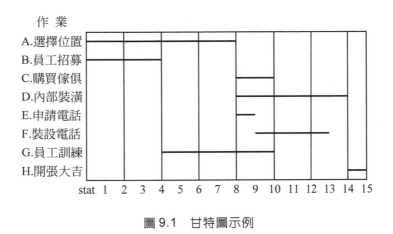

作 業

圖 9.1　甘特圖示例

　　然而使用甘特圖的最主要缺點在於看不出作業的先後順序，若要清楚的表達此種關係，即須利用網路圖的繪製才可清楚的說明作業間的前後關係。

● 9.2　網路圖的繪製

　　一般利用PERT來表示專案時，常用網路圖來表示，一般而言有二種表示法：AON (Activity On Node)及 AOA(Activity On Arc)通常以作業(activity)與結點(node)來表示，說明如下：

1.　AOA 表示法

　　　　作業(Activity)用 → 來表示從前一結點到下一結點所需的時間。

　　　　結點(Node)用 ○ 來表示作業的開始或結束。

　　　　在網路圖的繪製上即是將結點用作業活動來連接起來，如圖 9.2 所示。

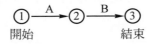

圖 9.2　AOA 表示法

說明：結點①表示整個專案的開始

作業 A 表示專案在作業 A 的所需時間

結點②表示專案的作業 A 結束，作業 B 正要開始

作業 B 表示專案在作業 B 的所需時間

結點③表示整個專案的結束

一般網路來分析時，會在開始畫一個結點表示所有作業由此展開，並在結束時再畫一個結點表示專案的結束，也就是有始有終的意義。

2. AON 表示法

作業(Activity)用結點○來表示之。

用弧(Arc) → 來表示前後結點之順序關係。

在網路圖的繪製上即是用弧來將各個作業連接起來，如圖 9.3 所示。

圖 9.3　AON 表示法

說明：結點開始是一個虛擬結點，表示整個專案的開始，所需時間為 0。

作業 A 表示開始後所進行之下一作業，所需時間為 3。作業 B 由一弧連接於 A 之後，表示作業 B 之前置作業為 A，A 完成後 B 才開始，所需時間為 5。

結點結束亦為一虛擬結點，表示專案結束，所需時間為 0。

● 9.3　要徑的尋找

為了充分掌握整個專案的完成時間，必須將不允許延遲的活動完成時間完全的掌握，也就是網路圖中的要徑，為了清楚瞭解利用下列的案例來說明：

| 例 9.1 | 某公司推出新的機能飲料在市場上行銷，為了瞭解市場的接受程度，他們將以問卷調查的方式來進行分析，其各項活動間的關係及時間如下表： |

表9.1　例9.1所需資料

作業符號	作業說明	所需時間(天)	前置作業
A	設計問卷	4	—
B	抽樣範圍的選定及設計	3	—
C	印製問卷	3	A、B
D	選樣	2	B
E	預試	3	C
F	準備電腦分析工具	2	C
G	問卷調查	4	D、E
H	資料整理及報告撰寫	3	F、G

本題之求解過程，詳細之步驟如下：

9.3-1　繪製基本網路圖

1.　AOA表示法

在網路圖的繪製上有一重要原則，即前置作業是什麼，故在結點前必須看到此作業也就是 "→" 再進行繪製作業。

以結束③來表示下一個作業是 C，而 C 作業前置作業是 A、B，所以在結點③必先劃 →A 及 →B，然而箭頭 B 的結束點是在結點②，故此時我們會利用虛擬作業(dummy activity)來連接，一般用的符號是…>，此時完成作業時間為零，但作業C必須等待B，再將各個作業所需時間寫上，故所繪出的圖形如圖9.4所示。

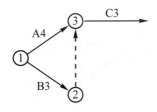

圖 9.4　例 9.1 之 AOA 部分網路圖

由此類推我們可得網路圖如圖 9.5 所示。

結點①、⑦分別為開始及結束

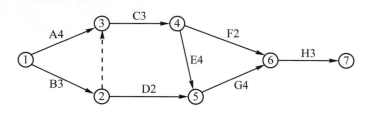

圖 9.5　例 9.1 之 AOA 完整網路圖

2.　AON 表示法

　　以 AON 表示法繪製網路圖，一般而言只須將各結點繪出後，再利用弧將各結點之先後順序用 → 表示出即可，再加上虛擬之開始與結束結點後，將各作業之所需時間標示結點旁即可。一般而言，較 AOA 之方式簡單，不需處理虛擬作業。

　　首先繪出作業 A 之結點 A，並標示所需時間 4，同理可得結點 B，其次，作業 C 之前置作業為 A 及 B，故於 A、B 結點之右方畫出結點 C 及標示其所需時間後，自 A、B 各引一 → 自 C，如圖 9.6 所示。

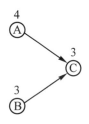

圖 9.6　例 9.1 之 AON 部分網路圖

由此類推可將所有結點繪出後可得網路圖，如圖 9.7 所示。

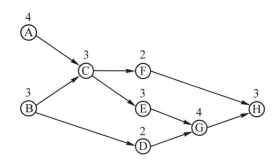

圖 9.7　例 9.1 之 AON 部分網路圖

最後於最前方加上開始結點，並自開始引弧線至所有未被弧指到之結點，並在最後方加上結束結點，並自各無弧指出之結點引弧線至結束結點即完成，如圖9.8所示。

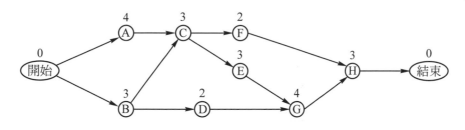

圖 9.8　例 9.1 之 AON 完整網路圖

目前一般專案管理軟體及書籍均多以 AON 法表示，乃因 AON 法表示較為容易。

9.3-2　計算最早開始時間及最遲完成時間

由於結點即作業，而每一結點之開始必須待其所有前置作業均完成後才能進行，而每一作業最晚亦必須在其後置作業必須動工前完工，故須再定義以下幾個名詞。

1. 最早開始時間

    即 ES，表示此結點最早可以開始動工之時間點，開始結點之 ES ＝ 0。

2. 最早完成時間(earlist finish)

    以 EF 表示之，由於結點為作業之進行，因此每一結點於其最早開始時間開工後，加上所需時間即該結點之最早完成時間，即每一結點之 EP ＝ ES ＋作業時間，開始結點之 EF ＝ 0。

3. 最遲完成時間(latest finish)

    即 LF，表示此結點最晚必須動工否則無法如期完工，結束結點之 EF ＝結束結點之 LF。

4. 最遲開始時間(latest start)

    以 LS 表示之，同上述，每一結點之 LS ＝ LF －作業時間，結束結點之 LS ＝ LF。

    而由於每一作業須待其所有前置作業完成方能進行，故有後續結點之 ES ＝ max{前置結點之 EF}，同理，若要能如期完成則前置作業必須趕在其所有後續作

業最遲必須開始之前完成，故有前置作業之 LF ＝ min{後續結點之 LS}等二個關係式。將以上之計算邏輯直接記錄於圖形上，習慣上以 $\dfrac{\text{ES}|\text{LS}}{\text{EF}|\text{LF}}$ 來表示四個時間點之關係，如圖 9.9 所示。

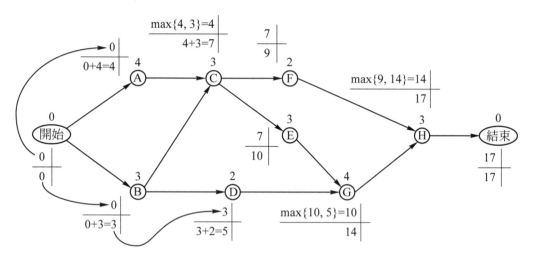

圖 9.9　例 9.1 AON 表示法之 ES、EF 計算結果

(1)　首先計算各結點之 ES、EF

　　　如圖 9.9 所示，結點 A、B 之前置作業均只有一個，故其 ES 即開始結點之 EF ＝ 0，各加上該作業時間 4、3 後其 EF 分別為 4、3。同理結點 D 之 ES ＝ 3，而結點 C 之前置作業有 A、B 二個，故其 ES ＝ max{A 之 ES，B 之 ES} ＝ max{4，3} ＝ 4，依此類推可得所有結點之 ES 及 EF。

(2)　其次以由後往前推之方式計算各結點之 LF、LS

　　　如圖 9.10 所示，結束結點之 LF ＝ 17 故其 LS ＝ LF － 0 ＝ 17，結束 H 之後續結點只有一結束結點，故 LF ＝ 結束結點之 LS ＝ 17，而 H 之 LS ＝ 17 － 3 ＝ 14，同理可得 D、E、F 三結點之 LF、LS，而 C 結點有二個後續作業，故其 LF ＝ min{F 之 LS，E 之 LS} ＝ min{7，12} ＝ 7，同理，其他結點之 LF 及 LS。

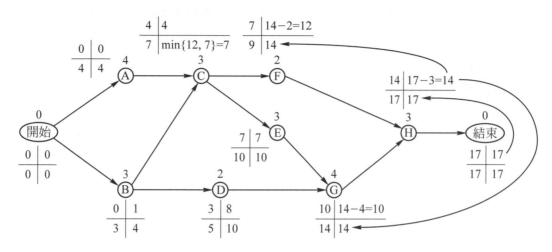

圖 9.10　例 9.1 AON 表示法之計算結果

9.3-3　計算寬放時間

計算寬放時間(slack time)爲將 LF－EF 或 LS－ES 即得。如作業 F 之寬放時間爲 14－9＝5或12－7＝5，即作業F有5天寬放，即若因某些因素導致分析工具無法備齊，有至多2天可緩衝。

9.3-4　設定要徑

寬放爲 0 的作業可組成要徑，本題之要徑爲 ACEGH，完成天數爲 17 天，即爲所求，若一項作業最早的開始時間與其最晚必須開始的時間相同，表該項作業完全沒有可喘息之時間，即網路圖上ES＝LS處，或EF＝LF處爲完全不可延誤之作業，即要徑之所在，亦即作業ACEGH。

9.4　三時估計法

在 PERT 中，對各項的活動時間是假設爲貝他分配(beta distribution)的隨機變數。其貝他分配由二個已知參數α、β所決定，其分布可能對稱亦可能左偏或右偏，其機率密度函如下：

$$f(x) = \frac{\Gamma(\alpha+\beta)}{\Gamma(\alpha)\Gamma(\beta)} \times x^{\alpha-1}(1-x)^{\beta-1}, \ 0 < x < 1$$

其中 $\Gamma(\alpha)=(\alpha-1)$，我們可利用該機率的平均數及標準差的觀念來計算出完工的機率。
一般我們用

a 表樂觀(Optinistic)估計時間

b 表悲觀(Pessimistic)估計時間

m 表最可能(Most likly)，當這三個時間已知時則

平均時間　$t=\dfrac{a+4m+b}{6}$

標準差　　$\sigma=\dfrac{b-a}{6}$

再者運用此法來估計完成時間，其前提須先假設各作業的完成時間為互相獨立的，以平均時間為作業所需時間，再以前節中之計劃評核術計算可得平均要徑等資訊，茲以下例說明之。

例 9.2　在例 9.1 時，若各作業之樂觀估計時間，悲觀估計時間及最可能完成時間如表 9.5，試估計可在 20 天完工的機率為何？

表 9.2　例 9.2 所需資料

作業	前置作業	a	m	b
A	—	2	4	6
B	—	2	3	4
C	A，B	1	3	5
D	B	1	2	3
E	C	2	3	4
F	C	1	2	3
G	D，E	2	4	6
H	F，G	1	3	5

解　首先我們計算各作業之平均時間及標準差如下表：

表 9.3　計算平均時間及標準差

作業	前置作業	a	m	b	平均時間$t = \dfrac{a+4m+b}{6}$	標準差$= \dfrac{b-a}{6}$
A	—	2	4	6	4	$\dfrac{2}{3}$
B	—	2	3	4	3	$\dfrac{1}{3}$
C	A、B	1	3	5	3	$\dfrac{2}{3}$
D	B	1	2	3	2	$\dfrac{1}{3}$
E	C	2	3	4	3	$\dfrac{1}{3}$
F	C	1	2	3	2	$\dfrac{1}{3}$
G	D、E	2	4	6	4	$\dfrac{2}{3}$
H	F、G	1	3	5	3	$\dfrac{2}{3}$

則若 A 與 B 分別代表任兩項作業的時間，則其變異數有以下特性

$V(A+B) = V(A) + V(B)$

活動時間和將近似於常態分配，即若 $x_1 \cdots x_n$，表 n 個活動則

$$E(x_1 + \cdots + X_n) = E(x_1) + \cdots E(x_n) = \sum_{i=1}^{n} E(x_i)$$

$$V(x_1 + \cdots + X_n) = V(x_1) + \cdots V(x_n) = \sum_{i=1}^{n} V(x_i)$$

故而 $x_1 + \cdots + x_n \sim N(\sum_{i=1}^{n} E(x_i), \sum_{i=1}^{n} V(x_i))$

因此，其完工時間的機率可依常態分配計算而得。本例平均時間與例 9.1 同，故可得平均要徑亦為 $ACEGH$，而此要徑之平均時間標準差，依上述性質可得：

⑴求要徑的期望天數為 $E(A+C+E+G+H) = 4+3+3+4+3 = 17$

⑵標準差 $= \sqrt{V(A+C+E+G+H)} = \sqrt{V(A)+V(C)+V(E)+V(G)+V(H)}$

$$= \sqrt{(2/3)^2 + (2/3)^2 + (1/3)^2 + (2/3)^2 + (2/3)^2} = \sqrt{\frac{17}{9}}$$

$$= 1.374$$

則 $P(X < 20) = P\left(Z < \dfrac{20-17}{1.374}\right)$

$$= P(Z < 2.1828) = 0.9854$$

也就是說此項工作在 20 天完工的機率有 98.54％

例 9.3　某公司有一專案其各項作業資料如下：

表 9.4　例 9.3 所需資料

作業	先行作業	樂觀時間	最可能時間	悲觀時間
A	—	6 週	8	10
B	—	4	6	8
C	A	4	8	12
D	B	5	7	9
E	C，B	7	8	9
F	D，E	7	10	13
G	F	3	4	5

(1)建構網路圖？

(2)以計劃評核術求平均要徑及完工之期望天數？

(3)在 40 天完工的機率為何？

解　(1)以 AON 表示法作圖如下

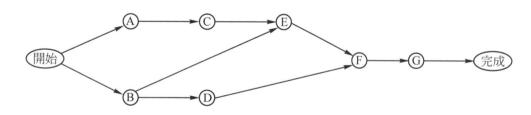

圖 9.11　例 9.3 之 AON 表示圖示

(2)計算各作業之平均時間及標準差如表所示，並以計劃之評核術求 ES、EF、LF、
　 LS，如圖 9.8 所示。

表 9.5 例 9.3 平均時間及標準差

作業	平均時間	標準差
A	8	$\frac{2}{3}$
B	6	$\frac{2}{3}$
C	8	$\frac{4}{3}$
D	7	$\frac{2}{3}$
E	8	$\frac{1}{3}$
F	10	1
G	4	$\frac{1}{3}$

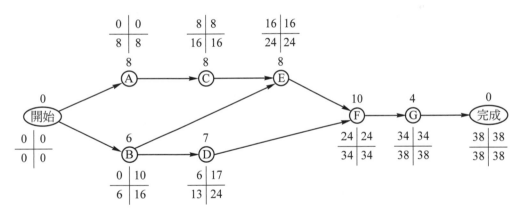

圖 9.12 例 9.3 之 PERT 計算結果

∴要徑為 ACEFG

期望時間為 38 週

$$標準差 = \sqrt{\frac{4}{9} + \frac{16}{9} + \frac{1}{9} + 1 + \frac{1}{9}} = \sqrt{\frac{31}{9}}$$

$$(3) P(X < 40) = P\left(\frac{x - 38}{\sqrt{\frac{31}{9}}} < \frac{40 - 38}{\sqrt{\frac{31}{9}}}\right) = P(z < 1.08) = 0.8599$$

● 9.5   成本與時間的估算

在實務上專案完工的成本常與時間有關，若要提早完工的話，則就必須加班來完成，即成本必然會提高，成本高低與時間長短成反比，其關係圖如下：

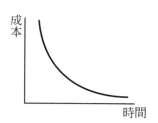

圖 9.13   成本與所需時間關係圖

故要取得二者間的均衡是專案負責人的考量，一般之解題步驟為下：

1.   計算每個作業可縮短時間：$D_i - d_i$ 及趕工增加成本 $CD_i - cd_i$。

2.   趕工平均成本：$\dfrac{(cd_i - CD_i)}{(D_i - cd_i)}$。

3.   求解正常狀態下之要徑。

4.   在要徑中選擇可趕工且成本最低者優先趕工，將其作業時間減 1，重新求要徑，反覆進行直至沒有可趕工之作業為止。

設某專案之由作業 i 之作業的正常時間為 (D_i)。正常成本為 (CD_i)，趕工可能時間為 d_i，趕工可能成本為 (cd_i)。

例9.4	設某公司之專案有8個作業各項資料如下表:

表9.6　例9.4之所需資料

作業	前置作業	正常時間 D_i	正常成本 CD_i	趕工時間 d_i	趕工成本 cd_i
A	—	4	3.6	2	6.6
B	A	5	4.2	3	8.4
C	A	7	10.3	4	19.6
D	B	3	4.8	2	7.0
E	C	2	8.4	1	10.4
F	D	7	15.6	4	25.5
G	E	8	22.4	6	28.4
H	F、G	5	12.0	4	13.2

試求如何以最少的成本提早3天完工?

解　(1)計算各項作業可縮短的時間及平均每天的成本。

表9.7　計算趕工平均成本

作業	可趕工時間$(D_i - d_i)$ (1)	趕工增加成本$(cd_i - CD_i)$ (2)	趕工平均成本 $\left(\dfrac{cd_i - CD_i}{D_i - d_i}\right)$ (2)/(1)
A	$4 - 2 = 2$	$6.6 - 3.6 = 3$	1.5
B	$5 - 3 = 2$	$8.4 - 4.2 = 4.2$	2.1
C	$7 - 4 = 3$	$19.6 - 10.3 = 9.3$	3.1
D	$3 - 2 = 1$	$7.0 - 4.8 = 2.2$	2.2
E	$2 - 1 = 1$	$10.4 - 8.4 = 2$	2
F	$7 - 4 = 3$	$25.5 - 15.6 = 9.9$	3.3
G	$8 - 6 = 2$	$28.4 - 22.4 = 6$	3
H	$5 - 4 = 1$	$13.2 - 12.0 = 1.2$	1.2

(2)本例以 AON 方式繪圖並說明如下,首先解題必須要先找到要徑,如圖 9.14 所示:

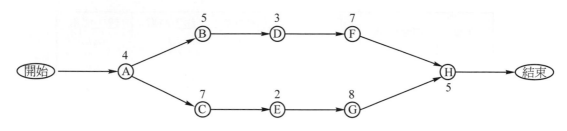

圖 9.14　例 9.4 之 AON 計算結果

在專案趕工的問題上;讀者不妨以要徑的定義來找出要徑。要徑乃指專案最長的路徑。本例中共有二條路徑 ABDFH 及 ACEGH,所需時間分別為 24 天及 26 天,故要徑為 ACEGH,完工天數 26 天。

(3)欲提早一天完工應在 A、C、E、G、H 等作業中找最便宜的趕工成本作業來趕工,由表 9.7 可知作業 H 的單位趕工成本為 1.2 最便宜,故選擇作業 H 趕工 1 天,可提早 1 天完工,總成本為 82.5 元(正常成本+趕工成本)。更新資訊如表 9.8 所示。

表 9.8　趕工一天之各路徑資訊

步驟	趕工作業	所需成本	ABDFH	ACEGH	總成本
0	—	—	24	26	81.3
1	H	1.2	23	25	82.5

(4)若要再繼續趕工,因 H 只能允許趕工 1 天,故需選擇下一個較低成本的作業能使 ACEGH 縮短 1 天工時。故需選擇作業 A 來趕工,則可得要徑仍為 ACEGH,而所需成本為 82.5+1.5=84 元,依此類推,提早 3 天完工之求解過程所需的額外成本為 4.2 元及所需要縮短的作業列於表 9.9 中:

表 9.9　例 9.4 各步驟計算結果

步驟	趕工作業	所需成本	ABDFH	ACEGH	總成本
0	—	0	24	⃝26	81.3
1	H	＋1.2	23	⃝25	82.5
2	A	＋1.5	22	⃝24	84
3	A	＋1.5	21	⃝23	85.5

⃝：表要徑

如欲繼續趕工，則可能發生要徑改變，在計算上建議逐步運作，並留意趕工作業的組合。茲將例 9.4 所有可縮短的作業及所需成本列於表 9.10 中。

(5) 同理可得新的提早完工，所需的成本及所要縮短的作業如下表：

表 9.10　例 9.4 之各步驟計算結果二

步驟	趕工作業	所需成本	ABDFH	ACEGH	總成本	備註
4	E	＋2	21	⃝22	87.5	E 作業已不可再縮短
5	G	＋3	⃝21	⃝21	90.5	G 作業只剩一天可縮短
6	B G	＋2.1 ＋3	⃝20	⃝20	95.6	G 作業已不可再縮短 B 作業只剩一天可縮短
7	B C	＋2.1 ＋3.1	⃝19	⃝19	100.8	B 作業已不可再縮短 C 作業只剩二天可縮短
8	D C	＋2.2 ＋3.1	⃝18	⃝18	106.1	D 作業已不可再縮短 C 作業只剩一天可縮短
9	F C	＋3.3 ＋3.1	⃝17	⃝17	112.5	F 作業只剩二天可縮短 C 作業已不可再縮短

此時只剩下 F 作業可趕工，然而縮短 F 作業，因路徑 ACEGH 已完全無法再縮短，故完工時間不會再提早，最早可完工的時間為 17 天，總成本為 112.5 元，此時要徑有二條，分別為 ACEGH 及 ABDFH。將本例之完工時間及完工成本的曲線繪製如圖 9.15，可知剛開始縮短完工天數時成本增加較小，等到後面要縮短一天可能要花費更多的金錢，這是決策者必須多加以考慮的，在成本與時間的均衡(trade-off)下找尋最能接受者來當作專案的完工時間及成本。

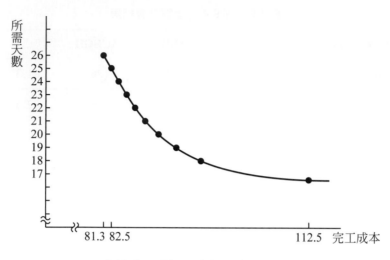

圖 9.15 例 9.4 之趕工成本曲線

9.6 資源分配

　　PERT在完成專案時，必須將有限的資源加以分配，以例9.4而言，若增加所需人力配置如表9.11，A 作業需4天4個人工來完成，依此類推，人數若不限制可用人加多，則我們可將網路圖改畫成甘特圖如圖 9.16：

表 9.11 例 9.4 之人力配置

作業	工時	人力配置
A	4	4
B	5	3
C	7	2
D	3	4
E	2	5
F	7	2
G	8	1
H	4	3

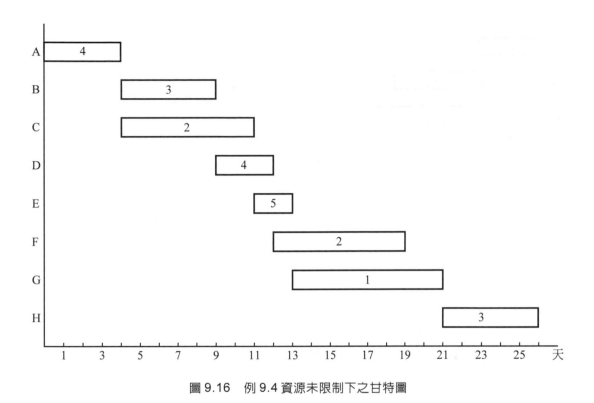

圖 9.16　例 9.4 資源未限制下之甘特圖

　　需時 26 天完工，現假設每天可用的人數是 5 人，則作業 C 進行時已使用 2 名人工，而作業 D 需 4 名人工方可進行，因此在作業 C 未完工之前，作業 D 無法進行，依此類推，則完工所需的天數會增加至 29 才可完工(如圖 9.17)。

　　也就是在資源不匱乏下才能如期在 26 天完工，否則若資源不足完工天數必然會增加，一般在解決問題是可以利用在工人不足下找臨時約僱人員，或者利用加班來完成工作的，是故若想如期 26 天完工，勢必增加雇員或加班成本。

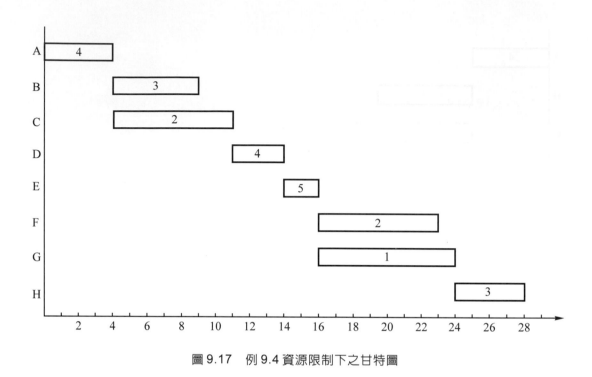

圖 9.17　例 9.4 資源限制下之甘特圖

習題九

1. 下表是一些以 AON 表示法之活動與其事件及專案計畫之活動時間。請繪製其網路圖與其各個事件的最早開始和最遲完成時間及閒置時間，並找出要徑及其經過的活動。

活動	前置作業	活動時間
A	—	3
B	—	5
C	A	2
D	A	6
E	B	1
F	C	2
G	D	5
H	E、F	3
I	G	5

2. 依照下表的 10 項活動及其先後作業順序關係，及最有可能完工時間以 m 表示，最樂觀估計時間以 a 表示，最悲觀估計時間以 b 表示如下表。

編號	活動	前置作業	樂觀估計時間(a)	最有可能時間(m)	悲觀估計時間(b)
1	A	—	3	6	9
2	B	—	5	7	9
3	C	A	2	4	6
4	D	A	7	8	10
5	E	C	4	5	7
6	F	C	4	5	8
7	G	E	2	3	5
8	H	F	3	4	6
9	I	D	5	6	8
10	J	G、H	7	10	12

⑴計算整個專案的期望時間？

⑵計算標準差σ？

⑶要徑需經過哪些作業？

⑷26天內完工的機率為何？

⑸30天內完工的機率為何？

3. 某公司有一專案其各項作業資料如下：

作業	前置作業	樂觀時間	最可能時間	悲觀時間
A	—	2週	5	8
B	A	6	9	12
C	A	5	8	11
D	B，C	3	6	9
E	B，C	1	4	7
F	D，E	7	7	7
G	C	6	12	18
H	F，G	4	7	10

⑴建構網路圖？

⑵以計畫評核術求平均要徑及完工之期望天數？

⑶在35天內完工的機率為何？

4. 某公司要增建一個辦公大廈，他所需的各項條件及時間如下表：

作業	說明	前置作業	正常時間（週）	正常成本（千元）	趕工時間	趕工成本
A	繪建築圖	—	2	100	1	125
B	地基完工	A	5	300	3	400
C	鋼構骨完工	B	4	250	3	350
D	樓板地面	C	2	350	1	500
E	水電施工	D	2	400	2	—

(續前表)

作業	說明	前置作業	正常時間	正常成本	趕工時間	趕工成本
F	屋頂	D	3	350	2	375
G	外牆	F	4	400	4	—
H	內部粉刷	E	3	300	2	320
I	驗收	H，G	1	200	1	—

⑴試繪出網路圖。

⑵計算正常完工時間及成本？

⑶計算趕工 3 週之最小成本？

5. 某公司有一專案其各項作業資料如下：

作業	先行作業	正常時間	正常成本	可趕工時間	趕工成本
A	—	6週	80	2	110
B	—	4	60	1	75
C	B	4	80	2	130
D	A	5	60	2	78
E	B	7	80	3	122
F	C	7	100	2	120
G	D，E	3	40	1	50

⑴建構網路圖？

⑵正常完工時間及成本？

⑶計算縮短 2 週完工所需最小成本及工作？

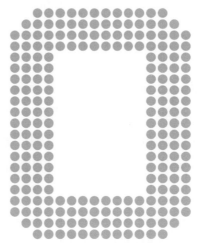

線性規劃問題
MS-EXCEL
電腦軟體求解

在本書第四章、第五章及第八章等章節中有關於線性規劃問題，例 4.4 產品組合問題，及其各種根之求解，例 5.1 運輸問題，例 5.2 指派問題及例 8.4 競賽理論等，我們在此以 Microsoft 公司 Excel 軟體來求解相關問題，以利於讀者求算時更加方便迅速正確。有關 Excel 之基本操作，請讀者參考相關書籍，以利操作。

● 10.1 開啓規劃求解

在 OFFICE 2007 以前之版本，若未完全安裝應將光碟放入光碟機，執行 SETUP 指令，選擇 EXCEL 及增益集之變更選項，選取「規劃求解」確定。則在 EXCEL 工具功能表中便產生了規劃求解參數對話框。

若以 OFFICE EXCEL 2007 之版本而言，則在 EXCEL 環境之左上角，點取 OFFICE 按鈕/EXCEL 選項(I)/ 增益集/執行/勾選「規劃求解」增益集/確定。則可在資料功能表選項中，獲得規劃求解參數對話框。

再以 EXCEL 2010 版來說，則在〔檔案／選項／ EXCEL 增益集／管理（A）／執行／勾選「規劃求解增益集」／確定〕，同樣至資料功能表獲原規劃求解參數對話框，EXCEL 2010 版之規劃求解參數對話框有較大的改變，本書皆以前版敍述，再此以 EXCEL 2010 比較「規劃求解參數」差異爲設定目標儲存格更題爲「設定目標式」，變數儲存格更題爲「藉由變更變數儲存格」，限制式變更爲「設定限制式」，另務必將「選取求解方法」選擇「simple LP」。

● 10.2 規劃求解三步驟

在線性規劃問題中，利用 Excel 做規劃求解，需先將問題模式鍵入工作表中，接著就是規劃的「目標」，會影響目標之「變數」，及其「限制」條件，這是規劃求解三步驟，若是設定正確則線性規劃的「最佳化」會很容易的利用電腦的快速與正確執行能力完成求解，在前面例題之各種問題中，我們將此類題目做仔細分析後，將求解步驟依規劃目標、變數以及限制條件做如下之描述。

1. 規劃目標

在例 4.5 產品組合問題中，產品 A 及產品 B 選擇生產組合，其利潤應為最大，生產各類產品其數量各為多少時？其利潤最高，所以，規劃目標為總利潤為最大值。

2. 變數

在尋求規劃目標中，各種可行解，皆可得目標值，在其目標值中，我們稱其為變數。由各變數以獲得最佳目標，此時，各類產品應生產數量為問題之解答。

3. 限制條件

求解過程中，限制條件是考量中應最周全之部分，依其條件建立求解條件，在本例中機器使用產能是最主要之條件，然而不可忽略的是生產數量不可負值也應考量。

10.3　產品組合問題 MS-EXCEL 規劃求解

1. 問題描述：(參考例 4.5 中)

2. 建立表格

由問題描述中，在 Excel 試算表上建立表 10.1，並在相關儲存格建立函數公式，其中儲存格名稱如 A 欄 1 列，簡稱 A1 格，A1～D5 設定問題描述表格，A7～

表 10.1　產品組合問題表格公式表

	A	B	C	D
1	製程＼產品	產品加工所需時間		可用之總時間
2		產品 A	產品 B	
3	製程 I	1	2	100
4	製程 II	4	1	200
5	利潤／單位	5	7	
6				
7	製程＼產品	產品加工所需時間		可用之總時間
8		產品 A	產品 B	
9	製程 I	＝B3*B$12	＝C3*C$12	＝SUM(B9：C9)
10	製程 II	＝B4*B$12	＝C4*C$12	＝SUM(B10：C10)
11	利潤／單位	＝B5*B$12	＝C5*C$12	＝SUM(B11：C11)
12	應生產數量	42.86	28.57	

D_{11} 為建立求解函數公式,儲存格 B_{12},C_{12} 為變數儲存值,也就是解答值,這兩個儲存格的值可由電腦規劃求解出來。公式給予及意義相關步驟為:

首先建立函數公式在 B9 至 C11,滑鼠在 B9 儲存格定格按取後,輸入＝B3*B\$12,其意義為,製程-Ⅰ做一單位A產品需1分鐘,應生產幾件(B12),則為A產品做的單位數,在製程-Ⅰ所花的時間。接著將函數公式複製到B10,B10位置表示製程-Ⅱ做了A產品的單位數所花的時間,在 Excel 中位址前加上$號,會使該位址變成絕對位址,當複製公式在其他儲存格後,其參照位址不會改變,所以當複製到 B10 時其位址為＝ B4*B\$12,故$12之位置不會改變,以此類推,C9複製至C10,其次在B11儲存也可由上列格子複製下來,則為＝B5*B\$12,其意義為A產品生產後可獲得之利潤,C11則為＝C5×C\$12,其意義為B產品生產後可獲得之利潤。最後建立D9～D11儲存格,其輸入過程為選取D9格子後,按「函數精靈」或按下自動加總 Σ 工具鈕,後選定B9:C9,再鍵 Enter 鍵,其意義為D9是製程-Ⅰ生產A、B兩產品花的總時間,D10其意義為製程Ⅱ生產A、B兩產品所花的總時間,D11其意義為生產A、B兩產品所得的總利潤。

3. 規劃求解參數交談

建立了A2-D11儲存格表格與公式後,接下來就是求解問題,其規劃步驟為,選取功能表中「資料／規劃求解」,即可看到交談窗。

圖 10.1　例 4.5 規劃求解圖示一

(1) 設定求解目標

　　進入交談窗後在「設定目標儲存格」內選定 D11 後，可用鍵入或滑鼠選取，接著在等於欄內三個按鈕中選取「最大值」。

(2) 選取變數

　　接下來設定變數儲存格，也就是求解之答案，本例中為 A、B 兩產品之生產量為何？故選取 B12：C12，也可按右側「推測」鈕來由 Excel 自動推測，但應確認是否正確無誤，否則應更正。

(3) 輸入限制式

　　最後一步驟為輸入限制條件，按下限制值中「新增」鈕，可得下一個畫面交談窗，如圖 10.2。

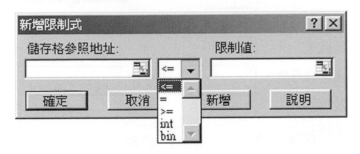

圖 10.2　例 4.5 規劃求解圖示二

　　在此須設定三個項目，左邊為儲存格參照位址，中間為關係符號，最右邊為限制值，本例中第一個條件限制式為製程 I 製程 II 總生產時間應分別小於其可用時間 100 分鐘及 200 分鐘以儲存格表示，則為D9：D10 ≤ D3：D4，如圖 10.3，其作法為我們選擇「新增」得到新增限制式，此時輸入第一組限制式，因有兩個變數做相同限制，用儲存格參照位置表示，我們可用輸入或工作表選定D9：D10，接著在關係中設為<＝，並在限制值輸入或選定工作表之D3：D4。

圖 10.3　例 4.5 規劃求解圖示三

　　在第二組限制式中，也有兩個變數做相同的限制，故在儲存格參照位址，我們用輸入或工作表選定 B12：C12，其關係可由下拉式列示窗選擇>=，並在限制值輸入 0，如此則完成了限制式的設定工作，最後若為無誤，可按「確定」結束限制式之設定。

　　上面步驟都完成後，我們再選擇 Excel 求解模式為線性模式，即按「選項」按鈕，進入規劃求解選項交談窗，如圖 10.4。

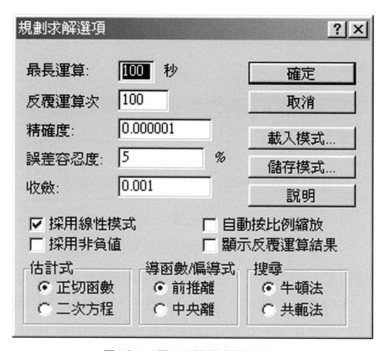

圖 10.4　例 4.5 規劃求解圖示四

　　標示採用線性模式，接著請按下確定、結束選項之設定，最後按下求解，便可看到規劃求解之結果為「規劃求解找到一解，可滿足所有的限制式及最佳狀況」，並獲得運算結果報表，敏感度報表及極限報表，確定求解結果並可得如圖 10.5。我們由試算表中可得到在 B12 及 C12 變數儲存格獲得解答為 A 產品 42.86 單位及 B 產品為 28.57 單位是最佳解如表 10.2。其中 D9，D10 為製程 I，II 生產 A，B 兩產品所花的時間，D11 為生產 A，B 兩產品所獲得之總利潤為最佳。

CHAPTER 10

線性規劃問題 MS-EXCEL 電腦軟體求解

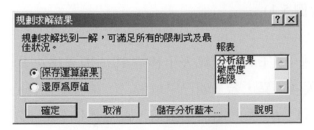

圖 10.5　例 4.5 規劃求解圖示五

表 10.2　產品組合問題規劃求解結果報表

	A	B	C	D
1	製程＼產品	產品加工所需時間		可用之總時間
2		產品 A	產品 B	
3	製程 I	1	2	100
4	製程 II	4	1	200
5	利潤／單位	5	7	
6				
7	製程＼產品	產品加工所需時間		可用之總時間
8		產品 A	產品 B	
9	製程 I	42.86	57.14	100
10	製程 II	171.44	28.57	200
11	利潤／單位	214.3	199.99	414.29
12	應生產數量	42.86	28.57	

10.4　運輸問題 MS-EXCEL 規劃求解

　　在本書第五章特殊形式線形規劃問題中，運輸問題在 Excel 求解之過程，此類問題求解敘述如下：

1. 問題描述(參考例 5.1)
2. 建立表格公式

　　由問題描述中在 Excel 試算表上建立 10.3 節表格，此表格之建立模式與 10.3 產品組合問題大同小異，若上題已求解過之，讀者應已得心應手，在此描述如下：

　　表 10.3，A1～E5 係問題描述表格，A7～E11 為目標函數求解值，A13～E17 係變數儲存區，其中 B14～D16 為解答值。

表 10.3　運輸問題表格公式表

	A	B	C	D	E
1	廠＼倉	A倉	B倉	C倉	供應量
2	一　廠	3	7	5	100
3	二　廠	4	8	6	90
4	三　廠	5	6	7	110
5	需求量	90	80	130	300
6					
7	廠＼倉	A倉	B倉	C倉	成　本
8	一　廠	＝B2*B14	＝C2*C14	＝D2*D14	＝SUM(B8：D8)
9	二　廠	＝B3*B15	＝C3*C15	＝D3*D15	＝SUM(B9：D9)
10	三　廠	＝B4*B16	＝C4*C16	＝D4*D16	＝SUM(B10：D10)
11	成　本	＝SUM(B8：B10)	＝SUM(C8：C10)	＝SUM(D8：D10)	＝SUM(B11：D11)
12					
13	廠＼倉	A倉	B倉	C倉	供應量
14	一　廠	90	0	10	＝SUM(B14：D14)
15	二　廠	0	0	90	＝SUM(B15：D15)
16	三　廠	0	80	30	＝SUM(B16：D16)
17	需求量	＝SUM(B14：B16)	＝SUM(C14：C16)	＝SUM(D14：D16)	＝SUM(B17：D17)

　　首先，介紹在B8位址輸入公式＝B2*B14，其意義為一廠運輸產品數量至A倉所花費成本，因 B2 係單位運費，B14 則為運輸數量，它可由電腦規劃求得。同理，C8 則為一廠運輸產品數量至 B 倉花費成本為＝ C2*C14，D8 則為一廠運輸產品數量至C倉所花費成本，公式為＝D2*D14，E8 儲存格為一廠運輸至A、B、C 三倉所花費之一廠總成本，公式為＝ SUM(B8*D8)。以此類推，接著我們可以 B8 位置選取後，複製到 B9、B10.再選取 C8，複製至 C9、C10，目標函數在E11儲存格，則是最重要的位置，應給予公式為＝SUM(B11*D11)，或＝SUM(E8*E11)，其意義為A、B、C三倉所花之成本或各廠送至A、B、C三倉之總成本，其值應為最少便可得最佳解，至於 A13～E17 位置之意義為 B14～D16 求解的解答值，電腦在求解時會規劃出來，其值不必理會它，B17 則為A倉需求量在三廠共可獲得之數量，其公式為＝SUM(B14*B16)；C17 則為B倉需求量在三廠共可獲得之數量，其公式為＝SUM(C14*C16)；D17為C倉所獲之數量為＝SUM(D14*D16)；在 E14 之位置是一廠供應於 A、B、C 三倉之總數量，其公式為＝SUM(B14*D14)，其餘之 E15、E16、E17 之公式類推，以上公式皆可由最上之一欄或最左之列複製而得，如此省時又方便。

3. 規劃求解參數交談

　　建立了表10.3之公式後，便可進入功能列中「資料／規劃求解」而獲得一交談窗，如圖10.6。

圖 10.6　例 5.1 規劃求解圖示一

(1) 設定求解目標

在「設定目標儲存格」內選定或輸入 E11，接著選取「最小值」，因是總運輸成本應爲最小。

(2) 設定變數

設定求解目標儲存格，也就是解答，本例是各廠應發送至各倉之數量並獲得最少之運輸成本，故應選取試算表之位置或輸入 B14：D16。

(3) 輸入限制式

第三步驟爲輸入限制條件，按下限制值中「新增」，可得下一交談窗，如圖 10.7。

圖 10.7　例 5.1 規劃求解圖示二

圖 10.8　例 5.1 規劃求解圖示三

限制條件爲各倉總需求量在各廠獲得之數量應相等，各廠總供應量輸送至各倉之數量等於其可供應量。在最左邊之儲存格參照位置選取或輸入 B17：D17，中間之關係中選擇 ＝，右邊之限制值，則選取試算表或輸入 B5：D5，其次，新增限制條件應在左邊儲存格位置選取或輸入 E14：E16 關係式選取 ＝，右邊限制值給予 E2：E4，最後新增限制式變數之求解給予非負限制，在左邊儲存格選取或輸入 B14：D16，中間之關係可由下拉式列示窗選擇 ＞＝，並在限制值輸入 0，如此則完成了三步驟，但我們必須再選擇求解模式之線性模式，即再按「選項」鈕，可進入選項交談窗，標示採用線性模式後按下確定，

結束選項之設定，最後再按下「求解」，便可得到求解之結果為「規劃求解找到一解，可滿足所有之限制式及最佳狀況」，並獲得運算結果報表，敏感度報表以及極限報表，我們可由試算表得到表 10.4。(註：E11 為最小解，但 B14：D16 的解可能不唯一)

表 10.4　　例 5.1 規劃求解結果報表

	A	B	C	D	E
1	廠＼倉	A倉	B倉	C倉	供應量
2	一　廠	3	7	5	100
3	二　廠	4	8	6	90
4	三　廠	5	6	7	110
5	需求量	90	80	130	300
6					
7	廠＼倉	A倉	B倉	C倉	成　本
8	一　廠	270	0	50	320
9	二　廠	0	0	540	540
10	三　廠	0	480	210	690
11	成　本	270	480	800	1550
12					
13	廠＼倉	A倉	B倉	C倉	供應量
14	一　廠	90	0	10	100
15	二　廠	0	0	90	90
16	三　廠	0	80	30	110
17	需求量	90	80	130	300

● **10.5 指派問題 MS-EXCEL 規劃求解**

無論是秘書工作之指派，機具工作之指派，都可用本例來求解最佳狀況之指派，其模式與運輸問題類似，僅是限制式及其意義，稍稍不同，在此敘述如下：

1. 問題描述：(參考 5.2 節指派工作)

2. 建立表格公式

    由問題描述在Excel試算式上建立表 10.5，A2～D14 是問題描述，A8～E12 為目標函數求解區，B15～D17 是變數儲存值也就是為解答值。

    首先在B9位置輸入＝B5*B15，其意義為甲秘書若做工作一，則其花的成本(或時間)，B3 是做工作一的成本，B15 則為是否指派？指派則給予"1"，不指派則為"0"，可由電腦規劃求得，此時不理會其值是"1"或"0"。其餘C9、D9 類推，並做複製，E12 則是目標函數之公式，公式為＝ SUM(B9：D11)；其意義為：甲、乙、丙三秘書總工作成本(或時間)，其值應為最少。

    其次介紹變數儲存值之公式，在 B15～D17 是電腦求解之答案，可不予理會，在 B18 其公式為＝ SUM(B15：B17)意義為，工作一不管是甲或乙或丙秘書做，總是要有人做，只需要有一人做，故可給予限制值是"1"，其餘儲存格 C18、D18 亦同，至於E1 其公式為＝SUM(B15：D15)；其意義為甲秘書一定要做工作一或工作二或工作三，值也是"1"。其餘E16、E17亦同，可用複製下來。

3. 規劃求解參數交談

    建立了表10.5後，便由功能列中選取「資料」／規劃求解」而獲一交談窗，如圖 10.9。

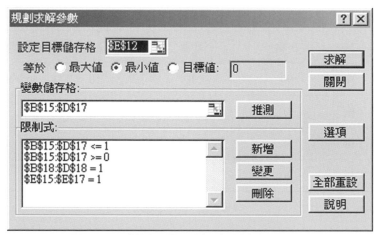

圖 10.9 指派問題示例一規劃求解圖示一

表 10.5　指派問題示例一公式表

	A	B	C	D	E
1					
2	秘書＼工作	一	二	三	
3	甲	12	10	14	
4	乙	18	14	12	
5	丙	13	12	14	
6					
7					
8	秘書＼工作	一	二	三	
9	甲	=B3*B15	=C3*C15	=D3*D15	
10	乙	=B4*B16	=C4*C16	=D4*D16	
11	丙	=B5*B17	=C5*C17	=D5*D17	
12					=SUM(B9：D11)
13					
14	秘書＼工作	一	二	三	
15	甲	0	1	0	=SUM(B15：D15)
16	乙	0	0	1	=SUM(B16：D16)
17	丙	1	0	0	=SUM(B17：D17)
18		=SUM(B15：B17)	=SUM(C15：C17)	=SUM(D15：D17)	

(1) 設定求解目標

在設定「目標儲存格」內選定或輸入 E12，接著選取「最小值」因為總成本或(時間)要最低。

(2) 選定變數

設定變數儲存格，也就是解答，甲、乙、丙三秘書如何分派三件工作，而花費最少，故在分派過程中之選擇，可由電腦規劃求解，但我們應給限制式，並先設定解答應在 B15：D17。

(3) 輸入限制式

此一部分甚為重要，應好好設定，第一限制式為工作指派，若派則給值"1"，不派則給"0",故可在變數儲存格 B15 至 D17 給予"1"或"0"，所以我們在限制值中按下「新增」，可得一交談窗：

圖 10.10　指派問題示例一規劃求解圖示二

在最左邊儲存格參照位址選取或輸入B15：D17，中間之關係中選擇>＝，按取右邊限制區給予值為"0"；第二次則按「新增」並在最左邊儲存格亦輸入相同B15：D17，中間之關係中選擇<＝，右邊限制值為"1"，則限制了變數儲存格非"1"即"0"。

第二組限制條件為每件工作必須要有人做，每人都有一件工作要去做。故我們按「新增」，並在左邊儲存格參照位置選取B18：D18，中間關係式為 ＝，右邊限制值為"1"。其次再按「新增」並在左邊儲存格參照位置選取E15：E17，中間關係式為 ＝ ，右邊限制值為"1"如此則完成限制式之設定，如圖10.11。

圖 10.11　指派問題示例一規劃求解圖示三

　　最後，我們必須再選擇求解模式，即再按「選項」，進入選項交談窗，標示採用線性模式：

圖 10.12　指派問題示例一規劃求解圖示四

　　接著「確定」，最後按下「求解」，便可得到求解之結果，顯示為規劃求解找到一解，可滿足所有之限制式及最佳狀況，並獲得報表，我們可在試算表上得到表 10.6 之求解結果，總花費成本為 E12 儲存格之 35 元為最佳。

表 10.6　指派問題規則求解報表

	A	B	C	D	E
1					
2	秘書＼工作	一	二	三	
3	甲	12	10	14	
4	乙	18	14	12	
5	丙	13	12	14	
6					
7					
8	秘書＼工作	一	二	三	
9	甲	0	10	0	
10	乙	0	0	12	
11	丙	13	0	0	
12					35
13					
14	秘書＼工作	一	二	三	
15	甲	0	1	0	1
16	乙	0	0	1	1
17	丙	1	0	0	1
18		1	1	1	

● 10.6 線性規劃問題特殊解 MS-EXCEL 規劃求解

在 4.5 節中，我們利用單行法求解線性規劃問題特殊解，其中包括退化解，多重解與無限值解，當解是退化狀況時，反覆求解有可能得到最佳解，但也可能是循環情況。而在多重解例 4.17 中，若以 Excel 規劃求解時，首先在表 10.7 儲存格輸入問題及公式，規劃求解如圖 10.7，經求解可得表 10.8 多重解線性規劃問題求解結果報表，但在規劃求解時會有暫停現象，並在工作表上顯示出求解的值。我們按繼續 Continue 鍵後，得出結果報表。

表 10.7　多重解線性規劃問題公式表

	A	B	C	D
1				
2		**X1**	**X2**	**S.T. VALUE**
3	**S.T.1**	1.5	1	6
4	**S.T.2**	1	0	3
5	**OBJ.**	3	2	
6				
7				
8		A	B	
9	**S.T.1**	= B3*B\$12	= C3*C\$12	= SUM(B9：C9)
10	**S.T.2**	= B4*B\$12	= C4*C\$12	= SUM(B10：C10)
11	**OBJ.**	= B5*B\$12	= C5*C\$12	= SUM(B11：C11)
12	**Xn**	3	1.5	

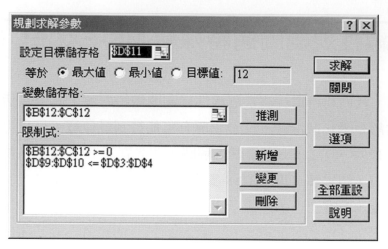

圖 10.13　例 4.17 規劃求解之圖示

表 10.8　多重解規劃求解結果報表

	A	B	C	D	E
1					
2		**X1**	**X2**	**S.T. VALUE**	
3	**S.T.1**	1.50	1	6	
4	**S.T.2**	1.00	0	3	
5	**OBJ.**	3	2		
6					
7					
8		A	B		
9	**S.T.1**	4.5	1.5	6	
10	**S.T.2**	3	0	3	
11	**OBJ.**	9	3	12	
12	**Xn**	3	1.5		

在例 4.18 若解為無限值時，若以 Excel 規劃求解時，我們在表 10.9 輸入問題及 11 儲存格公式，經規劃求解如圖 10.14。並求得表 10.10，線性規劃問題為無限值解，在規

劃求解視窗上得到結果爲「設定儲存格的值未收歛」，並不能得到各種報表，報表部分爲灰色，這表示值很大無法收歛，所以是無限値解，如圖 10.15。

表 10.9　無限値解表格公式輸入表

	A	B	C	D	E
1					
2		**X1**	**X2**	**X3**	**S.T. VALUE**
3	**S.T.1**	2	1	-2	14
4	**S.T.2**	2	-3	2	6
5	**OBJ.**	4	0	1	
6					
7					
8		**X1**	**X2**	**X3**	
9	**S.T.1**	=B3*B$12	=C3*C$12	=D3*D$12	=SUM(B9：D9)
10	**S.T.2**	=B4*B$12	=C4*C$12	=D4*D$12	=SUM(B10：D10)
11	**OBJ.**	=B5*B$12	=C5*C$12	=D5*D$12	=SUM(B11：D11)
12	**Xn**	6	2	0	

圖 10.14　例 4.18 規劃求解之圖示

表 10.10　無限值解結果報表

	A	B	C	D	E	F
1						
2		**X1**	**X2**	**X3**	**S.T. VALUE**	
3	**S.T.1**	2	1	− 2	14	
4	**S.T.2**	2	− 3	2	6	
5	**OBJ.**	4	0	1		
6						
7						
8		**X1**	**X2**	**X3**		
9	**S.T.1**	12	2	0	14	
10	**S.T.2**	12	− 6	0	6	
11	**OBJ.**	24	0	0	24	
12	**Xn**	6	2	0		

圖 10.15　例 4.18 之計算結果圖示

● **10.7 兩人零和無鞍點競賽理論 MS-EXCEL 求解**

在第八章中例 8.4，我們以 Excel 求解競賽理論問題，其詳細之作業步驟及求解過程如下說明，在本例之收益表中，依對偶理論，我們可將甲方出剪刀、石頭、布的機率轉換為線性規劃數學模式

$$\text{Min} \quad \frac{1}{W} = x_1' + x_2' + x_3'$$

$$\text{s.t.} \quad 7x_1' + 2x_2' + 6x_3' \geq 1$$

$$4x_1' + 8x_2' + 3x_3' \geq 1$$

$$9x_1' + 8x_3' \geq 1$$

$$x_1' , x_2' , x_3' \geq 0$$

填入儲存格問題及公式，表格如表 10.11

表 10.11　零和競賽理論問題公式表

	A	B	C	D	E
1		**X1**	**X2**	**X3**	**S.T. VALUE**
2	**S.T.1**	7	2	6	1
3	**S.T.2**	4	8	3	1
4	**S.T.3**	9	0	8	1
5	**Wi**	0.125	0.0625	0	= SUM(B5：D5)
6		= B2*B$5	= C2*C$5	= D2*D$5	= SUM(B6：C6)
7		= B3*B$5	= C3*C$5	= D3*D$5	= SUM(B7：C7)
8		= B4*B$5	= C4*C$5	= D4*D$5	= SUM(B8：C8)
9	**1/Wi**	= 1/B$5	= 1/C$5	= 1/D$5	= 1/E$5

在上表中依數學模式填入問題表格於 A1：E4，A5～E5 為目標函數求解區，B5：D5 為變數儲存格，也就是解答值，可由 Excel 軟體求解而得，數值先不予理會，B6～E8 公式為限制式輸入值，其中 B6 為＝B2*B$5，C6 為＝C2*C$5，D6 為＝D2*D$5，E6 為上面三位置加總，其值應 ≥ 1，最好以儲存格表示，其餘可複製由 B6 複製至 B7，B8，C6 複製至 C7，C8，D6 複製至 D7，D8，E6 複製至 E7，E8。A9～E9 是 A5～E5 之導數為其對偶關係，公式如表 10.11，以上表格填入後，設定求解，如圖 10.16。

1. 設定求解目標：我們在功能表上選擇工具／規劃求解，在設定目標儲存格內選定或輸入 E9 並選擇最小值，或選擇 E5 最大值。

2. 設定變數儲存格：我們選擇 B5：D5，做為解答值。

3. 輸入限制式：依限制式可知在 E6：E8 需大於 E2：E4，其次為變數儲存格 B5：D5 ≥ 0。

圖 10.16　例 8.4 規劃求解之圖示

表 10.12　零和競賽理論規則求解結果報表

	A	B	C	D	E
1		**X1**	**X2**	**X3**	**S.T. VALUE**
2	**S.T.1**	7	2	6	1
3	**S.T.2**	4	8	3	1
4	**S.T.3**	9	0	8	1
5	**Wi**	0.125	0.0625	0	0.1875
6		0.875	0.125	0	1
7		0.5	0.5	0	1
8		1.125	0	0	1.125
9	**1/Wi**	8	16	#DIV/0!	5.333333333

　　輸入以上之步驟後，在「選項」下選擇線性模式，即在交談窗，標示線性模式後，按「確定」後，再按求解，可得到「獲得一最佳解」，並在試算表上得到如表 10.12，求解之結果。

附　錄

附表一　二項分配累積機率數值表

分配函數：

$$F(x) = P(X \leq x) = \sum_{k=0}^{x} \binom{n}{k} p^k (1-p)^{n-k}$$

$$= \sum_{k=0}^{x} \frac{n!}{k!(n-k)!} p^k (1-p)^{n-k}$$

例：當 $n = 5$，$x = 3$，$p = 0.20$ 時，則

(1) $P(X \leq 3) = \sum_{k=0}^{3} \binom{5}{k} (0.20)^k (0.80)^{5-k} = 0.9933$

(2) $P(X = 3) = P(X \leq 3) - P(X \leq 2) = 0.9933 - 0.9421 = 0.0512$

n	x	p									
		0.05	0.10	0.15	0.20	0.25	0.30	0.35	0.40	0.45	0.50
5	0	0.7738	0.5905	0.4433	0.3277	0.2373	0.1691	0.1160	0.0778	0.0503	0.0313
	1	0.9774	0.9185	0.8352	0.7373	0.6328	0.5282	0.4284	0.3370	0.2562	0.1875
	2	0.9988	0.9914	0.9734	0.9421	0.8965	0.8369	0.7648	0.6828	0.5931	0.5000
	3	1.0000	0.9995	0.9978	0.9933	0.9844	0.9692	0.9460	0.9130	0.8688	0.8125
	4	1.0000	1.0000	0.9999	0.9997	0.9990	0.9976	0.9948	0.9898	0.9815	0.9688
	5	1.0000	1.0000	1.0000	1.0000	1.0000	1.0000	1.0000	1.0000	1.0000	1.0000
6	0	0.7351	0.5314	0.3771	0.2621	0.1780	0.1177	0.0754	0.0467	0.0277	0.0156
	1	0.9672	0.8857	0.7765	0.6554	0.5339	0.4202	0.3191	0.2333	0.1636	0.1094
	2	0.9978	0.9841	0.9527	0.9011	0.8306	0.7443	0.6471	0.5443	0.4415	0.3437
	3	0.9999	0.9987	0.9941	0.9830	0.9624	0.9295	0.8826	0.8208	0.7447	0.6562
	4	1.0000	0.9999	0.9996	0.9984	0.9954	0.9891	0.9777	0.9590	0.9308	0.8906
	5	1.0000	1.0000	1.0000	0.9999	0.9998	0.9993	0.9982	0.9959	0.9917	0.9844
	6	1.0000	1.0000	1.0000	1.0000	1.0000	1.0000	1.0000	1.0000	1.0000	1.0000
7	0	0.6983	0.4783	0.3206	0.2097	0.1335	0.0824	0.0490	0.0280	0.0152	0.0078
	1	0.9556	0.8503	0.7166	0.5767	0.4450	0.3294	0.2338	0.1586	0.1024	0.0625
	2	0.9962	0.9743	0.9262	0.8520	0.7564	0.6471	0.5323	0.4199	0.3164	0.2266
	3	0.9998	0.9973	0.9879	0.9667	0.9294	0.8740	0.8001	0.7102	0.6083	0.5000
	4	1.0000	0.9998	0.9988	0.9953	0.9871	0.9412	0.9444	0.9037	0.8471	0.7764
	5	1.0000	1.0000	0.9999	0.9996	0.9987	0.9962	0.9910	0.9812	0.9643	0.9675
	6	1.0000	1.0000	1.0000	1.0000	0.9999	0.9998	0.9994	0.9984	0.9963	0.9922
	7	1.0000	1.0000	1.0000	1.0000	1.0000	1.0000	1.0000	1.0000	1.0000	1.0000

(續前表)

n	x	p									
		0.05	0.10	0.15	0.20	0.25	0.30	0.35	0.40	0.45	0.50
8	0	0.6634	0.4305	0.2725	0.1678	0.1001	0.0576	0.0319	0.0168	0.0084	0.0039
	1	0.9428	0.8131	0.6572	0.5033	0.3671	0.2553	0.1691	0.1064	0.0632	0.0352
	2	0.9942	0.9619	0.8948	0.7969	0.6785	0.5518	0.4278	0.3154	0.2201	0.1445
	3	0.9996	0.9950	0.9786	0.9437	0.9962	0.8059	0.7064	0.5941	0.4770	0.3633
	4	1.0000	0.9996	0.9998	0.9896	0.9727	0.9420	0.8939	0.8263	0.7396	0.6367
	5	1.0000	1.0000	0.9972	0.9988	0.9958	0.9887	0.9474	0.9502	0.9115	0.8555
	6	1.0000	1.0000	1.0000	0.9999	0.9996	0.9987	0.9964	0.9915	0.9819	0.9648
	7	1.0000	1.0000	1.0000	1.0000	1.0000	0.9999	0.9998	0.9993	0.9983	0.9961
	8	1.0000	1.0000	1.0000	1.0000	1.0000	1.0000	1.0000	1.0000	1.0000	1.0000
9	0	0.6302	0.3874	0.2316	0.1342	0.0751	0.0404	0.0207	0.0101	0.0046	0.0019
	1	0.9288	0.7748	0.5995	0.4362	0.3003	0.1960	0.1211	0.0705	0.0385	0.0105
	2	0.9916	0.9470	0.8591	0.7382	0.6007	0.4628	0.3373	0.2318	0.1495	0.0898
	3	0.9994	0.9917	0.9661	0.9144	0.8343	0.7297	0.6089	0.4826	0.3614	0.2539
	4	1.0000	0.9991	0.9944	0.9804	0.9511	0.9012	0.8283	0.7334	0.6214	0.5000
	5	1.0000	0.9999	0.9994	0.9969	0.9900	0.9747	0.9464	0.9007	0.8342	0.7461
	6	1.0000	1.0000	0.9999	0.9997	0.9987	0.9957	0.9888	0.9750	0.9502	0.9102
	7	1.0000	1.0000	1.0000	1.0000	0.9999	0.9996	0.9986	0.9962	0.9909	0.9805
	8	1.0000	1.0000	1.0000	1.0000	1.0000	1.0000	0.9997	0.9997	0.9992	0.9980
	9	1.0000	1.0000	1.0000	1.0000	1.0000	1.0000	1.0000	1.0000	1.0000	1.0000
10	0	0.5987	0.3487	0.1969	0.1074	0.0563	0.0282	0.0135	0.0060	0.0025	0.0010
	1	0.9139	0.7364	0.5443	0.3758	0.2440	0.1493	0.0860	0.0464	0.0233	0.0107
	2	0.9885	0.9298	0.8202	0.6778	0.5256	0.3828	0.2616	0.1673	0.0996	0.0547
	3	0.9993	0.9872	0.9500	0.8791	0.7759	0.6496	0.5138	0.3823	0.2660	0.1719
	4	0.9999	0.9984	0.9901	0.8672	0.9219	0.8497	0.7515	0.6331	0.5044	0.3769
	5	1.0000	0.9998	0.9986	0.9936	0.9803	0.9524	0.9051	0.8338	0.7384	0.6230
	6	1.0000	1.0000	1.9999	0.9991	0.9965	0.9894	0.9740	0.9452	0.8980	0.8281
	7	1.0000	1.0000	1.0000	0.9999	0.9996	0.9984	0.9952	0.9877	0.9726	0.9453
	8	1.0000	1.0000	1.0000	1.0000	1.0000	0.9999	0.9995	0.9983	0.9955	0.9893
	9	1.0000	1.0000	1.0000	1.0000	1.0000	0.0000	0.0000	0.9999	0.9997	0.9990
	10	1.0000	1.0000	1.0000	1.0000	1.0000	0.0000	0.0000	1.0000	1.0000	1.0000
11	0	0.5688	0.3138	0.1673	0.0859	0.0422	0.0198	0.0088	0.0036	0.0014	0.0005
	1	0.8981	0.6974	0.4922	0.3221	0.1971	0.1130	0.0606	0.0302	0.0139	0.0059
	2	0.9848	0.9104	0.7788	0.6174	0.4552	0.3127	0.2001	0.1189	0.0652	0.0327
	3	0.9948	0.9815	0.9306	0.8389	0.7133	0.5696	0.4256	0.2963	0.1911	0.1133
	4	0.9999	0.9973	0.9841	0.9496	0.8854	0.7897	0.6683	0.5328	0.3971	0.2744
	5	1.0000	0.9997	0.9973	0.9883	0.9657	0.9218	0.8513	0.7535	0.6331	0.5000
	6	1.0000	1.0000	0.9997	0.9980	0.9924	0.9784	0.9499	0.9007	0.9262	0.7256
	7	1.0000	1.0000	1.0000	0.9998	0.9988	0.9957	0.9878	0.9707	0.9390	0.8867
	8	1.0000	1.0000	1.0000	1.0000	0.9999	0.9994	0.9980	0.9941	0.9852	0.9673
	9	1.0000	1.0000	1.0000	1.0000	1.0000	0.9999	0.9998	0.9993	0.9978	0.9941
	10	1.0000	1.0000	1.0000	1.0000	1.0000	1.0000	1.0000	1.0000	0.9998	0.9995
	11	1.0000	1.0000	1.0000	1.0000	1.0000	1.0000	1.0000	1.0000	1.0000	1.0000

(續前表)

n	x	\multicolumn{10}{c}{p}
		0.05	0.10	0.15	0.20	0.25	0.30	0.35	0.40	0.45	0.50
---	---	---	---	---	---	---	---	---	---	---	---
12	0	0.5454	0.2824	0.1422	0.0687	0.0317	0.0138	0.0057	0.0022	0.0008	0.0002
	1	0.8816	0.6590	0.4433	0.2749	0.1584	0.0850	0.0424	0.0196	0.0083	0.0032
	2	0.9804	0.8891	0.7358	0.5584	0.3907	0.2528	0.1513	0.0834	0.0421	0.0193
	3	0.9978	0.9744	0.9078	0.7946	0.6488	0.4925	0.3467	0.2235	0.1345	0.0730
	4	0.9998	0.9957	0.9761	0.9274	0.8424	0.7232	0.5834	0.4382	0.3044	0.1938
	5	1.0000	0.9995	0.9954	0.9806	0.9456	0.8821	0.7873	0.6652	0.5269	0.3872
	6	1.0000	0.9999	0.9993	0.9961	0.9858	0.9614	0.9154	0.8418	0.7393	0.6128
	7	1.0000	1.0000	0.9999	0.9994	0.9972	0.9905	0.9745	0.9427	0.8883	0.8062
	8	1.0000	1.0000	1.0000	0.9999	0.9996	0.9983	0.9944	0.9847	0.9644	0.9270
	9	1.0000	1.0000	1.0000	1.0000	1.0000	0.9998	0.9991	0.9972	0.9921	0.9807
	10	1.0000	1.0000	1.0000	1.0000	1.0000	1.0000	0.9999	0.9997	0.9989	0.9968
	11	1.0000	1.0000	1.0000	1.0000	1.0000	1.0000	1.0000	1.0000	0.9999	0.9998
	12	1.0000	1.0000	1.0000	1.0000	1.0000	1.0000	1.0000	1.0000	1.0000	1.0000
13	0	0.5133	0.2542	0.1209	0.0550	0.0238	0.0097	0.0037	0.0013	0.0004	0.0001
	1	0.8646	0.6213	0.3983	0.2336	0.1267	0.0637	0.0296	0.0126	0.0049	0.0017
	2	0.9755	0.8661	0.6920	0.5016	0.3326	0.2025	0.1132	0.0579	0.0269	0.0112
	3	0.9969	0.9658	0.8820	0.7473	0.5842	0.4206	0.2783	0.1686	0.0929	0.0461
	4	0.9997	0.9935	0.9658	0.9009	0.7940	0.6543	0.0505	0.3530	0.2280	0.1334
	5	1.0000	0.9991	0.9925	0.9700	0.9198	0.8346	0.7159	0.5744	0.4268	0.2905
	6	1.0000	0.9999	0.9987	0.9930	0.9757	0.9376	0.8705	0.7712	0.6437	0.5000
	7	1.0000	1.0000	0.9998	0.9987	0.9944	0.9818	0.9538	0.9023	0.8212	0.7095
	8	1.0000	1.0000	1.0000	0.9998	0.9990	0.9960	0.9874	0.9679	0.9301	0.8666
	9	1.0000	1.0000	1.0000	1.0000	0.9999	0.9994	0.9975	0.9922	0.9797	0.9539
	10	1.0000	1.0000	1.0000	1.0000	1.0000	0.9999	0.9997	0.9987	0.9959	0.9888
	11	1.0000	1.0000	1.0000	1.0000	1.0000	1.0000	1.0000	0.9999	0.9995	0.9983
	12	1.0000	1.0000	1.0000	1.0000	1.0000	1.0000	1.0000	1.0000	1.0000	0.9999
	13	1.0000	1.0000	1.0000	1.0000	1.0000	1.0000	1.0000	1.0000	1.0000	1.0000
14	0	0.4877	0.2288	0.1028	0.0440	0.0178	0.0068	0.0024	0.0008	0.0002	0.0001
	1	0.8470	0.5846	0.3567	0.1979	0.1010	0.0475	0.0205	0.0081	0.0029	0.0009
	2	0.9700	0.8416	0.6479	0.4480	0.2811	0.1608	0.0839	0.0398	0.0170	0.0065
	3	0.9958	0.9559	0.8535	0.6982	0.5213	0.3552	0.2205	0.1234	0.0632	0.0287
	4	0.9996	0.9908	0.9533	0.8702	0.7415	0.5842	0.4227	0.2793	0.1672	0.0898
	5	1.0000	0.9985	0.9885	0.9561	0.8883	0.7805	0.6405	0.4859	0.3373	0.2120
	6	1.0000	0.9998	0.9978	0.9884	0.9617	0.9067	0.8164	0.6924	0.5461	0.3953
	7	1.0000	1.0000	0.9997	0.9976	0.9897	0.9685	0.9247	0.8499	0.7414	0.6047
	8	1.0000	1.0000	1.0000	0.9996	0.9979	0.9917	0.9757	0.9417	0.8811	0.7880
	9	1.0000	1.0000	1.0000	0.9999	0.9997	0.9983	0.9940	0.9825	0.9574	0.9102
	10	1.0000	1.0000	1.0000	1.0000	1.0000	0.9998	0.9989	0.9961	0.9886	0.9713
	11	1.0000	1.0000	1.0000	1.0000	1.0000	1.0000	0.9999	0.9994	0.9979	0.9935
	12	1.0000	1.0000	1.0000	1.0000	1.0000	1.0000	1.0000	0.9999	0.9998	0.9991
	13	1.0000	1.0000	1.0000	1.0000	1.0000	1.0000	1.0000	1.0000	1.0000	0.9999
	14	1.0000	1.0000	1.0000	1.0000	1.0000	1.0000	1.0000	1.0000	1.0000	1.0000

(續前表)

n	x	p									
		0.05	0.10	0.15	0.20	0.25	0.30	0.35	0.40	0.45	0.50
15	0	0.4633	0.2059	0.0874	0.0352	0.0134	0.0047	0.0016	0.0005	0.0001	0.0000
	1	0.8291	0.5490	0.3186	0.1671	0.0802	0.0353	0.0142	0.0052	0.0017	0.0005
	2	0.9638	0.8159	0.6042	0.3980	0.2361	0.1268	0.0617	0.0271	0.0106	0.0037
	3	0.9945	0.9444	0.8227	0.6482	0.4613	0.2969	0.1727	0.0905	0.0424	0.0176
	4	0.9994	0.9873	0.9383	0.8358	0.6865	0.5155	0.3519	0.2173	0.1204	0..592
	5	0.9999	0.9977	0.9832	0.9390	0.8616	0.7216	0.5643	0.4032	0.2608	0.1509
	6	1.0000	0.9997	0.9964	0.9819	0.9464	0.8689	0.7548	0.6098	0.4522	0.3036
	7	1.0000	1.0000	0.9994	0.9958	0.9827	0.9500	0.8868	0.7869	0.6535	0.5000
	8	1.0000	1.0000	0.9999	0.9992	0.9958	0.9848	0.9578	0.9050	0.8182	0.6964
	9	1.0000	1.0000	1.0000	0.9999	0.9992	0.9963	0.9876	0.9662	0.9231	0.8491
	10	1.0000	1.0000	1.0000	1.0000	0.9999	0.9993	0.9972	0.9906	0.9745	0.9408
	11	1.0000	1.0000	1.0000	1.0000	1.0000	0.9999	0.9995	0.9981	0.9937	0.9824
	12	1.0000	1.0000	1.0000	1.0000	1.0000	1.0000	0.9999	0.9997	0.9989	0.9963
	13	1.0000	1.0000	1.0000	1.0000	1.0000	1.0000	1.0000	1.0000	0.9999	0.9995
	14	1.0000	1.0000	1.0000	1.0000	1.0000	1.0000	1.0000	1.0000	1.0000	1.0000
	15	1.0000	1.0000	1.0000	1.0000	1.0000	1.0000	1.0000	1.0000	1.0000	1.0000
16	0	0.4401	0.1853	0.0742	0.0281	0.0100	0.0033	0.0010	0.0003	0.0001	0.0000
	1	0.8108	0.5147	0.2839	0.1407	0.0635	0.0261	0.0098	0.0033	0.0010	0.0003
	2	0.9571	0.7893	0.5614	0.3518	0.1971	0.0994	0.0451	0.0183	0.0066	0.0021
	3	0.9930	0.9316	0.7899	0.5981	0.4050	0.2459	0.1339	0.0652	0.0281	0.0106
	4	0.9991	0.9830	0.9209	0.7983	0.6302	0.4499	0.2892	0.1666	0.0853	0.0684
	5	0.9999	0.9967	0.9765	0.9183	0.8104	0.6598	0.4900	0.3288	0.1976	0.1051
	6	1.0000	0.9995	0.9944	0.9733	0.9204	0.8247	0.6861	0.5272	0.3660	0.2272
	7	1.0000	0.9999	0.9989	0.9930	0.9729	0.9257	0.8406	0.7161	0.5629	0.4018
	8	1.0000	1.0000	0.9998	0.9985	0.9925	0.9743	0.9329	0.8577	0.7441	0.5982
	9	1.0000	1.0000	1.0000	0.9998	0.9984	0.9929	0.9771	0.9417	0.8759	0.7728
	10	1.0000	1.0000	1.0000	1.0000	0.9997	0.9984	0.9938	0.9808	0.9514	0.8949
	11	1.0000	1.0000	1.0000	1.0000	1.0000	0.9997	0.9987	0.9951	0.9851	0.9616
	12	1.0000	1.0000	1.0000	1.0000	1.0000	1.0000	0.9998	0.9991	0.9965	0.9894
	13	1.0000	1.0000	1.0000	1.0000	1.0000	1.0000	1.0000	0.9999	0.9994	0.9979
	14	1.0000	1.0000	1.0000	1.0000	1.0000	1.0000	1.0000	1.0000	0.9999	0.9997
	15	1.0000	1.0000	1.0000	1.0000	1.0000	1.0000	1.0000	1.0000	1.0000	1.0000
	16	1.0000	1.0000	1.0000	1.0000	1.0000	1.0000	1.0000	1.0000	1.0000	1.0000
20	0	0.3585	0.1216	0.0388	0.0115	0.0032	0.0008	0.0002	0.0000	0.0000	0.0000
	1	0.7358	0.3918	0.1756	0.0692	0.0243	0.0076	0.0021	0.0005	0.0001	0.0000
	2	0.9245	0.6769	0.4049	0.2061	0.0913	0.0355	0.0121	0.0036	0.0009	0.0002
	3	0.9841	0.8670	0.6477	0.4114	0.2252	0.1071	0.0444	0.0160	0.0049	0.0013
	4	0.9974	0.9568	0.8299	0.6296	0.4148	0.2375	0.1182	0.0509	0.0189	0.0059
	5	0.9997	0.9887	0.9327	0.8042	0.6172	0.4164	0.2454	0.1256	0.0553	0.0207
	6	1.0000	0.9976	0.9781	0.9133	0.7858	0.6080	0.4166	0.2500	0.1299	0.0577
	7	1.0000	0.9996	0.9941	0.9676	0.8982	0.7723	0.6010	0.4159	0.2520	0.1316
	8	1.0000	0.9999	0.9987	0.9900	0.9591	0.8867	0.7624	0.5956	0.4143	0.2517
	9	1.0000	1.0000	0.9998	0.9974	0.9861	0.9520	0.8782	0.7553	0.5914	0.4119
	10	1.0000	1.0000	1.0000	0.9994	0.9961	0.9829	0.9468	0.8725	0.7507	0.5881
	11	1.0000	1.0000	1.0000	0.9999	0.9991	0.9949	0.9804	0.9435	0.8692	0.7483
	12	1.0000	1.0000	1.0000	1.0000	0.9998	0.9987	0.9940	0.9790	0.9420	0.8684
	13	1.0000	1.0000	1.0000	1.0000	1.0000	1.9997	0.9985	0.9935	0.9786	0.9423

(續前表)

| n | x | \multicolumn{10}{c}{p} |
		0.05	0.10	0.15	0.20	0.25	0.30	0.35	0.40	0.45	0.50
20	14	1.0000	1.0000	1.0000	1.0000	1.0000	1.0000	0.9997	0.9984	0.9936	0.9793
	15	1.0000	1.0000	1.0000	1.0000	1.0000	1.0000	0.9999	0.9997	0.9985	0.9941
	16	1.0000	1.0000	1.0000	1.0000	1.0000	1.0000	1.0000	0.9999	0.9997	0.9987
	17	1.0000	1.0000	1.0000	1.0000	1.0000	1.0000	1.0000	1.0000	1.0000	0.9998
	18	1.0000	1.0000	1.0000	1.0000	1.0000	1.0000	1.0000	1.0000	1.0000	1.0000
	19	1.0000	1.0000	1.0000	1.0000	1.0000	1.0000	1.0000	1.0000	1.0000	1.0000
	20	1.0000	1.0000	1.0000	1.0000	1.0000	1.0000	1.0000	1.0000	1.0000	1.0000
25	0	0.2774	0.0718	0.0172	0.0038	0.0008	0.0001	0.0000	0.0000	0.0000	0.0000
	1	0.6424	0.2712	0.0931	0.0274	0.0070	0.0016	0.0003	0.0000	0.0000	0.0000
	2	0.8729	0.5371	0.2537	0.0982	0.0321	0.0090	0.0021	0.0004	0.0001	0.0000
	3	0.9659	0.7636	0.4711	0.2340	0.0962	0.0332	0.0097	0.0024	0.0005	0.0001
	4	0.9928	0.9020	0.6821	0.4207	0.2137	0.0905	0.0320	0.0095	0.0023	0.0005
	5	0.9988	0.9666	0.8385	0.6167	0.3783	0.1935	0.0826	0.0294	0.0086	0.0020
	6	0.9998	0.9905	0.9305	0.7800	0.5611	0.3406	0.1734	0.0736	0.0258	0.0073
	7	1.0000	0.9977	0.9745	0.8909	0.7265	0.5118	0.3061	0.1535	0.0639	0.0216
	8	1.0000	0.9995	0.9920	0.9532	0.8506	0.6769	0.4668	0.2735	0.1340	0.0539
	9	1.0000	0.9999	0.9979	0.9827	0.9287	0.8106	0.6303	0.4246	0.2424	0.1148
	10	1.0000	1.0000	0.9995	0.9944	0.9703	0.9022	0.7712	0.5858	0.3843	0.2122
	11	1.0000	1.0000	0.9999	0.9985	0.9893	0.9557	0.8746	0.7323	0.5426	0.3450
	12	1.0000	1.0000	1.0000	0.9996	0.9966	0.9825	0.9396	0.8462	0.6927	0.5000
	13	1.0000	1.0000	1.0000	0.9999	0.9991	0.9940	0.9745	0.9222	0.8173	0.6550
	14	1.0000	1.0000	1.0000	1.0000	0.9998	0.9982	0.9907	0.9656	0.9040	0.7878
	15	1.0000	1.0000	1.0000	1.0000	1.0000	0.9995	0.9971	0.9868	0.9560	0.8852
	16	1.0000	1.0000	1.0000	1.0000	1.0000	0.9999	0.9992	0.9957	0.9826	0.9461
	17	1.0000	1.0000	1.0000	1.0000	1.0000	1.0000	0.9998	0.9988	0.9942	0.9784
	18	1.0000	1.0000	1.0000	1.0000	1.0000	1.0000	1.0000	0.9997	0.9984	0.9927
	19	1.0000	1.0000	1.0000	1.0000	1.0000	1.0000	1.0000	0.9999	0.9996	0.9980
	20	1.0000	1.0000	1.0000	1.0000	1.0000	1.0000	1.0000	1.0000	0.9999	0.9995
	21	1.0000	1.0000	1.0000	1.0000	1.0000	1.0000	1.0000	1.0000	1.0000	0.9999
	22	1.0000	1.0000	1.0000	1.0000	1.0000	1.0000	1.0000	1.0000	1.0000	1.0000
	23	1.0000	1.0000	1.0000	1.0000	1.0000	1.0000	1.0000	1.0000	1.0000	1.0000
	24	1.0000	1.0000	1.0000	1.0000	1.0000	1.0000	1.0000	1.0000	1.0000	1.0000
	25	1.0000	1.0000	1.0000	1.0000	1.0000	1.0000	1.0000	1.0000	1.0000	1.0000

附表二　　Poisson 分配累積機率數值表

分配函數：

$$F(x) = P(X \le x) = \sum_{k=0}^{x} \frac{\mu^k e^{-\mu}}{k!}$$

例：　當 $\mu = 4.0$，，$x = 5$ 時，則

(1) $P(X \le 5) = \sum_{k=0}^{5} \frac{4^k e^{-4}}{k!} = 0.785$

(2) $P(X = 5) = P(X \le 5) - P(X \le 4) = 0.785 - 0.629 = 0.156$

x	μ									
	0.1	0.2	0.3	0.4	0.5	0.6	0.7	0.8	0.9	1.0
0	0.905	0.819	0.741	0.670	0.607	0.549	0.497	0.449	0.407	0.368
1	0.995	0.982	0.963	0.938	0.910	0.878	0.844	0.809	0.772	0.736
2	1.000	0.999	0.996	0.992	0.986	0.977	0.966	0.953	0.937	0.920
3	1.000	1.000	1.000	0.999	0.998	0.997	0.994	0.991	0.987	0.981
4	1.000	1.000	1.000	1.000	1.000	1.000	0.999	0.999	0.998	0.996
5	1.000	1.000	1.000	1.000	1.000	1.000	1.000	1.000	1.000	0.999
6	1.000	1.000	1.000	1.000	1.000	1.000	1.000	1.000	1.000	1.000

x	μ									
	1.1	1.2	1.3	1.4	1.5	1.6	1.7	1.8	1.9	2.0
0	0.333	0.301	0.273	0.247	0.223	0.202	0.183	0.165	0.150	0.135
1	0.699	0.663	0.627	0.592	0.558	0.525	0.493	0.463	0.434	0.406
2	0.900	0.879	0.857	0.833	0.809	0.783	0.757	0.731	0.704	0.677
3	0.974	0.966	0.957	0.946	0.934	0.921	0.907	0.891	0.875	0.857
4	0.995	0.992	0.989	0.986	0.981	0.976	0.970	0.964	0.956	0.947
5	0.999	0.998	0.998	0.997	0.996	0.994	0.992	0.990	0.987	0.983
6	1.000	1.000	1.000	0.999	0.999	0.999	0.998	0.997	0.997	0.995
7	1.000	1.000	1.000	1.000	1.000	1.000	1.000	0.999	0.999	0.999
8	1.000	1.000	1.000	1.000	1.000	1.000	1.000	1.000	1.000	1.000

(續前表)

x	μ									
	2.2	2.4	2.6	2.8	3.0	3.2	3.4	3.6	3.8	4.0
0	0.111	0.091	0.074	0.061	0.050	0.041	0.033	0.027	0.022	0.018
1	0.355	0.308	0.267	0.231	0.199	0.171	0.147	0.126	0.107	0.092
2	0.623	0.570	0.518	0.469	0.423	0.380	0.340	0.303	0.269	0.238
3	0.819	0.779	0.736	0.692	0.647	0.603	0.558	0.515	0.473	0.433
4	0.928	0.904	0.877	0.848	0.815	0.781	0.744	0.706	0.668	0.629
5	0.975	0.964	0.951	0.935	0.916	0.895	0.871	0.844	0.816	0.785
6	0.993	0.988	0.983	0.976	0.966	0.955	0.942	0.927	0.909	0.889
7	0.998	0.997	0.995	0.992	0.988	0.983	0.977	0.969	0.960	0.949
8	1.000	0.999	0.999	0.998	0.996	0.994	0.992	0.988	0.984	0.979
9	1.000	1.000	1.000	0.999	0.999	0.998	0.997	0.996	0.994	0.992
10	1.000	1.000	1.000	1.000	1.000	1.000	0.999	0.999	0.998	0.997
11	1.000	1.000	1.000	1.000	1.000	1.000	1.000	1.000	0.999	0.999
12	1.000	1.000	1.000	1.000	1.000	1.000	1.000	1.000	1.000	1.000

x	μ									
	4.2	4.4	4.6	4.8	5.0	5.2	5.4	5.6	5.8	6.0
0	0.015	0.012	0.010	0.008	0.007	0.006	0.005	0.004	0.003	0.002
1	0.078	0.066	0.056	0.048	0.040	0.034	0.029	0.024	0.021	0.017
2	0.210	0.185	0.163	0.143	0.125	0.109	0.095	0.082	0.372	0.062
3	0.395	0.359	0.326	0.294	0.265	0.238	0.213	0.191	0.170	0.151
4	0.590	0.551	0.513	0.476	0.440	0.406	0.373	0.342	0.313	0.285
5	0.753	0.720	0.686	0.651	0.616	0.581	0.546	0.512	0.478	0.446
6	0.867	0.844	0.818	0.791	0.762	0.732	0.702	0.670	0.638	0.606
7	0.936	0.921	0.905	0.887	0.867	0.945	0.822	0.797	0.771	0.744
8	0.972	0.964	0.955	0.944	0.932	0.918	0.903	0.886	0.867	0.847
9	0.989	0.985	0.980	0.975	0.968	0.960	0.951	0.941	0.929	0.916
10	0.996	0.994	0.992	0.990	0.986	0.982	0.977	0.972	0.965	0.957
11	0.999	0.998	0.997	0.996	0.995	0.993	0.990	0.988	0.984	0.980
12	1.000	0.999	0.999	0.999	0.998	0.997	0.996	0.995	0.993	0.991
13	1.000	1.000	1.000	1.000	0.999	0.999	0.999	0.998	0.997	0.996
14	1.000	1.000	1.000	1.000	1.000	1.000	1.000	0.999	0.999	0.999
15	1.000	1.000	1.000	1.000	1.000	1.000	1.000	1.000	1.000	0.999
16	1.000	1.000	1.000	1.000	1.000	1.000	1.000	1.000	1.000	1.000

(續前表)

x	μ									
	6.5	7.0	7.5	8.0	8.5	9.0	9.5	10.0	10.5	11.0
0	0.002	0.001	0.001	0.000	0.000	0.000	0.000	0.000	0.000	0.000
1	0.011	0.007	0.005	0.003	0.002	0.001	0.001	0.000	0.000	0.000
2	0.043	0.030	0.020	0.014	0.009	0.006	0.004	0.003	0.002	0.001
3	0.112	0.082	0.059	0.042	0.030	0.021	0.015	0.010	0.007	0.005
4	0.224	0.173	0.132	0.100	0.074	0.055	0.040	0.029	0.021	0.015
5	0.369	0.301	0.241	0.191	0.150	0.116	0.089	0.067	0.050	0.038
6	0.527	0.450	0.378	0.313	0.256	0.207	0.165	0.130	0.102	0.079
7	0.673	0.599	0.525	0.453	0.386	0.324	0.269	0.220	0.179	0.143
8	0.792	0.729	0.662	0.593	0.523	0.456	0.392	0.333	0.279	0.232
9	0.877	0.830	0.776	0.717	0.653	0.587	0.522	0.458	0.397	0.341
10	0.933	0.901	0.862	0.816	0.763	0.706	0.645	0.583	0.521	0.460
11	0.966	0.947	0.921	0.888	0.849	0.803	0.752	0.697	0.639	0.579
12	0.984	0.973	0.957	0.936	0.909	0.876	0.836	0.792	0.742	0.689
13	0.993	0.987	0.978	0.966	0.949	0.926	0.898	0.864	0.825	0.781
14	0.997	0.994	0.990	0.983	0.973	0.959	0.940	0.917	0.888	0.854
15	0.999	0.998	0.995	0.992	0.986	0.978	0.967	0.951	0.932	0.907
16	1.000	0.999	0.998	0.996	0.993	0.989	0.982	0.973	0.960	0.944
17	1.000	1.000	0.999	0.998	0.997	0.995	0.991	0.986	0.978	0.968
18	1.000	1.000	1.000	0.999	0.999	0.998	0.996	0.993	0.988	0.982
19	1.000	1.000	1.000	1.000	0.999	0.999	0.998	0.997	0.994	0.991
20	1.000	1.000	1.000	1.000	1.000	1.000	0.999	0.998	0.997	0.995
21	1.000	1.000	1.000	1.000	1.000	1.000	1.000	0.999	0.999	0.998
22	1.000	1.000	1.000	1.000	1.000	1.000	1.000	1.000	0.999	0.999
23	1.000	1.000	1.000	1.000	1.000	1.000	1.000	1.000	1.000	1.000

(續前表)

x	μ									
	11.5	12.0	12.5	13.0	13.5	14.0	14.5	15.0	15.5	16.0
0	0.000	0.000	0.000	0.000	0.000	0.000	0.000	0.000	0.000	0.000
1	0.000	0.000	0.000	0.000	0.000	0.000	0.000	0.000	0.000	0.000
2	0.001	0.001	0.000	0.000	0.000	0.000	0.000	0.000	0.000	0.000
3	0.003	0.002	0.002	0.001	0.001	0.000	0.000	0.000	0.000	0.000
4	0.011	0.008	0.005	0.004	0.003	0.002	0.001	0.001	0.001	0.000
5	0.028	0.020	0.015	0.011	0.008	0.006	0.004	0.003	0.002	0.001
6	0.060	0.046	0.035	0.026	0.019	0.014	0.010	0.008	0.006	0.004
7	0.114	0.090	0.070	0.054	0.041	0.032	0.024	0.018	0.013	0.010
8	0.191	0.155	0.125	0.100	0.079	0.062	0.048	0.037	0.029	0.022
9	0.289	0.242	0.201	0.166	0.135	0.109	0.088	0.070	0.055	0.043
10	0.402	0.347	0.297	0.252	0.211	0.176	0.145	0.118	0.096	0.077
11	0.520	0.462	0.406	0.353	0.304	0.260	0.220	0.185	0.154	0.127
12	0.633	0.576	0.519	0.463	0.409	0.358	0.311	0.268	0.228	0.193
13	0.733	0.682	0.628	0.573	0.518	0.464	0.413	0.363	0.317	0.275
14	0.815	0.772	0.725	0.675	0.623	0.570	0.518	0.466	0.415	0.368
15	0.878	0.844	0.806	0.764	0.718	0.669	0.619	0.568	0.517	0.467
16	0.924	0.899	0.869	0.835	0.798	0.756	0.711	0.664	0.615	0.566
17	0.954	0.937	0.916	0.890	0.861	0.827	0.790	0.749	0.705	0.659
18	0.974	0.963	0.948	0.930	0.908	0.883	0.853	0.759	0.782	0.742
19	0.986	0.979	0.969	0.957	0.942	0.923	0.901	0.819	0.846	0.812
20	0.992	0.988	0.983	0.975	0.965	0.952	0.936	0.875	0.894	0.868
21	0.996	0.994	0.991	0.986	0.980	0.971	0.960	0.917	0.930	0.911
22	0.998	0.997	0.995	0.992	0.989	0.983	0.976	0.967	0.956	0.942
23	0.999	0.999	0.998	0.996	0.994	0.991	0.986	0.981	0.976	0.963
24	1.000	0.999	0.999	0.998	0.997	0.995	0.992	0.989	0.984	0.978
25	1.000	1.000	0.999	0.999	0.998	0.997	0.996	0.994	0.991	0.987
26	1.000	1.000	1.000	1.000	0.999	0.999	0.998	0.997	0.995	0.993
27	1.000	1.000	1.000	1.000	1.000	0.999	0.999	0.998	0.997	0.996
28	1.000	1.000	1.000	1.000	1.000	1.000	0.999	0.999	0.999	0.998
29	1.000	1.000	1.000	1.000	1.000	1.000	1.000	1.000	0.999	0.999
30	1.000	1.000	1.000	1.000	1.000	1.000	1.000	1.000	1.000	0.999
31	1.000	1.000	1.000	1.000	1.000	1.000	1.000	1.000	1.000	1.000
32	1.000	1.000	1.000	1.000	1.000	1.000	1.000	1.000	1.000	1.000
33	1.000	1.000	1.000	1.000	1.000	1.000	1.000	1.000	1.000	1.000
34	1.000	1.000	1.000	1.000	1.000	1.000	1.000	1.000	1.000	1.000
35	1.000	1.000	1.000	1.000	1.000	1.000	1.000	1.000	1.000	1.000

附表三　　標準常態分配累積機率數值表

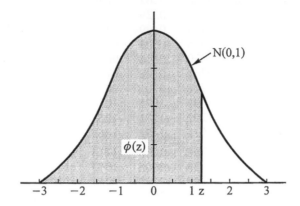

分配函數：

$$P(Z \le z) = \Phi(z) = \int_{-\infty}^{z} \frac{e^{-w^2/2}}{\sqrt{2}} \, dw \, , \, [\Phi(-z) = 1 - \Phi(z)]$$

例：(1) $P(Z \le 1.01) = 0.8438$

(2) $P(0 \le Z \le 1.01) = P(Z \le 1.01) - P(Z \le 0.0)$

$= 0.8438 - 0.5 = 0.3438$

z	.00	.01	.02	.03	.04	.05	.06	.07	.08	.09
-3.5	.0002	.0002	.0002	.0002	.0002	.0002	.0002	.0002	.0002	.0002
-3.4	.0003	.0003	.0003	.0003	.0003	.0003	.0003	.0003	.0003	.0002
-3.3	.0005	.0005	.0005	.0004	.0004	.0004	.0004	.0004	.0004	.0003
-3.2	.0007	.0007	.0006	.0006	.0006	.0006	.0006	.0005	.0005	.0005
-3.1	.0010	.0009	.0009	.0009	.0008	.0008	.0008	.0008	.0007	.0007
-3.0	.0013	.0013	.0013	.0012	.0012	.0011	.0011	.0011	.0010	.0010
-2.9	.0019	.0018	.0018	.0017	.0016	.0016	.0015	.0015	.0014	.0014
-2.8	.0026	.0025	.0024	.0023	.0023	.0022	.0021	.0021	.0020	.0019
-2.7	.0035	.0034	.0033	.0032	.0031	.0030	.0029	.0028	.0027	.0026
-2.6	.0047	.0045	.0044	.0043	.0041	.0040	.0039	.0038	.0037	.0036
-2.5	.0062	.0060	.0059	.0057	.0055	.0054	.0052	.0051	.0049	.0048
-2.4	.0082	.0080	.0078	.0075	.0073	.0071	.0069	.0068	.0066	.0064
-2.3	.0107	.0104	.0102	.0099	.0096	.0094	.0091	.0089	.0087	.0084
-2.2	.0139	.0136	.0132	.0129	.0125	.0122	.0119	.0116	.0113	.0110
-2.1	.0179	.0174	.0170	.0166	.0162	.0158	.0154	.0150	.0146	.0143
-2.0	.0228	.0222	.0217	.0212	.0207	.0202	.0197	.0192	.0188	.0183

(續前表)

z	.00	.01	.02	.03	.04	.05	.06	.07	.08	.09
-1.9	.0287	.0281	.0274	.0268	.0262	.0256	.0250	.0244	.0239	.0233
-1.8	.0359	.0351	.0344	.0336	.0329	.0322	.0314	.0307	.0301	.0294
-1.7	.0446	.0438	.0427	.0418	.0409	.0401	.0392	.0384	.0375	.0367
-1.6	.0548	.0537	.0526	.0516	.0505	.0495	.0485	.0475	.0465	.0455
-1.5	.0668	.0655	.0643	.0630	.0618	.0606	.0594	.0582	.0571	.0559
-1.4	.0808	.0793	.0778	.0764	.0749	.0735	.0721	.0708	.0694	.0681
-1.3	.0968	.0951	.0934	.0918	.0901	.0885	.0869	.0853	.0838	.0823
-1.2	.1151	.1131	.1112	.1093	.1075	.1056	.1038	.1020	.1003	.0985
-1.1	.1357	.1335	.1314	.1292	.1271	.1251	.1230	.1210	.1190	.1170
-1.0	.1587	.1562	.1539	.1515	.1492	.1469	.1446	.1423	.1401	.1379
-.9	.1841	.1814	.1778	.1762	.1736	.1711	.1685	.1685	.1660	.1635
-.8	.2119	.2090	.2061	.2033	.2005	.1977	.1949	.1949	.1922	.1894
-.7	.2420	.2389	.2358	.2327	.2297	.2266	.2236	.2236	.2206	.2177
-.6	.2743	.2709	.2676	.2643	.2611	.2578	.2546	.2546	.2514	.2483
-.5	.3085	.3050	.3015	.2981	.2946	.2912	.2877	.2877	.2843	.2810
-.4	.3446	.3409	.3372	.3336	.3300	.3264	.3264	.3228	.3192	.3156
-.3	.3821	.3783	.3745	.3707	.3669	.3632	.3632	.3594	.3557	.3520
-.2	.4207	.4168	.4129	.4090	.4052	.4013	.4013	.3974	.3936	.3897
-.1	.1602	.4562	.4522	.4483	.4443	.4404	.4364	.4325	.4286	.4244
-.0	.5000	.4960	.4920	.4880	.4840	.4801	.4801	.4761	.4721	.4681

z	0.00	0.01	0.02	0.03	0.04	0.05	0.06	0.07	0.08	0.09
0.0	0.5000	0.5040	0.5080	0.5120	0.5160	0.5199	0.5239	0.5279	0.5319	0.5359
0.1	0.5398	0.5438	0.5478	0.5517	0.5557	0.5596	0.5636	0.5675	0.5714	0.5756
0.2	0.5793	0.5832	0.5871	0.5910	0.5948	0.5987	0.6026	0.6064	0.6103	0.6141
0.3	0.6179	0.6217	0.6255	0.6293	0.6331	0.6368	0.6406	0.6443	0.6480	0.6517
0.4	0.6554	0.6591	0.6628	0.6664	0.6700	0.6736	0.6772	0.6808	0.6844	0.6879
0.5	0.6915	0.6950	0.6985	0.7019	0.7054	0.7088	0.7123	0.7157	0.7190	0.7224
0.6	0.7525	0.7291	0.7324	0.7357	0.7389	0.7422	0.7454	0.7486	0.7517	0.7549
0.7	0.7580	0.7611	0.7642	0.7673	0.7704	0.7734	0.7764	0.7794	0.7823	0.7852
0.8	0.7881	0.7910	0.7939	0.7967	0.7995	0.8023	0.8051	0.8078	0.8106	0.8133
0.9	0.8159	0.8186	0.8212	0.8238	0.8264	0.8289	0.8315	0.8340	0.8365	0.8389
1.0	0.8413	0.8438	0.8461	0.8485	0.8508	0.8531	0.8554	0.8577	0.8599	0.8612
1.1	0.8643	0.8665	0.8686	0.8708	0.8729	0.8749	0.8770	0.8790	0.8810	0.8830
1.2	0.8849	0.8869	0.8888	0.8907	0.8925	0.8944	0.8962	0.8980	0.8997	0.9015
1.3	0.9032	0.9049	0.9066	0.9082	0.9099	0.9115	0.9131	0.9147	0.9162	0.9177
1.4	0.9192	0.9207	0.9222	0.9236	0.9251	0.9265	0.9279	0.9292	0.9306	0.9319
1.5	0.9332	0.9345	0.9357	0.9370	0.9382	0.9394	0.9406	0.9418	0.9429	0.9441
1.6	0.9452	0.9463	0.9474	0.9484	0.9495	0.9505	0.9515	0.9525	0.9535	0.9545
1.7	0.9554	0.9564	0.9573	0.9582	0.9591	0.9599	0.9608	0.9616	0.9625	0.9633
1.8	0.9641	0.9649	0.9656	0.9664	0.9671	0.9678	0.9686	0.9693	0.9699	0.9706
1.9	0.9713	0.9719	0.9726	0.9732	0.9738	0.9744	0.9750	0.9756	0.9761	0.9767

(續前表)

z	0.00	0.01	0.02	0.03	0.04	0.05	0.06	0.07	0.08	0.09
2.0	0.9772	0.9778	0.9783	0.9788	0.9793	0.9768	0.9803	0.9808	0.9812	0.9817
2.1	0.9821	0.9826	0.9830	0.9834	0.9838	0.9842	0.9846	0.9850	0.9854	0.9857
2.2	0.9861	0.9864	0.9868	0.9871	0.9875	0.9878	0.9881	0.9884	0.9887	0.9890
2.3	0.9893	0.9896	0.9898	0.9901	0.9904	0.9906	0.9909	0.9911	0.9913	0.9916
2.4	0.9918	0.9920	0.9922	0.9925	0.9927	0.9929	0.9931	0.9932	0.9934	0.9936
2.5	0.9938	0.9940	0.9941	0.9943	0.9945	0.9946	0.9948	0.9949	0.9951	0.9952
2.6	0.9953	0.9955	0.9956	0.9957	0.9959	0.9960	0.9961	0.9962	0.9963	0.9964
2.7	0.9965	0.9966	0.9967	0.9968	0.9969	0.9970	0.9971	0.9972	0.9973	0.9974
2.8	0.9974	0.9975	0.9976	0.9977	0.9977	0.9978	0.9979	0.9979	0.9980	0.9981
2.9	0.9981	0.9982	0.9982	0.9983	0.9984	0.9984	0.9985	0.9985	0.9986	0.9986
3.0	0.9987	0.9987	0.9987	0.9988	0.9988	0.9989	0.9989	0.9989	0.9990	0.9990
3.1	0.9990	0.9991	0.9991	0.9991	0.9992	0.9992	0.9992	0.9992	0.9993	0.9993
3.2	0.9993	0.9993	0.9994	0.9994	0.9994	0.9994	0.9994	0.9995	0.9995	0.9995
3.3	0.9995	0.9995	0.9995	0.9996	0.9996	0.9996	0.9996	0.9996	0.9996	0.9997
3.4	0.9997	0.9997	0.9997	0.9997	0.9997	0.9997	0.9997	0.9997	0.9997	0.9998
3.5	0.9998	0.9998	0.9998	0.9998	0.9998	0.9998	0.9998	0.9998	0.9998	0.9998

國家圖書館出版品預行編目資料

管理數學 / 王妙伶, 陳獻清, 黎煥中, 廖珊彗
　編著. -- 八版. -- 新北市：全華圖書股份有
限公司.2021.05
　　面　；　公分
　ISBN 978-986-503-769-7(平裝附數位影音
光碟)
　1. 管理數學
319　　　　　　　　　　　　110008005

管理數學 (第八版)

作者 / 王妙伶　陳獻清　黎煥中　廖珊彗

發行人 / 陳本源

執行編輯 / 饒家綺

封面設計 / 盧怡瑄

出版者 / 全華圖書股份有限公司

郵政帳號 / 0100836-1 號

印刷者 / 宏懋打字印刷股份有限公司

圖書編號 / 03111077

八版一刷 / 2021 年 12 月

定價 / 新台幣 350 元

ISBN / 978-986-503-769-7

全華圖書 / www.chwa.com.tw

全華網路書店 Open Tech / www.opentech.com.tw

若您對本書有任何問題，歡迎來信指導 book@chwa.com.tw

臺北總公司(北區營業處)
地址：23671 新北市土城區忠義路 21 號
電話：(02) 2262-5666
傳真：(02) 6637-3695、6637-3696

南區營業處
地址：80769 高雄市三民區應安街 12 號
電話：(07) 381-1377
傳真：(07) 862-5562

中區營業處
地址：40256 臺中市南區樹義一巷 26 號
電話：(04) 2261-8485
傳真：(04) 3600-9806(高中職)
　　　(04) 3601-8600(大專)

歡迎加入 全華會員

● 會員獨享

　會員享購書折扣、紅利積點、生日禮金、不定期優惠活動…等。

● 如何加入會員

　掃 QRcode 或填妥讀者回函卡直接傳真 (02) 2262-0900 或寄回，將由專人協助登入會員資
　料，待收到 E-MAIL 通知後即可成為會員。

如何購買 全華書籍

1. 網路購書

　全華網路書店「http://www.opentech.com.tw」，加入會員購書更便利，並享有紅利積點
　回饋等各式優惠。

2. 實體門市

　歡迎至全華門市（新北市土城區忠義路21號）或各大書局選購。

3. 來電訂購

　(1) 訂購專線：(02) 2262-5666 轉 321-324
　(2) 傳真專線：(02) 6637-3696
　(3) 郵局劃撥（帳號：0100836-1　戶名：全華圖書股份有限公司）
　※ 購書未滿 990 元者，酌收運費 80 元。

OpenTech.com.tw 全華網路書店

全華網路書店 www.opentech.com.tw
E-mail: service@chwa.com.tw

※ 本會員制如有變更則以最新修訂制度為準，造成不便請見諒。

讀者回函卡

掃 QRcode 線上填寫 ▶▶

姓名：

生日：西元　　　年　　　月　　　日　性別：□男 □女

電話：（　　）　　　　　手機：

e-mail：（必填）

註：數字零，請用 Φ 表示，數字 1 與英文 L 請另註明並書寫端正，謝謝。

通訊處：□□□□□

學歷：□高中・職 □專科 □大學 □碩士 □博士

職業：□工程師 □教師 □學生 □軍・公 □其他

學校/公司：　　　　　　　科系/部門：

・需求書類：

□A. 電子 □B. 電機 □C. 資訊 □D. 機械 □E. 汽車 □F. 工管 □G. 土木 □H. 化工 □I. 設計

□J. 商管 □K. 日文 □L. 美容 □M. 休閒 □N. 餐飲 □O. 其他

・本次購買圖書為：　　　　　　　　書號：

・您對本書的評價：

封面設計：□非常滿意 □滿意 □尚可 □需改善，請說明

內容表達：□非常滿意 □滿意 □尚可 □需改善，請說明

版面編排：□非常滿意 □滿意 □尚可 □需改善，請說明

印刷品質：□非常滿意 □滿意 □尚可 □需改善，請說明

書籍定價：□非常滿意 □滿意 □尚可 □需改善，請說明

整體評價：請說明

・您在何處購買本書？

□書局 □網路書店 □書展 □團購 □其他

・您購買本書的原因？（可複選）

□個人需要 □公司採購 □親友推薦 □老師指定用書 □其他

・您希望全華以何種方式提供出版訊息及特惠活動？

□電子報 □DM □廣告 （媒體名稱　　　　）

・您是否上過全華網路書店？（www.opentech.com.tw）

□是 □否 您的建議

・您希望全華出版哪方面書籍？

・您希望全華加強哪些服務？

感謝您提供寶貴意見，全華將秉持服務的熱忱，出版更多好書，以饗讀者。

填寫日期：　　/　　/

2020.09 修訂

親愛的讀者：

感謝您對全華圖書的支持與愛護，雖然我們很慎重的處理每一本書，但恐仍有疏漏之處，若您發現本書有任何錯誤，請填寫於勘誤表內寄回，我們將於再版時修正，您的批評與指教是我們進步的原動力，謝謝！

全華圖書 敬上

勘 誤 表

書號	頁數	行數	書名	作者
			錯誤或不當之詞句	建議修改之詞句

我有話要說：（其它之批評與建議，如封面、編排、內容、印刷品質等・・・）